湘西州烤烟
产质量提升气象保障关键技术

◎ 袁小康　张明发　等　著

中国农业科学技术出版社

图书在版编目（CIP）数据

湘西州烤烟产质量提升气象保障关键技术／袁小康等著．--北京：中国农业
科学技术出版社，2024.1

ISBN 978-7-5116-6485-3

Ⅰ.①湘… Ⅱ.①袁… Ⅲ.①烟草-栽培技术-气象服务-湖南 Ⅳ.①S572

中国国家版本馆 CIP 数据核字（2023）第 203690 号

责任编辑 贺可香
责任校对 李向荣
责任印制 姜义伟　王思文

出 版 者　中国农业科学技术出版社
　　　　　　北京市中关村南大街 12 号　　邮编：100081
电　　话　（010）82106638（编辑室）　　（010）82106624（发行部）
　　　　　　（010）82109709（读者服务部）
网　　址　https://castp.caas.cn
经 销 者　各地新华书店
印 刷 者　北京建宏印刷有限公司
开　　本　185 mm×260 mm　1/16
印　　张　19.5
字　　数　439 千字
版　　次　2024 年 1 月第 1 版　2024 年 1 月第 1 次印刷
定　　价　98.00 元

《湘西州烤烟产质量提升气象保障关键技术》

著者名单

主　著　袁小康　张明发

副主著　彭业敏　范雨娴

著　者（以姓氏拼音首字母为序）

巢　进　陈明刚　杜东升　范雨娴

范嘉智　何　娜　李向军　毛　辉

彭业敏　彭　宇　蒲文宣　向剑明

袁小康　曾婷婷　郑仲帅　张明发

张　胜　张乐奇

序　言

烤烟是一种经济价值高、种植收益大的作物。生产烤烟，是增加农民收入、促进农村经济发展、助力乡村振兴的重要手段之一。由于烤烟露天栽培，其生长发育和产质量形成易受天气气候的影响。遇到风调雨顺的年景，烤烟产量高、品质好，但碰到气象年景差、气象灾害重发的年份，产质量没有保障。在全球气候变化背景下，极端天气气候事件多发重发，对包括烤烟在内的农业生产构成极大威胁。如何充分利用气候资源，趋利避害地开展生产，减轻天气气候对烤烟的不利影响，是烤烟生产中必须面对的问题。

党的十八大以来，以习近平同志为核心的党中央坚持把解决好"三农"问题作为全党工作的重中之重。党的二十大报告提出，全面推进乡村振兴，加快建设农业强国。2022 年国务院印发《气象高质量发展纲要（2022—2035 年）》指出，要加强农业生产气象服务，提升粮食生产全过程气象灾害精细化预报能力和粮食产量预报能力。2023年中国气象局与农业农村部联合出台的《气象为农服务提质增效行动方案》，对气象为农服务提出了更高、更明确的要求。烤烟气象服务是气象为农服务的重要组成部分，做好烤烟气象服务工作意义重大。

本书是湖南省气象科学研究所袁小康同志带领团队成员开展烤烟气象服务研究的最新成果。该书详细介绍了湘西苗族土家族自治州不同海拔高度烟区主栽烤烟品种最佳移栽期，明确了影响湘西州烤烟生长、产量和质量的关键气象因子，提出了分区域、分品种的烤烟产量预报方法，构建了湘西州主要烤烟病害始发气象阈值指标及其发展动态预测模型，为湘西州烤烟移栽、田间管理、病害防控等提供科学依据。数据翔实，内容丰富，对生产指导性强，并已初步应用在生产中，成效显著。这本专著应当可以成为湘西州烟草和气象部门相关管理人员、技术人员及广大烟农开展烤烟生产服务的"好帮手"，也可为其他烟区提供参考和借鉴。

湖南省气象局党组书记、局长

2023 年 12 月

前　言

　　烤烟作为一种露天栽培的经济作物，其生长发育和产质量形成受到气象条件的制约。湘西土家族苗族自治州是湖南省第三大烤烟产区，种植面积在 20 万亩左右，产量在 40 万担左右，烤烟是湘西州农业支柱产业之一。湘西州由于地形多样、海拔高度差异悬殊，形成了十分明显的立体气候，气候资源非常丰富，但气象灾害易发多发。湘西州烤烟经常遭遇低温冷害（"早花"）、暴雨洪涝、干旱等气象灾害，产质量难以保证。因此，只有解决湘西州烤烟生产中常遇到的这些气象问题，根据气象条件趋利避害地开展生产，才能实现烤烟高产稳产、优质高效的目标。

　　本书集中体现了著者团队多年来为了解决湘西州烤烟生产面临的气象问题所做的主要工作，全面介绍了湘西州烤烟产质量提升气象保障技术，重点介绍了湘西州不同海拔高度烟区主栽品种最佳移栽期，影响湘西州烤烟生长、产量和质量的主要气象因子，烤烟主要病害始发气象阈值指标及其发展动态预测模型，产量预报模型等内容。这些可为湘西州烤烟生长季安排、田间栽培管理、病害防控、产量预测等提供技术支撑，也可为其他地区烤烟生产提供借鉴。全书共分为 8 章，其中，第 1 章绪论，由彭业敏、曾婷婷、巢进、向剑明撰写；第 2 章湘西州不同海拔烤烟大田生长季长度理论推算，由杜东升、袁小康、郑仲帅撰写；第 3 章湘西州不同海拔地区烤烟最佳移栽期研究，由袁小康、张明发、李向军撰写；第 4 章气象因子对烤烟农艺性状的影响及其模拟模型，由袁小康、张胜、张明发、毛辉撰写；第 5 章气象因子对烤烟化学成分的影响，由范雨娴、蒲文宣、彭宇撰写；第 6 章气象因子对烤烟经济性状的影响及其模拟模型，由袁小康、何娜、陈明刚撰写；第 7 章烤烟产量预报模型，由张明发、范嘉智、张乐奇撰写；第 8 章湘西州烤烟主要病害发展动态预测模型，由范雨娴、袁小康、彭业敏撰写。全书由袁小康、张明发统稿。

　　在项目研究和本书撰写过程中，得到湖南省气象局、中国烟草总公司湖南省公司、湖南中烟工业有限责任公司、湖南省烟草公司湘西自治州公司等单位的大力支持，得到著者工作单位湖南省气象科学研究所领导和同事们的热心帮助，得到胡日生研究员、陆魁东研究员、袁淑杰教授等专家的精心指导，在此，谨对各相关单位和专家表示崇高的敬意和衷心的感谢。

　　由于本书内容较多，著者水平有限，加之时间匆促，书中难免有疏漏之处，敬请广大读者批评、指正。

袁小康

2023 年 12 月于长沙

目　　录

1 绪 论

烤烟，原产于美国弗吉尼亚州，因其特殊的形态特征，也被称为弗吉尼亚型烟。这种烟叶通过在烤房内装上火管加温烘烤，因此得名"烤烟"。烟叶经烘烤后，叶片色泽金黄，光泽鲜明，味香醇和，是生产卷烟的主要原料。烤烟作为一种露天栽培的作物，其生长发育及产量、质量形成易受天气气候的影响。据研究，生态环境、品种、栽培烘烤技术对烤烟品质的贡献率分别为56%、32%和10%（周冀衡 等，2006）。因此，需充分利用气候资源，根据当地气象条件趋利避害地开展烤烟生产，才能实现其高产稳产、优质高效的目标。

1.1 湘西州概况

湘西土家族苗族自治州（简称"湘西州"），位于湖南省西北部，地处湘、鄂、渝、黔四省交界的位置，全州位于 27°44′~29°38′N，109°10′~110°23′E。湘西州位于云贵高原东侧的武陵山区，东北边的龙山、永顺两县与湖南省张家界市桑植县、永定区交界，东南边的古丈、泸溪、凤凰3县与湖南省怀化市沅陵、辰溪、麻阳苗族自治县3县相邻，西南边的花垣县与贵州省铜仁地区松桃苗族自治县相连，西北边的保靖、龙山两县与重庆市秀山土家族苗族自治县和湖北省恩施土家族苗族自治州来凤县、宣恩县毗邻。湘西州东西宽约170 km，南北长约240 km，面积1.55万 km²，下辖7县1市115个乡镇（街道）。截至2022年，湘西州总人口290.2万，其中以土家族、苗族为主的少数民族人口占80.5%。

1.2 湘西州地形地貌

湘西州地处云贵高原北东侧与鄂西山地南西端之结合部，属中国由西向东逐渐降低第二阶梯之东缘（王耀悉 等，2015）。武陵山脉由东北向西南斜贯全境，地势北、西高，南、东低，全州最高点位于龙山县大灵山，海拔1 736 m；最低点位于泸溪县上堡乡大龙溪出口河床，海拔97.1 m。州内北部多山，大灵山雄居州境北界，八面山、大青山、白云山、太阳山、莲花山、腊尔山等崛起于西南贵州境内。全州平均海拔为800~1 200 m。湘西州整体形态是以山原山地为主，兼有丘陵和小平原，并向西北突出的弧形山区地貌。

湘西州山原地貌明显，侵蚀切割强烈，如凤凰、花垣、保靖、龙山、永顺一带，单面山及诸背山发育，山脊方向呈北东—南西，地层倾角一般为15°~30°，山地两坡坡度不对称，西北坡（顺向坡）约25°，南东坡（逆向坡）35°~40°（胡能勇，2013）。

湘西州按地貌形态可分为山地（包括中山、中低山、低山 3 类）、山原、丘陵、岗地和平原。中山，主要分布在州境西北部和东部；中低山及低山，主要分布在中部和南部；山原，主要分布在凤凰县腊尔山—落潮井、花垣县吉卫、龙山县八面山等地；丘陵，主要分布在泸溪县浦市—合水一带；岗地，分布于溪谷平原和不同台面的溶蚀平原附近；平原，分为溪谷平原和溶蚀平原，面积较大的有泸溪县浦市平原，龙山县城郊平原，花垣县团结至三角岩、龙潭至排吾，凤凰县黄合至阿拉一带的平原。湘西州地貌按地理位置可分为：西北中山山原地貌区、中部中低山山原地貌区、中部及东南部低山丘岗平原地貌区。

湘西州按地貌成因及动力作用性质可分为：湘西北褶皱侵蚀溶蚀山地地貌区、沅麻丘陵谷地地貌区。湘西北褶皱侵蚀溶蚀山地地貌区位于沅麻盆地以西，包括龙山、永顺、保靖、古丈、花垣全境，吉首、凤凰大部，处于云贵高原北东侧与鄂西山地南西端结合部，海拔 200~1 736 m，沟谷狭窄深邃，坡度 30°~50°。出露岩层以古生界至中生界碳酸盐岩和碎屑岩为主，其次为元古界浅变质岩。经武陵、燕山等多次构造运动，华夏系、新华夏系构造体系发育，呈现向北西突出的弧形地貌，归属于武陵、雪峰弧形构造范畴。该地貌区山高而多，气候温湿，降水量充足，侵蚀、溶蚀作用强烈，水土流失严重。沅麻丘陵谷地地貌区，属于湘西断褶侵蚀剥蚀山地貌地区范畴，位于武陵山与雪峰山之间的沅麻凹陷盆地之内，为沅水干流低山、丘陵谷地部分。此盆地为复式向斜谷地。南西段呈北西向，自泸溪县境转为北东向，形成向北西突出的弧形谷地。向斜两翼开阔，倾角约 10°。从边缘到中央，可分为外围山地带、边缘丘陵地带、中央沅水谷地带。此地貌区光、热、水、土条件好，适宜发展农业生产。但山体破碎，沟谷密集，侵蚀、剥蚀作用强烈，易发生滑坡、崩塌等地质灾害。

武陵山贯穿州境龙山、保靖、古丈、永顺等县，其支脉绵延全境，构成奇峰竞秀，气势磅礴的武陵山系。境内主要支脉分为三支：北支为保靖白云山、龙山八面山，连接桑植八大公山、石门壶平山一线，逶迤于湘、川、鄂边境；中支为永顺大米界，紧连张家界市朝天观、张家界；南支为凤凰腊尔山、永顺羊峰山并张家界天门山一线为主脉。三支余脉，均没于洞庭湖平原。较高山峰有：大灵山，在龙山县北部，略呈东北—西南走向，长 38 km，主峰海拔 1 736 m，为州境最高峰；洛塔界，在龙山县中部，由两列东北—西南走向的平行山组成，长 35 km，宽 5 km，最高峰海拔 1 409 m；八面山，在龙山县西南部，南北走向，长 40 km，最宽处 5 km，最高峰海拔 1 414 m；羊峰山，在永顺县东部，东北—西南走向，面积 33 km²，最高峰海拔 1 438.9 m，为该县最高点；永龙界，在永顺、龙山两县边境，南北走向，长 28 km，最高峰海拔 1 048.7 m；白云山，在保靖县西北部，东西走向，长 7 km，宽 4.5 km，最高峰海拔 1 320.5 m，为该县最高点；吕洞山，在保靖县南部和吉首市西北边境，东北—西南走向，面积 35 km²，最高峰海拔 1 227 m；高望界，在古丈县东北，东北—西南走向，长 7 km，宽 5 km，最高峰海拔 1 146.2 m，为该县最高点；莲花山，在花垣县西南部，东北—西南走向，面积 24 km²，最高峰海拔 1 197 m，为该县最高点；莲台山，在吉首市西部，最高峰海拔 964.6 m，为该市最高点；八公山，在凤凰县、泸溪县边境，面积 15 km²，最高峰海拔 1 059 m；腊尔山，在凤凰、花垣县边境，东北—西南走向，为高山台地貌。

湘西州属亚热带气候区红壤、黄壤带。因地质构造复杂，各地成土母质不一，高低起伏悬殊，地形支离破碎，以及降水充沛，在温暖湿润和纷繁交错的生物群落，成土年龄等诸多因素条件的交互作用下，并在大规模地域分异规律制约下，以及经过人为改造而呈现出具有强烈地方特色的地域分布规律、特殊的土壤组合和微地域分异。主要为黄红壤和石灰土（邓涛，2010）。根据1978—1985年第二次土壤普查，全州土壤母岩有7种，主要为石灰岩，占地107.2万 hm²，占土地总面积的50.2%；其次为板页岩、紫色砂页岩、砂岩；另有少量面积的河流冲积物、第四纪红土、花岗岩。

全州土壤可分为水稻土、潮土、红壤、黄壤、黄棕壤、石灰土、紫色土7个土类（田明慧 等，2019）。水稻土亚类呈阶梯式分布，从山坡到谷地，依次为淹育型水稻土、潴育型水稻土、潜育型水稻土、沼泽型水稻土。旱土和山地土壤，随海拔高度而变化，海拔500 m以下为黄红壤，500~1 000 m为黄壤，1 000 m以上为山地黄棕壤。耕地耕作层大于15 cm的稻田和旱土分别占其总面积的67.4%和68.3%，有利于作物生长。山地土层厚度大于40 cm的占78.2%，有利于木、果、药和牧草的生长。

稻田、旱土、山地土壤中，质地好的壤土分别占其总面积的60.84%、60.43%和56.91%；质地较好的沙壤土和黏壤土分别占37.96%、34.87%和38.28%。土壤以酸性为主，酸性土壤分别占稻田、旱土、山地总面积的54.57%、47.74%和71.94%，中性土壤分别占27.01%、36.76%和22.09%，酸性土和中性土都有利于植物的生长。土壤有机质稻田以含量2%~2.99%的中肥田居多，占44.41%；旱土、山地土壤以含量小于2%的瘦土为多，分别占45.47%和40.46%。

1.3　湘西州气候特征

湘西州因所处纬度较低，属亚热带季风湿润气候区，但由于武陵山脉的地形地貌影响，湘西州又凸显出山地气候的特色。

湘西州冬季受欧亚大陆干冷气团控制，寒流频频南下，天气比较寒冷。春夏之交，处冷暖气团交替过渡地带，锋面、低压槽、切变线、气旋活动频繁，造成阴湿多雨，天气多变。夏季受低纬度海洋暖湿气团影响，温高湿重。盛夏受副热带高压控制，晴热少雨。入秋后天气逐渐转凉，深秋开始大陆气团势力增强，冷空气不断南下，气温逐渐下降，天气变冷。光、温、水基本同季，气候资源丰富。湘西州气候呈现"气候温和，四季分明；降水丰沛，雨量集中；天气多变，灾害频繁；山地气候，类型多样"的特征（刘逊，2014）。

1.3.1　气候温和，四季分明

湘西州由于地处山区，地势较高，气温在湖南省属于偏低水平。海拔500 m以下地区年平均气温为16.0~17.0 ℃，与同纬度省内其他县（市）比较，年平均气温偏低0.6~1.2 ℃。但年极端最低气温偏高1.5~6.5 ℃，大多数年份没有出现候平均气温小于或等于0 ℃的严寒期。

夏季以最热月7月为代表，月平均气温和年极端最高气温与省内同纬度地区比较，分别偏低 1.8~2.4 ℃和 0.5~2.8 ℃。6—9 月候平均气温≥28 ℃日数的暑热期偏少，多年平均除泸溪（37 d）、吉首（26 d）外，其余县（市）为 11~18 d，其中龙山（11 d）仅占岳阳（55 d）的 20.0%，吉首（26 d）仅占长沙（61 d）的 42.6%；日平均气温≥30 ℃的酷热天气日数除泸溪（12 d）外，其余 7 县（市）仅 2~5 d，不到湘北、湘中的 1/3。5—10 月日最高气温≥35 ℃高温日数省内大部分地区在 20 d 以上，而湘西州各县（市）除泸溪（24 d）外，都少于 20 d，龙山、保靖、花垣、凤凰仅 9~11 d。全州各县（市）气温年较差比同纬度省内县（市）偏低 1.6~2.9 ℃，是年较差低值区。通过上述数据分析，可知湘西州具有冬少严寒、夏少酷暑、气候温和的特点。

气象上对春、夏、秋、冬四季的划分，通常以候平均气温稳定小于 10 ℃为冬季，10~22 ℃为春、秋季，大于 22 ℃为夏季作为划分的依据。根据此划分依据，湘西州各地春季开始日在 3 月 19—24 日，终止日在 5 月 30 日至 6 月 9 日，春长 73~80 d；夏季开始日期为 5 月 31 日至 6 月 10 日，终止日期为 9 月 8—17 日，夏长 91~110 d；湘西州于 9 月 9—18 日开始进入秋季，至 11 月 20—24 日结束，秋长为 67~73 d；湘西州冬季于 11 月 21—25 日开始，到翌年 3 月 18—23 日结束，冬长为 115~124 d。全年四季分明，以冬季最长，夏季排在第二，春季排第三，秋季最短，但春季仅比秋季多 6~7 d。

湘西州在 3 月中下旬开始入春，比农历的"立春"节气迟了 45 d 左右。入春后气温回升，阴雨增多；4 月中旬进入雨季，雨势逐渐加大。6 月上旬进入夏季，比农历的"立夏"节气迟了 30 d 左右，夏季前期高湿多雨，后期多晴热天气。但海拔 800 m 以上地区天气凉爽、无高温炎热。9 月中旬入秋，比农历的"立秋"节气迟了 35 d 左右，秋季前期多秋高气爽天气，后期多秋风秋雨，气温逐渐下降，可谓"一阵秋风一阵寒"。11 月下旬初进入冬季，比农历的"立冬"节气推迟了 15 d 左右，冬季长达 120 d 左右，是全年最寒冷季节，以 1 月最冷，月平均气温在 4.5~5.3 ℃，常有雨雪天气，海拔 800 m 以上山区多 0 ℃以下低温严寒、雨雪、冰冻天气。

1.3.2 降水丰沛，雨量集中

湘西州地势总体呈西北高东南低，主体山脉呈西南—东北走向，有利于西南暖湿气流的输送，大量水汽在迎风面上容易成云致雨，加之境内群山起伏，有利于对流云系发展，盛夏又多地方性阵雨，因此降水丰沛。与湖南省内同纬度地区比较，湘西州各县（市）年平均降水量略偏少，大部分地区年降水量偏少 30~100 mm。但年降水日数比省内同纬度地区偏多 5.6~24.7 d，在湖南省属于多雨地区之一。

4 月上旬末到中旬初，州内自南向北先后进入雨季，雨量逐渐增多，4—9 月为汛期，降水强度大，大雨以上降水过程增多，并有 3~4 次暴雨以上过程出现，雨量急剧增加。尤以 5—7 月降水更为集中，州内各地 4—9 月降水量占全年降水量的 75%。充沛的降水，为国民经济发展和人民生活提供了充足的水源，成为湘西州社会经济发展的一大优势资源。

1.3.3 天气多变，灾害频繁

湘西州属于季风气候，其特点是季节性变化明显，大气环流的正常和异常交替出现。在某些年份、某个时段由于大气环流的异常，常常出现极端天气，造成严重的气象灾害。

春季是冷暖空气交汇最为频繁的季节，天气变化多端，气温陡升骤降。3—4月，每月有3~4次较为明显的冷空气入侵，每隔7~10 d出现一次，每次冷空气活动大多会造成明显的降温降雨天气，降温幅度因冷空气强弱不同而不等。较强的降温幅度多在5~10 ℃，有的甚至超过15 ℃。例如1972年3月31日开始，湘西州遭受了一次强寒潮袭击，全州出现了大范围剧烈降温。龙山县48 h降温幅度达到16.1 ℃，最低气温低到0.1 ℃，4月1—2日出现了两天降雪，雪深达50 mm。有的年份冷暖气团在州内少动，造成十天半月低温阴雨，形成"春寒"或"倒春寒"，危害作物播种育苗，也不利于烤烟烟苗移栽。

4—6月，随着气温的逐渐升高，空气对流加强，中小尺度强对流系统常常引发局地雷雨大风、冰雹等气象灾害。有的年份降水明显偏少，"春旱"时有发生，春耕春播受阻，延误农时。

5—9月是湘西州的主汛期。在副热带高压北部边缘形成的切变线、低涡、地面冷锋等天气系统和山区特殊地形综合作用下，大到暴雨多次出现，甚至大暴雨和特大暴雨不时光顾，引发洪涝灾害。

7—9月为盛夏初秋时节，在西太平洋副热带高压控制下，多晴热少雨天气，夏秋干旱常常发生。有的年份副热带高压特别强，长时间控制州境，形成久晴不雨的大旱，成为危害农业生产的主要气象灾害，也是影响成熟期烤烟产量和品质的主要气象灾害之一。

10—11月转入深秋，在青藏大陆高压控制之下，天气秋高气爽，时间一长，晚秋干旱就会发生。有的年份由于冷空气势力较强，冷暖气团在州境长期停滞，形成秋雨连绵的连阴雨，俗称"烂秋"，对农作物秋收秋种构成危害。个别年份11月上中旬就有强寒潮入侵，出现低温初雪天气，提前进入冬季。

12月至翌年2月为冬季，主要受大陆气团控制，冷空气势力很强，霜冻、降雪、冰冻等天气和灾害相继发生，对柑橘、油菜等农作物越冬以及林业、交通、电力等部门构成威胁。

综上所述，季风气候的季节性和大气环流的不稳定性，造就了湘西州气候季节变化的规律性、天气变化的复杂性以及气象灾害的多样性。全年有干旱、暴雨、洪涝、寒潮、连阴雨、冰雹等多种气象灾害出现。

1.3.4 山地气候，类型多样

湘西州地处武陵山区，境内群山起伏，山脉纵横交错，褶皱断裂多，山体切割深，海拔高度差异悬殊，形成了山谷、盆地、岗地、丘陵、中低山原等多种地形。湘西州特有的地形，形成了以地形垂直高度为主的、由各种地形构成的类型多样的山地立体气候。

1.3.4.1 气候的垂直差异大于水平差异

湘西州各地地形、海拔高度差异，直接影响地面加热条件、自由大气热量交换以及水汽输送与凝结高度、云雾分布和日照时数，引起了光、热、水的再分配，形成了气候的立体性、层次性、多样性，呈现俗称"山下开桃花，山上飘雪花"的景象。

（1）气温随海拔高度上升而递减

据各县（市）气象局20世纪80年代农业气候区划考察，海拔每升高100 m，年平均气温递减0.5~0.6 ℃，大于等于10 ℃积温减少190~200 ℃·d，喜温作物生长季缩短6.0~6.5 d，无霜期缩短5~7 d（张福春 等，1984）。全州气温最高点在泸溪，县城海拔132 m，年平均气温17.0 ℃，最低点在海拔1 346 m的八面山，年平均气温10.4 ℃，两者相差6.6 ℃。据研究，随海拔高度每升高100 m，气温的变化相当于纬度向北推移100 km，可见湘西州的气温随垂直高度的变化大大超过随水平距离的变化。

（2）降水随海拔高度上升而递增

山区降水量的分布比较复杂。因为山区降水是特定条件下水汽、动力和热力因素综合作用的结果，这些都直接或间接与其地理位置、气团性质、海拔高度及地形有关，其中又以海拔高度和地形的影响最为明显。

湘西州的降水一般随海拔高度上升而递增。据考察和气象观测资料分析得出，海拔高度每升高100 m，年降水量平均增加20~75 mm。这种递增趋势在海拔为600 m以上地区最为明显，如龙山县海拔400~600 m的年降水量在1 350 mm左右，变化不大，而由630 m的召市镇年降水量1 345.2 mm到海拔1 300 m的大安年降水量2 064.6 mm，增加了719.4 mm，平均每100 m增加了107.4 mm（刘逊，2014）。

降水量随高度的增加，在季节上也有所不同。据古丈县农业气候区划资料，4—6月降水量增量最大，每上升100 m，月降水量递增4.58~6.51 mm；而11月至翌年2月增量最少，仅为0.91~1.91 mm（张福春 等，1984）。

（3）日照时数随海拔高度上升而递减

湘西州日照时数除受地形影响外，受海拔高度的影响也很明显。湘西州绝大部分地区海拔高度在1 000 m以下，在此高度内海拔越高，受云雾的遮蔽越大。因此在地形近似的情况下，日照时数随海拔高度增高而递减。据龙山县农业气候区划资料，地形相近而海拔高度不同的几个观测点的年日照时数分别为：城郊（海拔高度590 m）为1 214.0 h，召市镇（海拔高度710 m）为1 008.6 h，茨岩塘镇（海拔高度830 m）为935.2 h。召市镇比城郊少205.4 h，茨岩塘镇比城郊少278.8 h。

1.3.4.2 不同地形的气候类型

（1）盆地、山谷气候特点

湘西州的盆地、山谷一般在海拔500 m以下，处在两山或群山之间较为平坦的低凹地带。由于空气较为闭塞，流动性小，温度受自由大气层影响较小，因此与大范围气流相比差异很大。

①气温高、热量丰富。盆地、谷地地形较闭塞，风力很小，白天接受太阳照射热量不易扩散，增温很快，夜间上半夜降温比周围山坡要快，而下半夜常有逆温出现和辐射雾形成，大大减缓了降温速度，因而盆地、谷地日平均气温高于坡地。冬季冷空气入侵时，又有周围山脉阻挡，冷空气势力大为减弱，盆地、谷地成为州内得天独厚的暖区。因此，海拔500 m以下的盆地、谷地是湘西州气温最高、热量最丰富的地区。这类地区

年平均气温为16.0~17.0℃，年极端最高气温在39.0℃以上。

②开阔度不同，气候差异明显。盆地、谷地开阔度大小直接关系太阳辐射、气温和日照时数的明显差异。据古丈农业气候区划考察，开阔度每增加100 m，年平均气温增加0.5~0.6℃，大于等于10℃积温增加155.2~177.4℃·d。年日照时数东西沟向增加16.8 h，南北沟向增加175.1 h。

③多逆温现象，冬暖优势明显。逆温现象是指在某个时段某个高度带，温度在垂直方向上不遵循递减规律，而是出现随高度上升而递增的现象，这一高度带称为逆温带（层）。湘西州逆温多属于辐射型和地形型两种的混合类型。盆地、谷地由于地形闭塞，气流流动缓慢，白天受热热量很快聚积，增温很快，在夜间四周山坡首先降温，冷空气下沉，盆地、谷底的暖空气被抬升起来，成为冷湖，在其上空形成了一个气温高于盆地、谷底的逆温暖层。由于逆温暖层常常在下半夜出现，一定程度上了抑制了盆地、谷底的降温速度，所以盆（谷）底夜间温度也不会很低。如1977年1月31日一次强冷空气过程，导致夜间急剧降温，最低气温达到历年极值。地势较平坦的泸溪、花垣气温分别达到-12.3℃和-15.5℃，柑橘遭受毁灭性冻害，而处于盆地的龙山城郊和贾市、里耶最低气温仅为-6.9~-6.0℃，柑橘安然无恙，处在谷地的吉首只有-7.5℃，永顺只有-8.7℃，冻害亦较轻，可见盆地、谷地冬暖优势十分突出。

（2）中低山坡地气候特点

这类地区主要包括海拔800 m以下的中低山，是湘西州地形气候较为复杂的地区。

①不同坡向的温度差异。山坡地的坡向不同，接受太阳辐射强度和日照时间的长短有着明显的差异。据保靖县实测，南坡较北坡年平均气温要高1.5℃，≥10℃积温高342℃·d，东南坡比东北坡、西南坡比西北坡年均温偏高0.1~0.3℃，≥10℃积温高38~68℃·d（湘西土家族苗族自治州气象局，2014）。

②不同坡向的降水量差异。除了海拔高度，山脉走向和山坡方位不同，降水量也存在一定差异。一般在风速较大的山岗和迎风坡以及水汽输送通道降水量较大，如花垣、保靖、永顺等县城处在地质断裂带的长峡谷，峡谷为西南—东北走向，西南气流输送的水汽可通畅到达三县峡谷及两侧坡地，降水明显多于远离这个通道的泸溪、凤凰两县。上述三地年降水量比泸溪、凤凰偏多100~200 mm，7—9月偏多90~120 mm。同时，偏南北走向的深沟峡谷及河道两侧也是暴雨多发地，如龙山洗车河两侧的红岩溪、洛塔、洗车及猛洞河两侧的永顺两岔、首车等地为暴雨多发区。

③不同坡向的日照差异。日照时数与山坡的坡度、坡向及周围山体遮蔽度大小有很大关系，情况比较复杂。一般情况下，坡度越大，日照时数越少。此外，山坡的凹凸程度不同，日照时数也有差异，凸地比凹地日照偏多10%左右。另外，在迎风坡由于地形对气流的抬升，常形成云、雨，日照较少，背风坡则日照较多。

（3）中山原气候特点

"中山原"指海拔800 m以上的丘状和岗状地带，是湘西州最冷的地区。这类地区由于海拔高，受山体影响小，气候较为单一。按气候特点可以分为800~1 000 m和1 000~1 400 m两个层次。

①800~1 000 m高度层温度偏低，湿度偏大，降水量偏多，日照较少。年平均气温

为 12~13 ℃，降水量 1 500~1 600 mm，年日照时数为 900~950 h，年平均相对湿度为 82%。四季较分明，以龙山茨岩塘镇为例（海拔 830 m），该地 3 月底入春，历时 88 d；7 月初入夏，历时 51 d；8 月下旬初入秋，历时 87 d；11 月中旬入冬，历时 139 d。冬季最长，占全年天数的 38.0%；夏季最短，仅占全年天数的 14.0%。

②1 000~1 400 m 高度层气温更低，湿度更大，降水更多，但日照时数在四周障碍物很少的山冈山头有所增多。此高度层年平均气温为 10 ℃左右，年降水量在 1 700~2 000 mm。海拔 1 350 m 的龙山八面山高山站（山头）1971—1979 年实测年日照时数平均为 1 212.0 h，比海拔 830 m 的茨岩多 265.9 h；该地年平均相对湿度 84%，比茨岩塘镇增加 2%。夏季更短，冬季更长。以海拔 1 350 m 的龙山八面山为例，该地 4 月 26 日入春，历时 91 d；7 月 26 日入夏，历时只有 11 d；8 月 6 日入秋，历时 87 d；11 月 1 日入冬，历时 176 d。冬季占全年 48.2%，夏季只占全年 3.0%，因此，此高度层是州内最冷的地带。

1.4　湘西州烤烟产业

湘西州作为湖南省三大烟叶主产区之一，烟叶常年总产量稳定在 2 500 万~3 500 万 kg。2022 年，全州有烟农 4 152 户，烟叶种植面积达 20.04 万亩，收购烟叶 39.94 万担（1 担=50 kg），实现烟叶税 1.32 亿元，烟农户均收入 15.91 万元。烤烟是湘西州农业的支柱产业之一。

1.4.1　种烟历史

烟草传入湘西的时间是在明万历五年（1577）前后。明万历八至十一年（1580—1583）撰写的第一部《沪溪县志》中，就有对烟草种植的记载。明末名医张介宾（1555—1632）所著的《景岳全书》曰："烟草自古未闻，近自我明万历时于闽、广之间，自后吴、楚间皆种植之矣"，书中记载的"楚地"自然包括湘西北广大区域。湘西地方志（史）中也有对烟草的记载。《辰州府志》载："淡芭菰辛温，治滞气、停痰、风寒、湿痹、山岚、瘴雾为宜。"《保靖县志》《龙山县志》《永顺县志》中均记述了烟草的药用功能。至于瘴气究竟是一种什么现象我们暂且不论，而湘西地处边陲，山大林密，从中可知明清时期湘西广大山区的瘴气是很毒烈的，烟草作为祛瘴的灵丹妙药在湘西以较快的速度引进种植就显得顺理成章了（湖南省地方志编纂委员会，2010）。

烟草传入湘西的路线是先经福建、后至江西、再传至湖南湘西。从志史书中记载的先后顺序看，它是一个从南向北扩展的一个过程。如《景岳全书》所记载的烟草始于闽广、后吴楚，就充分说明了这个问题。方以智《物理小识》记："万历有携带淡芭菰至漳、泉者，马氏造之曰淡肉果，渐传至九边……。"马氏何人无从考证，但记述的烟草传播方向与张介宾所述是相同的。从社会经济发展历史看，沿海地区较之内地，传播和接收新鲜事物有区位优势。如杨士聪《玉堂荟记》云："烟酒，古不见经传，辽左有事，调用广兵，乃渐有之，自天启《明 1621—1627》中始也。二十年来，北土亦多种。"既可佐证烟草从南向北的扩展路线，也可说明其传播速度之快，进而烟草传入湘西也在其中了（湖南省地方志编纂委员会，2010）。

湘西沱江与万溶江之间山林地带，是湘西州最早种植烤烟的地区。据现居住在泸溪县李家田乡岩头村郑姓《族谱》记载："郑姓宗祖约在公元 1408 年因避战火从江西迁来"，其中一位名叫郑宗敏的人在江西赣州任知府时，带回烟籽分给家族中人在岩头山、解放岩等地种植。郑宗敏的侄辈郑大元当时在镇竿（今凤凰沱江镇）任道台，从族叔郑宗敏处分取部分烟种在黄花寨等地，种植均获成功。

1.4.2 品质特色

在烤烟生产中，优良品种及优质种子的推广是各项工作的基础。70 年代末至 90 年代初，红花大金元、K326、G28 等优良品种在湘西州得到大面积的推广应用，为湘西烟叶的发展奠定了坚实的基础（徐兴阳 等，2007；张树堂 等，2000）。

湘西自治州从 1998 年开始大面积推广种植云烟 85，到 2000 年又开始推广种植同系列品种云烟 87。因为云烟 87 品种适应性强（谭彩兰 等，1997；雷永和 等，1991），烘烤特性好，配套技术完善，农民种烟收益高，种植面积快速增长，到 2013 年时，云烟 87 种植面积占到全州烤烟面积 85% 以上（宫长荣 等，1994；张树堂 等，1997；李永平 等，2001）。

蔡云帆（2015）针对湘西州主产区烟叶质量和品质风格特色的实际，以烟草质量和风格特色类型的生态环境表达为理论依据，以烟草质量和品质风格特色类型的区域分布现状为技术依据，主要依据中部烟叶质量和风格特色，同时综合考虑不同部位烟叶的质量和风格特色，采用"自然生态类型+品质优势共同点"的命名方法，将湘西州烤烟划分为 4 个品质类型区，分别为西北部中海拔山地高糖浓偏中优质主料区、东部中低海拔丘陵岗地高糖中偏浓优质主料区、西部中低海拔山原高糖中偏浓主料区、南部低山丘陵中糖浓偏中主料区。

1.5 湘西州烤烟主要气象灾害

烤烟是一种对环境非常敏感的经济作物。大田各发育期的温度、日照时数、降水量等气象因子，都会影响烟叶的品质和产量形成。气候因素是影响烟叶品质和风格特征形成的主要生态外因（许自成，2005；程昌新，2005）。烟叶外观质量是烤后烟叶分级的重要依据，烟叶外观质量和物理特性也受生态因子的影响（余建飞 等，2018）。

湘西山区属亚热带湿润季风气候区，雨热与烤烟生长同季，气象条件满足烤烟生长发育需要。但是湘西自治州气象灾害频发，在烤烟大田生长期内伴随多种气象灾害，均对烟叶产量和品质造成影响（周米良 等，2011）。湘西烟叶播种期一般在 1 月下旬后，4 月中旬开始移栽，6 月上旬开始进行采收，到 9 月上旬采收结束。从播种到采收整个大田生长期，湘西烤烟往往要遭遇冷害、冰雹、暴雨洪涝、干旱等气象灾害。

1.5.1 冷害

1 月下旬至 4 月上旬是湘西州烤烟的苗床期。烤烟种子萌发和烟苗生长的适宜温度为 25~28 ℃，低温会抑制种子萌发和烟苗生长。若日平均气温低于 13 ℃，则烤烟种子萌动迟缓，烟苗生长发育缓慢。苗床期是湘西自治州气温上升较快的时期，但此时冷空气活动频繁，"春寒"或"倒春寒"出现的概率较高，对烤烟培育壮苗不利。

此外，烟苗在大田移栽后，如出现较长时间的"春寒"或"倒春寒"，易造成烤烟"早花"，影响烤烟叶片数量，导致烤烟产量降低。因此，烤烟烟苗在春天迅速回温后，不宜过早移栽。通过统计湘西州 8 个国家地面气象观测站 1991—2022 年逐日平均气温资料，结合烤烟还苗至团棵期冷害指标（日平均气温≤13℃持续 4 d 以上），得到湘西州各地在不同时段出现冷害的频率（表 1-1）。由表 1-1 可知，湘西州各地烤烟还苗至团棵期冷害均出现在 4 月中旬，发生频率为 9.38%~15.63%，即十年一遇至六年一遇，而 4 月下旬和 5 月上旬均从未出现。因此，湘西州烤烟在 4 月中旬出现冷害的概率较大，4 月天气回暖后不可随意提早移栽烟苗，需提防低温的危害。

表 1-1   湘西州各地烤烟还苗至团棵期出现冷害的频率（%）

地点	海拔高度（m）	时间		
		4 月 11—20 日	4 月 21—30 日	5 月 1—10 日
泸溪	171	9.38	0	0
吉首	204	12.50	0	0
永顺	269	9.38	0	0
古丈	302	15.63	0	0
保靖	325	12.50	0	0
花垣	341	15.63	0	0
凤凰	350	15.63	0	0
龙山	487	9.38	0	0

注：湘西州烤烟还苗至团棵期冷害指标：日平均气温≤13℃持续 4 d 以上。

1.5.2   冰雹

冰雹是在一定的天气环流背景下，中小尺度强对流天气系统（低涡、切变线）迅速生成，加上湘西州山区有利的地形，上升气流达到冰点高度层，气流中的水汽迅速结为冰球（块）并下降的天气现象。由于湘西州山脉起伏大，山体切割深，非常有利于对流天气系统的形成和发展，因此湘西州是冰雹的频发区。

据湘西州 8 个国家地面气象观测站近 50 年观测记录，冰雹全年出现次数平均为 0.61~2.31 次，其中湘西州中南部多于北部，以吉首最多，古丈次之，二县年平均次数分别为 2.37 次和 1.53 次；龙山最少，年平均次数平均为 0.61 次（刘逊，2014）。湘西州各县冰雹出现最多次数为 4~9 次/年，其中以吉首（9 次）最多，花垣（8 次）次之。全年中，2—4 月冰雹出现频率最高。张官雄等（2015）指出，冰雹是湘西州烤烟大田生长期常见的气象灾害。冰雹多发于 4 月，正值烟叶还苗—团棵期，冰雹出现时，轻者打烂烟叶，严重时砸掉叶片甚至烟株，导致烤烟绝收。

1.5.3 暴雨洪涝

湘西州由于特殊的地理位置和地形条件，是全省暴雨洪涝灾害多发地区之一。暴雨主要集中时段湘西州南部为5—7月，北部为5—8月。暴雨及以上量级的降雨日数年平均为3~4 d，各地大暴雨出现的概率约为两年一遇。根据湘西州8个国家地面气象观测站1991—2022年逐日降水量资料，结合湘西州烤烟洪涝指标，可统计出湘西州各地烤烟在不同时段出现洪涝的频率（表1-2）。由表1-2可知，从烤烟移栽后至湖南省雨季结束前（湖南省通常在7月中旬开始由副热带高压控制，为晴热高温天气，降水量少），均可能出现洪涝，但是每个时间段出现洪涝的频率不同：在6月下旬、7月上旬和7月中旬出现洪涝的频率明显大于其他时间段，如泸溪在6月下旬、7月中旬出现洪涝的概率均在18%以上，而在其他时间段出现洪涝的概率不足10%；永顺在7月上旬出现洪涝的概率在20%以上，但是其他时间段出现洪涝的概率不足10%。因此，湘西州烟田在6月下旬至7月中旬需做好清沟排水措施，防范洪涝的危害。

表1-2　湘西州各地烤烟不同时段出现洪涝的频率（%）

地点	时间								
	4月21—30日	5月1—10日	5月11—20日	5月21—31日	6月1—10日	6月11—20日	6月21—30日	7月1—10日	7月11—20日
泸溪	0	0	9.38	6.25	9.38	9.38	18.75	9.38	18.75
吉首	3.13	3.13	6.25	0	9.38	6.25	12.5	9.38	15.63
永顺	0	0	6.25	6.25	0	3.13	6.25	21.88	6.25
古丈	0	3.13	6.25	0	3.13	9.38	12.50	6.25	9.38
保靖	3.13	3.13	6.25	0	9.38	6.25	12.50	9.38	15.63
花垣	3.13	0	0	0	0	3.13	18.75	6.25	3.13
凤凰	0	6.25	0	0	9.38	0	25.00	6.25	12.50
龙山	0	0	0	6.25	0	3.13	3.13	6.25	0

注：湘西州烤烟洪涝指标：单日降水量≥100 mm，或者过程降水量在150 mm以上，降水过程持续2 d以上。

1.5.4 干旱

湘西州属于典型的喀斯特地形，蓄水保水能力差。降水量高度集中，汛期降水量约占全年降水量的70%。干旱在湘西州频繁出现，是湘西州最主要的气象灾害，其造成的灾害影响范围大，损失重。对湘西州各季节出现干旱的概率进行统计，结果表明：春季出现干旱的概率为31%，其中重旱出现的概率为2.8%；夏季出现干旱的概率为56.0%，其中重旱出现的概率为8.1%；秋季出现干旱的概率为60.1%，其中重干旱出现的概率为7.4%；冬季出现干旱的概率为43.3%，重旱出现的概率为2.8%（米红波等，2016）。夏旱或夏秋连旱对烤烟生长发育和产量形成影响最大。在夏旱或者夏秋连旱灾情重的年份，如 2013、2021、2022 年，烤烟产量明显降低。在湘西州烤烟成熟期，常出现干旱。根据湘西州 8 个国家地面气象观测站 1991—2022 年逐日降水量资料，结合湘西州烤烟干旱指标，可统计出湘西州各地烤烟在不同时段开始出现干旱的频率（表 1-3）。由表 1-3 可知，自 7 月中旬至 9 月上旬，干旱在每旬均可能开始出现，并进一步发展，但在 8 月下旬开始出现干旱的频率明显大于其他时间段。如泸溪在 8 月下旬开始出现干旱的频率在 15% 以上，其他时间段开始出现干旱的频率不足 10%；凤凰在 8 月下旬开始出现干旱的频率超过 20%，但在其他时间段开始出现干旱的频率不足 10%。因此，各地烤烟上部叶应尽量在 8 月底采收完毕，这样遭受干旱的风险小，受干旱的危害轻。

表 1-3 湘西州各地烤烟成熟期干旱始期出现在各时间段的频率（%）

地点	海拔高度（m）	时间					
		7 月 11—20 日	7 月 21—31 日	8 月 1—10 日	8 月 11—20 日	8 月 21—31 日	9 月 1—10 日
泸溪	171	9.38	3.13	3.13	3.13	15.63	9.38
吉首	204	3.13	3.13	3.13	0	18.75	6.25
永顺	269	3.13	3.13	0	0	9.38	6.25
古丈	302	0	3.13	6.25	0	9.38	6.25
保靖	325	3.13	3.13	3.13	0	18.75	6.25
花垣	341	0	3.13	3.13	3.13	6.25	6.25
凤凰	350	3.13	0	3.13	0	21.88	6.25
龙山	487	0	3.13	0	0	6.25	0

注：干旱指无降水或者降水量较少持续 30 d 以上，需同时满足以下两个条件：①连续 20 d 累积降水量≤10.0mm 作旱期始期统计；②连续 30d 以上累积降水量≤30.0mm。

2 湘西州不同海拔烤烟大田生长季长度理论推算

烤烟作为一种露天作物，生长发育和产量形成受到气象条件的影响和制约。在光温水匹配较好、农业气象灾害少的时间段生长发育，才能实现高产稳产、优质高效的目标。因此，需根据当地气候资源合理安排烤烟大田生长时间，在合适的时间移栽烤烟烟苗。烤烟移栽不宜过早，移栽过早则气温低，如遇到连续低温阴雨的天气，则容易出现"早花"，烤烟提前进入生殖生长期，造成烤烟叶片数量减少，产量降低；烤烟移栽也不能太晚，如果移栽太晚，虽然可以避免"早花"现象，但是烤烟成熟期温度偏低，造成烤烟上部叶成熟度不够或者不能成熟，影响烤烟上部叶产量和品质。研究表明，烤烟应在气温稳定通过12~13℃后移栽，出现"早花"的风险小；在气温稳定通过20℃终日前烤烟上部叶片成熟，可充分保障烟叶的产量和品质。因此，利用日平均气温稳定通过12℃（13℃）初日、稳定通过20℃终日的日期（中国农业科学院，1999），分别作为气象条件允许的烤烟移栽最早日期和末次采收最晚日期，确定烤烟大田生长季长度（d）。

在烤烟大田生长季最长天数的中间，通过统计分析长时间序列气象观测资料，挑选一个气象灾害少、灾害影响轻的时间段作为烤烟大田生长时段，可实现高产稳产、优质高效的目标。

2.1 湘西州低海拔地区烤烟大田生长季长度理论推算

湘西州低海拔烟区一般指海拔高度在500 m以下的地区。湘西州国家地面气象观测站所在地海拔高度都在500 m以下，因此低海拔烟区有长时间序列的气象观测资料，可以统计出低海拔地区稳定通过12℃（耐寒烤烟品种）或13℃（不耐寒烤烟品种）初日和稳定通过20℃终日的日期，进而确定低海拔烟区最佳大田生长季。采用5日滑动平均法（王树廷，1982）计算日平均气温稳定通过界限温度（12℃、13℃、20℃）的初终日。

2.1.1 湘西州低海拔烟区稳定通过12℃（13℃）初日

将湘西自治州泸溪、吉首、永顺、古丈、保靖、花垣、凤凰和龙山共8个国家气象观测台站（海拔高度分别为171 m、204 m、269 m、302 m、325 m、341 m、350 m和487 m）1991—2022年共计32年的气象资料进行统计，得到80%保证率下各气象观测台站稳定通过12℃（13℃）初日和稳定通过20℃终日（表2-1、表2-2）。

从表2-1可以看出，湘西州各气象观测台站80%保证率下稳定通过12℃初日是4月8—12日，各地稳定通过12℃初日略有不同，从最早的4月8日（永顺）到最迟的

4月12日（凤凰），但早迟差别不大，在4 d以内；湘西州各气象观测台站80%保证率下稳定通过13 ℃初日是4月13—18日，各地稳定通过13 ℃初日略有不同，但相差也不大，在5 d以内。

表2-1　湘西州各气象观测站稳定通过12 ℃（13 ℃）初日

地点	海拔高度（m）	80%保证率下稳定通过12 ℃初日	80%保证率下稳定通过13 ℃初日
泸溪	171	4月9日	4月13日
吉首	204	4月9日	4月13日
永顺	269	4月8日	4月13日
古丈	302	4月11日	4月15日
保靖	325	4月10日	4月14日
花垣	341	4月10日	4月14日
凤凰	350	4月12日	4月18日
龙山	487	4月11日	4月16日

2.1.2　湘西州低海拔烟区稳定通过20 ℃终日

从表2-2可以看出，湘西州各气象观测台站80%保证率下稳定通过20 ℃终日是10月3—8日，各地通过20 ℃终日略有不同，从最早的10月3日（古丈）到最迟的10月8日（泸溪），但早迟差别不大，在5 d以内。

表2-2　湘西州各气象观测站稳定通过20 ℃终日

地点	海拔高度（m）	80%保证率下稳定通过20 ℃终日
泸溪	171	10月8日
吉首	204	10月7日
永顺	269	10月5日
古丈	302	10月3日
保靖	325	10月4日
花垣	341	10月5日
凤凰	350	10月6日
龙山	487	10月4日

2.1.3　湘西州低海拔地区烤烟大田生长季长度理论推算

根据湘西州低海拔烟区不同海拔高度日平均气温80%保证率下稳定通过12 ℃（耐

寒品种）或 13 ℃（不耐寒品种）初日、稳定通过 20 ℃终日的日期，可以确定不同海拔高度地区理论上烤烟移栽最早日期、理论上烤烟末次采收最晚日期（即上部烟叶工艺成熟最晚日期），进而确定气象条件允许下的大田生长季长度（表2-3）。由表2-3可知，在海拔高度低于 500 m 的不同地区，耐寒烤烟品种应在 4 月 12 日以后（日平均气温稳定通过 12 ℃初日以后）移栽，末次采收应在 10 月 3 日前（日平均气温稳定通过 20 ℃终日以前）完成，大田生长季长度达 175~183 d。

不耐寒烤烟品种应在 4 月 18 日以后（日平均气温稳定通过 13 ℃初日以后）移栽，末次采收应在 10 月 3 日前完成，大田生长季长度达 169~179 d。因此，湘西地区烤烟大田生长季时长完全能够满足不同烤烟品种在大田生长时间的需要。

表 2-3　湘西州低海拔地区烤烟大田生长季长度

海拔高度（m）	耐寒品种烤烟移栽最早日期（稳定通过 12 ℃初日）	不耐寒品种烤烟移栽最早日期（稳定通过 13 ℃初日）	烤烟末次采收最晚日期（稳定通过 20 ℃终日）	烤烟（耐寒品种）大田生长季长度	烤烟（耐寒品种）大田田生长季长度
≤200	4 月 9 日	4 月 13 日	10 月 8 日	183	179
200~300	4 月 10 日	4 月 15 日	10 月 3 日	177	172
300~400	4 月 11 日	4 月 18 日	10 月 3 日	176	169
400~500	4 月 12 日	4 月 18 日	10 月 3 日	175	169

2.2　湘西州中高海拔地区气象要素小网格插值

气象要素空间分布由较稳定的宏观地理环境和较不稳定的微观地形因素共同决定。宏观地理环境因素包括地理位置因素（经度和纬度）、宏观地形因素（大地形如大山脉走向和高度）和地理环境因素（如大森林、大水体等），它们在空间分布上有一定规律性，因此对气象要素空间分布的影响也呈现一定规律，这种规律性可作为气象要素空间网格化插值的依据。通过气象观测台站实测气象资料，用数学模型模拟宏观地理环境因素对气象要素空间分布的影响，找出数量关系，进而推算无气象观测地区的气候状况。而微观地形因素包括局地海拔高度、坡位坡向和小地形情况，它们对要素空间分布的影响相对复杂。

湘西州 8 个国家气象观测站，均建在海拔高度 500 m 以下的地区，而海拔高度在 500 m 以上地区均无国家地面气象观测站。对于中高海拔烟区，根据湖南省已有地面气象观测站气温、降水量、日照时数等气象观测资料，与经纬度、海拔高度的数量关系，构建中高海拔地区气象要素的小网格推算模型，实现气温、降水、日照等气象资料的小网格空间插值，进而推算出湘西州中高海拔地区稳定通过 12 ℃（13 ℃）初日、稳定通过 20 ℃终日，统计得出中高海拔地区烤烟生长季平均气温、≥10 ℃活动积温、累积降水量和累积日照时数，分析中高海拔地区烤烟生长季气候资源特征。

气候变暖是毋庸置疑的事实。1951—2012 年全球平均地表温度的升温速率几乎是 1880 年以来升温速率的两倍。过去的 3 个连续 10 年比之前自 1850 年以来的任何一个 10 年都暖（秦大河 等，2014）。因此，小网格空间插值的基础数据选用湖南省 1991—2022 年（近 32 年）97 个地面气象观测站逐日平均气温、降水量、日照时数资料，小网格空间插值分辨率为 500 m×500 m，湘西州共划分为约 61 805 个小网格，对湘西州所有小网格进行插值，得到各网格点的 1991—2022 年逐日气象要素插值结果。

2.2.1 平均气温的插值方法

采用多元回归残差高斯算子订正法（The multivariate regression model with the residual modified by inverse distance weight interpolation employing gaussian filter operator, MRG）对平均气温进行插值。先建立平均气温与影响平均气温的空间插值因子的多元回归模型，并计算残差，然后通过 MRG 法对残差进行订正。计算流程为：首先利用地面气象观测资料与台站经纬度、海拔高度等地理因子的关系，建立观测台站平均气温与经纬度、海拔高度等的多元回归模型，并计算残差；然后利用 MRG 法将多元回归模型推算的残差，订正到各网格点上，即得到各网格点的平均气温。

2.2.2 日照时数的插值方法

采用多元回归残差高斯算子订正法（MRG）对日照时数进行插值。首先通过纬度、海拔高度等地理因子推算气象观测台站及网格点逐日可照时数；然后计算气象观测台站日照百分率（实际日照时数/可照时数），并用 MRG 法将气象观测台站的日照百分率插值到各网格点；最后将各网格点可照时数乘以插值得到的日照百分率，即得到各网格点的日照时数。

2.2.3 降水量的插值方法

先构建空间分布上相对连续的日降水量气候背景场，这在一定程度上可以减小或消除由于降水空间分布不连续而带来的分析误差；然后定义降水量比值数据，并通过插值得到日降水量比值分析场。通过定义日降水量比值数据，减少空间变异性带来的插值误差；最后将降水量气候背景场与降水量比值分析场相乘，即得到日降水量。

具体做法如下：

①建立湘西州日降水量气候值的小网格背景场。

②计算各台站日降水量比值数据，并采用克里金（Kriging）插值法生成小网格分析场。

$$某日降水量比值 = \frac{台站日降水量观测值}{该日对应网格的日降水量气候背景值} \tag{2.1}$$

③由日降水量比值分析场与对应的气候值背景场相乘，得到日降水量。

$$降水量小网格插值 = 降水量气候背景值 × 降水量比值 \tag{2.2}$$

2.3 湘西州中高海拔地区烤烟大田生长季长度理论推算

根据湘西州各小网格点气象要素插值结果，可统计分析得出湘西州中高海拔地区日平均气温稳定通过 12 ℃（13 ℃）初日、日平均气温稳定通过 20 ℃终日的日期，进而推算出耐寒烤烟品种和不耐寒烤烟品种大田生长季长度。

2.3.1 日平均气温稳定通过 12 ℃初日

图 2-1 是湘西州各地日平均气温稳定通过 12 ℃初日日期。由图 2-1 可知，湘西州大部地区日平均气温稳定通过 12 ℃的初日在 4 月 11—20 日。

图 2-1 湘西州各地日平均气温稳定通过 12 ℃初日示意图

湘西州日平均气温稳定通过 12 ℃初日在 4 月 21—30 日的地区，主要分布在凤凰县西北部，花垣县西南部和东部，保靖县西部和南部，龙山县中部的洛塔乡、北部的大安乡，永顺县东南部的松柏镇、小溪镇以及古丈县东北部。

湘西州日平均气温稳定通过 12 ℃初日在 5 月 1—10 日的地区，主要分布在龙山县西南部的里耶镇。

湘西州日平均气温稳定通过 12 ℃初日在 5 月 11—20 日的地区，主要分布在龙山县北部的大安乡。

湘西州日平均气温稳定通过 12 ℃初日在 4 月 1—10 日的地区，主要分布于低海拔的泸溪县东南部的浦市镇，中部的武溪镇、洗溪镇、潭溪镇以及北部的八什坪乡。这与用地面气象观测站（海拔高度<500 m）资料分析的日平均气温稳定通过 12 ℃初日结果一致。

湘西州不同海拔高度日平均气温稳定通过 12 ℃初日日期明显不同（表2-4）。随海拔高度增大，通过 12 ℃初日日期逐渐推迟。海拔高度 600m 日平均气温稳定通过 12 ℃初日是 4 月 12 日；而海拔高度 1 300 m 日平均气温稳定通过 12 ℃初日推迟至 4 月 28 日，推迟了 16 d。总体上看，海拔高度每增加 100 m，日平均气温稳定通过 12 ℃初日推迟 1~2 d。

表 2-4 湘西州不同海拔高度稳定通过 12 ℃初日

海拔高度（m）	稳定通过 12 ℃初日
600	4 月 12 日
700	4 月 13 日
800	4 月 15 日
900	4 月 16 日
1 000	4 月 19 日
1 100	4 月 21 日
1 200	4 月 24 日
1 300	4 月 28 日

2.3.2 日平均气温稳定通过 13 ℃初日

图 2-2 是湘西州各地日平均气温稳定通过 13 ℃初日日期。由图 2-2 可知，日平均气温稳定通过 13 ℃初日在 4 月 21—30 日的地区，主要分布在凤凰县西部，花垣县大部，保靖县西部、北部及东南部，古丈县东北部的高峰镇、西北部的断龙山镇和西南部的默戎镇，永顺县东南部、西北部以及中部，龙山县东部和中部。

日平均气温稳定通过 13 ℃初日在 5 月 1—10 日的地区，主要分布在永顺县东南部的小溪镇。

日平均气温稳定通过 13 ℃初日在 5 月 11—20 日的地区，主要分布在龙山县西南部和北部的部分地区。

日平均气温稳定通过 13 ℃初日在 5 月 21—30 日的地区，主要分布在龙山县北部的部分地区。

湘西州日平均气温稳定通过 13 ℃初日在 4 月 11—20 日的地区，主要分布在低海拔的泸溪县大部，吉首市大部，花垣县北部，保靖县中部，古丈县东南部，凤凰县东部，永顺县西部、东部，龙山县西北部的石羔街道、华塘街道、民安街道。这与用地面气象观测站（海拔高度<500 m）资料分析的日平均气温稳定通过 13 ℃初日结果一致。

湘西州不同海拔高度日平均气温稳定通过 13 ℃初日日期明显不同（表2-5）。随海拔高度增大，通过 13 ℃初日日期逐渐推迟。海拔高度 600 m 日平均气温稳定通过 13 ℃初日是 4 月 16 日；而海拔高度1 300 m日平均气温稳定通过 13 ℃初日推迟至 5 月 6 日，推迟了 20 d。总体上看，海拔高度每增加 100 m，日平均气温稳定通过 13 ℃初日推迟 2~3 d。

图2-2 湘西州各地日平均气温稳定通过 13 ℃初日示意图

表2-5 湘西州不同海拔高度日平均气温稳定通过 13 ℃初日

海拔高度（m）	日平均气温稳定通过 13 ℃初日
600	4 月 16 日
700	4 月 18 日
800	4 月 20 日

（续表）

海拔高度（m）	日平均气温稳定通过 13 ℃初日
900	4 月 23 日
1 000	4 月 25 日
1 100	4 月 28 日
1 200	5 月 2 日
1 300	5 月 6 日

2.3.3　日平均气温稳定通过 20 ℃终日

图 2-3 是湘西州各地日平均气温稳定通过 20 ℃终日日期。由图 2-3 可知，湘西州日平均气温稳定通过 20 ℃终日在 8 月 18—27 日的地区，主要分布在龙山县北部大安乡的东北部。

图 2-3　湘西州各地日平均气温稳定通过 20 ℃终日示意图

日平均气温稳定通过 20 ℃终日在 8 月 28 日至 9 月 6 日的地区，主要分布在龙山县西南部的里耶镇和北部的大安乡，永顺县东部的青坪镇和东南部的松柏镇。

日平均气温稳定通过 20 ℃终日在 9 月 7—16 日的地区，主要分布在凤凰县西北部的两林乡、北部的禾库镇，花垣县南部的吉卫镇。

日平均气温稳定通过 20 ℃终日在 9 月 17—26 日的地区，主要分布在凤凰县西部的板畔乡、腊尔山镇和山江镇，花垣县西部、东北部，保靖县东南部的水田河镇、吕洞山镇和葫芦镇，古丈县中部、西部，永顺县东部的松柏镇以及龙山县西部的召市镇。

湘西州大部分地区日平均气温稳定通过 20 ℃终日在 9 月 27 日至 10 月 10 日。

日平均气温稳定通过 20 ℃终日在 10 月 11—20 日的地区，主要分布在泸溪县东南部的浦市镇、达岚镇。

湘西州不同海拔高度稳定通过 20 ℃终日日期明显不同（表 2-6）。随海拔高度增加，通过 20 ℃终日日期逐渐提前。海拔高度 600 m 日平均气温稳定通过 20 ℃终日是 9 月 29 日；而海拔高度 1 300 m，日平均气温稳定通过 20 ℃终日提前至 8 月 25 日，提前了 35 d。总体上看，海拔高度每增加 100m，日平均气温稳定通过 20 ℃终日日期提前 4~5 d。

表 2-6　湘西州不同海拔高度日平均气温稳定通过 20 ℃终日

海拔高度（m）	日平均气温稳定通过 20 ℃终日
600	9 月 29 日
700	9 月 24 日
800	9 月 19 日
900	9 月 15 日
1 000	9 月 8 日
1 100	9 月 3 日
1 200	8 月 29 日
1 300	8 月 25 日

2.3.4　湘西州烤烟大田生长季长度理论推算

图 2-4 为湘西州各地烤烟（耐寒品种）大田生长季长度。由图 2-4 可知，湘西州大部分地区烤烟（耐寒品种）大田生长季在 140 d 以上，仅少数地区不足 140 d，具体分布在：龙山县中部和北部、永顺县东南部、保靖县西部、花垣县南部、凤凰县西北部。因此，湘西州大部分地区完全满足耐寒烤烟品种大田生长天数的需要。

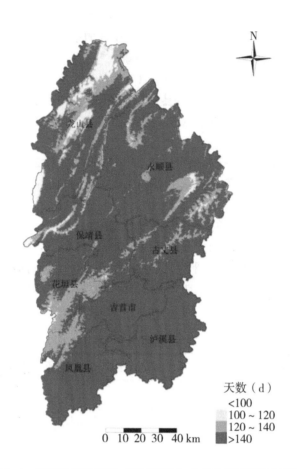

天数（d）
<100
100 ~ 120
120 ~ 140
>140

0 10 20 30 40 km

图 2-4　湘西州各地烤烟（耐寒品种）大田生长季天数示意图

　　表 2-7 是湘西州中高海拔地区烤烟大田生长季长度。由表 2-7 可知，随海拔高度增加，烤烟（耐寒品种）大田生长季长度逐渐减少。在海拔高度 600 m，烤烟（耐寒品种）大田生长季长度长达 170 d；而在海拔高度 1 300 m，烤烟（耐寒品种）大田生长季长度缩短至 119 d，与海拔高度 600 m 处相比减少了 51 d。总体上看，海拔高度每增加 100 m，烤烟（耐寒品种）大田生长季长度减少 7~10 d。对于湘西州绝大多数高海拔烟区（海拔高度不足 1 200 m），烤烟（耐寒品种）大田生长季长度在 127 d 以上，满足耐寒烤烟品种在大田生长发育对时间（天数）的需求。

　　随海拔高度增加，烤烟（不耐寒品种）大田生长季长度也逐渐减少。总体上看，海拔高度每增加 100 m，烤烟（不耐寒品种）大田生长季长度减少 7 天左右。在海拔高度不足 1 100 m 的地区，烤烟（不耐寒品种）大田生长季长度在 128 d 以上，满足不耐寒烤烟品种在大田生长发育对时间（天数）的需求。

表 2-7 湘西州中高海拔地区烤烟理论大田生长季长度

海拔高度 （m）	烤烟 （耐寒品种） 移栽最早日期	烤烟 （不耐寒品种） 移栽最早日期	烤烟末次采收 最晚日期	烤烟 （耐寒品种） 大田生长季 长度	烤烟 （不耐寒品种） 大田生长季 长度
600	4 月 12 日	4 月 16 日	9 月 29 日	170	166
700	4 月 13 日	4 月 18 日	9 月 24 日	164	159
800	4 月 15 日	4 月 20 日	9 月 19 日	157	152
900	4 月 16 日	4 月 23 日	9 月 15 日	152	145
1 000	4 月 19 日	4 月 25 日	9 月 8 日	142	136
1 100	4 月 21 日	4 月 28 日	9 月 3 日	135	128
1 200	4 月 24 日	5 月 2 日	8 月 29 日	127	119
1 300	4 月 28 日	5 月 6 日	8 月 25 日	119	111

图 2-5 为湘西州各地烤烟（不耐寒品种）大田生长季长度。由图 2-5 可知，湘西州大部分地区烤烟（不耐寒品种）大田生长季天数在 120 d 以上，其中烤烟（不耐寒品

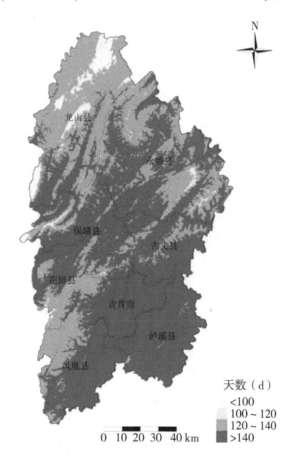

图 2-5 湘西州各地烤烟（不耐寒品种）大田生长季天数示意图

种）大田生长季天数在 140 d 以上的地区主要分布在：泸溪、吉首、凤凰的南部和东部、花垣北部、古丈大部、保靖大部、龙山南部和永顺的西部和中部。因此，湘西州大部分地区也满足不耐寒烤烟品种大田生长天数的需要。

2.4　湘西州烤烟大田生长季气候资源

根据湘西州各小网格点气象要素插值结果，和推算得出的不同海拔高度耐寒烤烟品种和不耐害烤烟品种大田生长季长度，可统计分析湘西州不同海拔地区烤烟大田生长季平均气温、活动积温、累积降水量、累积日照时数的特征和空间分布。

2.4.1　平均气温

图 2-6 是湘西州各地烤烟（耐寒品种）大田生长季（日平均气温稳定通过 12℃初日至日平均气温稳定温度通过 20℃终日期间）平均气温。图 2-6 可知，湘西州烤烟（耐寒品种）大田生长季平均气温在 16~18 ℃的地区，主要分布在龙山县西南部里耶

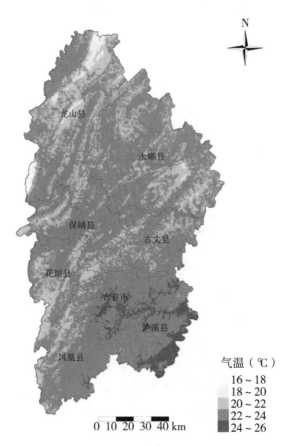

图 2-6　湘西州烤烟（耐寒品种）大田生长季
平均气温的空间分布示意图

镇、北部的大安乡；湘西州烤烟（耐寒品种）大田生长季气温在 18～20 ℃ 的地区，主要分布在龙山县北部的石牌镇、大安乡；湘西州烤烟（耐寒品种）大田生长季气温在 20～22 ℃ 的地区，主要分布在凤凰县西北部的两林乡、禾库镇，花垣县南部和东部，保靖县西部的清水坪镇，永顺县东南部的松柏镇、小溪镇以及龙山县北部的大安乡；湘西州烤烟（耐寒品种）大田生长季气温在 22～24 ℃ 的地区，主要分布在凤凰县大部，泸溪县大部，吉首市大部，花垣县大部，保靖县大部，古丈县西北部和东南部，永顺县大部，龙山县西北部、西南部和西部；湘西州烤烟（耐寒品种）大田生长季气温在 24～26 ℃ 的地区，主要分布在泸溪县东南部和中部，吉首市南部，永顺县中部和西部，龙山县西北部的石羔街道、华塘街道和民安街道。

图 2-7 是湘西州各地烤烟（不耐寒品种）大田生长季（日平均气温稳定通过 13℃ 初日至日平均气温稳定温度通过 20℃ 终日期间）平均气温。由图 2-7 可知，湘西州烤烟（不耐寒品种）大田生长季平均气温在 16～18℃ 的地区，主要分布在龙山县北部的大安乡、西南部的里耶乡；湘西州烤烟（不耐寒品种）大田生长季气温在 18～20℃ 的

图 2-7　湘西州烤烟（不耐寒品种）大田生长季平均气温的空间分布示意图

地区，主要分布在龙山县北部的大安乡；湘西州烤烟（不耐寒品种）大田生长季气温在 20~22℃ 的地区，主要分布在凤凰县西北部，花垣县南部，双龙镇东部，保靖县西部的清水坪镇，永顺县东南部的松柏镇、小溪镇，龙山县北部；湘西州烤烟（不耐寒品种）大田生长季气温在 22~24℃ 的地区，主要分布在凤凰县大部，泸溪县大部，吉首市大部，花垣县大部，古丈县大部，保靖县大部，永顺县大部，龙山县北部和西部；湘西州烤烟（不耐寒品种）大田生长季气温在 24~26℃ 的地区，主要分布在龙山县西北部的石羔街道，泸溪县东南部、和中部，吉首市南部。

2.4.2 活动积温

图 2-8 是湘西州各地烤烟（耐寒品种）大田生长季 ≥10 ℃ 活动积温。由图 2-8 可知，湘西州烤烟（耐寒品种）大田生长季 ≥10 ℃ 活动积温不足 1 000 ℃·d 的地区，主要分布在龙山县西南部的里耶镇；湘西州烤烟（耐寒品种）大田生长季 ≥10 ℃ 活动积温在 1 000~2 000 ℃·d 的地区，主要分布在龙山县北部和中部；湘西州烤烟（耐寒品

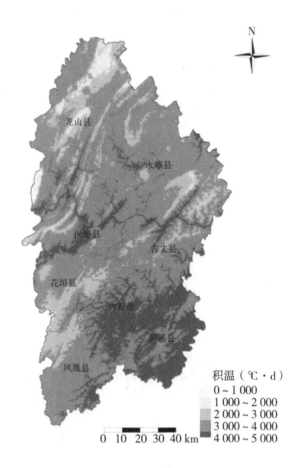

图 2-8　湘西州烤烟（耐寒品种）大田
生长季 ≥10 ℃ 活动积温的空间分布示意图

种）大田生长季≥10 ℃活动积温在2 000~3 000 ℃·d的地区，主要分布在凤凰县西北部的两林乡、禾库镇，花垣县东南部的吉卫镇，保靖县西部的清水坪镇，永顺县东南部的松柏镇、小溪镇，龙山县北部。

湘西州大部分地区烤烟（耐寒品种）大田生长季≥10 ℃活动积温在3 000~4 000 ℃·d，具体分布在：凤凰县大部，泸溪县中部，吉首市西部和北部，古丈县大部，花垣县大部，保靖县大部，永顺县大部，龙山县大部。湘西州烤烟（耐寒品种）大田生长季≥10 ℃活动积温在4 000~5 000 ℃·d的地区，主要分布在凤凰县东南部的水打田乡，泸溪县大部，吉首市大部，花垣县北部的花垣镇，古丈县北部的罗倚溪镇，永顺县东南部的小溪镇，龙山县西南部的里耶镇。

图2-9是湘西州各地烤烟（不耐寒品种）大田生长季≥10 ℃活动积温。由图2-9可知，湘西州烤烟（不耐寒品种）大田生长季≥10 ℃活动积温不足1 000 ℃·d的地区，主要分布在龙山县西南部的里耶镇；湘西州烤烟（耐寒品种）大田生长季≥10 ℃活动积温在1 000~2 000 ℃·d的地区，主要分布在龙山县大部；湘西州烤烟（耐寒品种）大田生长季≥10 ℃活动积温在2 000~3 000 ℃·d的地区，主要分布在凤凰县西北部的两林乡、

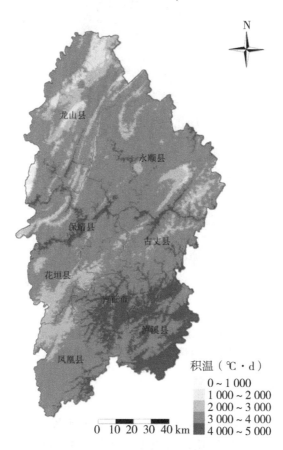

图2-9　湘西州烤烟（不耐寒品种）大田生长季≥10 ℃活动积温的空间分布示意图

禾库镇，花垣县东南部的吉卫镇，保靖县西部，永顺县东南部的松柏镇、小溪镇，龙山县北部；湘西州烤烟（耐寒品种）大田生长季≥10 ℃活动积温在3 000~4 000 ℃·d的地区，主要分布在凤凰县大部，泸溪县中部，吉首市西部和北部，古丈县大部，花垣县大部，保靖县大部，永顺县大部，龙山县大部。湘西州烤烟（不耐寒品种）大田生长季≥10 ℃活动积温为4 000~5 000 ℃·d的地区，主要分布在凤凰县东南部的水打田乡，泸溪县东南部、中部和北部，吉首市中部和南部，花垣县北部的花垣镇，古丈县北部的罗倚溪镇，永顺县东南部的小溪镇，保靖县中部，龙山县西南部的里耶镇。

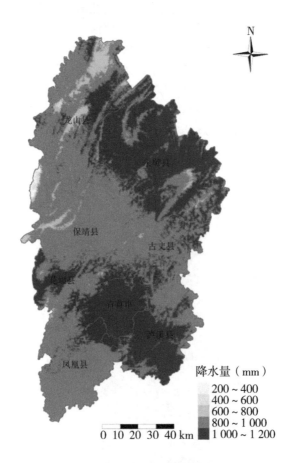

**图 2-10　湘西州烤烟（耐寒品种）大田
生长季累积降水量的空间分布示意图**

2.4.3　累积降水量

图 2-10 是湘西州各地烤烟（耐寒品种）大田生长季累积降水量。由图 2-10 可知，湘西州烤烟（耐寒品种）大田生长季累积降水量在 200~400 mm 的地区，零散分布在龙山县西南部的里耶镇；湘西州烤烟（耐寒品种）大田生长季累积降水量为 400~600 mm 的地区，零散分布在龙山县西南部的里耶镇；湘西州烤烟（耐寒品种）大田生

长季累积降水量为 600~800 mm 的地区，主要分布在保靖县西部，永顺县东南部，龙山县中部和北部；湘西州烤烟（耐寒品种）大田生长季累积降水量为 800~1 000 mm 的地区，主要分布在凤凰县大部、花垣县南部和北部、泸溪县北部、保靖县大部、古丈县大部、永顺县东南部，龙山县南部、西部和西北部；湘西州烤烟（耐寒品种）大田生长季累积降水量为 1 000~1 200 mm 的地区，主要分布在泸溪县大部，吉首市，花垣县中部，永顺县大部，龙山县东部。

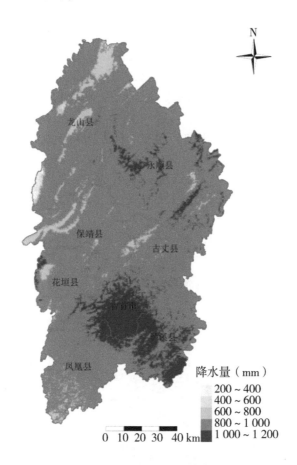

图 2-11 湘西州烤烟（不耐寒品种）大田生长季累积降水量的空间分布示意图

图 2-11 是湘西州各地烤烟（不耐寒品种）大田生长季累积降水量。由图 2-11 可知，湘西州烤烟（不耐寒品种）大田生长季累积降水量为 200~400 mm 的地区，同样零散分布在龙山县西南部的里耶镇；湘西州烤烟（不耐寒品种）大田生长季累积降水量为 400~600 mm 的地区，同样零散分布在龙山县西南部里耶镇；湘西州烤烟（不耐寒品种）大田生长季累积降水量为 600~800 mm 的地区，主要分布在保靖县西部，永顺县东南部，龙山县中部和北部；湘西州烤烟（不耐寒品种）大田生长季累积降水量为 800~1 000 mm 的地区，主要分布在凤凰县大部、花垣县大部、泸溪县北部、保靖县大部、古丈县大部、永顺县大部和龙山县大部；湘西州烤烟（不耐寒品种）大田生长季

累积降水量为1 000~1 200 mm的地区，主要分布在泸溪县东南部，吉首市大部，永顺县中部和东南部。

2.4.4 累积日照时数

图2-12是湘西州各地烤烟（耐寒品种）大田生长季累积日照时数。由图2-12可知，湘西州烤烟（耐寒品种）大田生长季累积日照时数为0~200h的地区，零散分布在龙山县西南部的里耶镇；湘西州烤烟（耐寒品种）大田生长季累积日照时数为200~400 h的地区，零散分布在龙山县西南部、东北部和中部；湘西州烤烟（耐寒品种）大田生长季累积日照时数为400~600 h的地区，主要分布在凤凰县西北部两林乡、柳薄乡，花垣县南部的吉卫镇、雅酉镇，东部的双龙镇，保靖县西部，永顺县东南部，龙山县中部和北部；湘西州烤烟（耐寒品种）大田生长季累积日照时数在600~800 h的地区，主要分布在凤凰县大部，花垣县北部，吉首市北部，保靖县大部，古丈县大部，永顺县大部，龙山县大部；湘西州烤烟（耐寒品种）大田生长季累积日照时数在800~

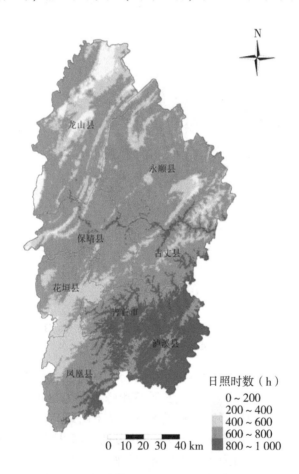

**图2-12 湘西州各地烤烟（耐寒品种）大田
生长季累积日照时数的空间分布示意图**

1 000 h的地区，主要分布在泸溪县大部，凤凰县东南部的水打田乡、东部的木江坪镇和吉首市大部。

图2-13是湘西州各地烤烟（不耐寒品种）大田生长季累积日照时数。由图2-13可知，湘西州烤烟（不耐寒品种）大田生长季累积日照时数不足200 h的地区，零散分布在龙山县西南部的里耶镇；湘西州烤烟（不耐寒品种）大田生长季累积日照时数在200～400 h的地区，零散分布在龙山县西南部、东北部和中部；湘西州烤烟（不耐寒品种）大田生长季累积日照时数在400～600 h的地区，主要分布在凤凰县西北部，花垣县南部、东部和西部，保靖县西部，古丈县中部，永顺县东南部，龙山县西部、中部和东北部；湘西州烤烟（不耐寒品种）大田生长季累积日照时数在600～800 h的地区，主要分布在凤凰县大部、花垣县北部、吉首市北部、保靖县大部、古丈县大部、永顺县大部，龙山县南部、西北部和西部；湘西州烤烟（不耐寒品种）大田生长季累积日照时数在800～1 000 h的地区，主要分布在泸溪县大部，凤凰县东南部、东部，吉首市大部。

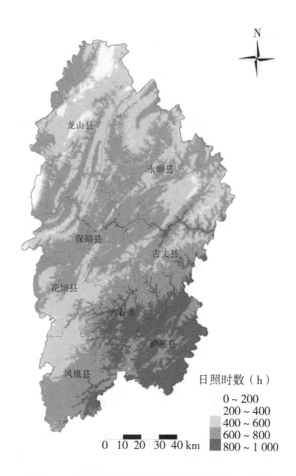

图2-13　湘西州各地烤烟（不耐寒品种）大田生长季累积日照时数的空间分布示意图

3 湘西州不同海拔地区烤烟最佳移栽期研究

为了确定湘西州烤烟主要种植海拔高度（中高海拔）的主栽烤烟品种的最佳移栽期，在湘西州中高海拔典型烟区选择4个不同海拔高度的烟田，作为试验点开展大田试验，每个试验点设置5个不同移栽期作为5个处理（T1、T2、T3、T4和T5），每个处理相隔7 d，其中T3处理是当地烤烟常年移栽的日期。每个试验点均开展农艺性状、经济性状和烟叶化学成分测定，综合分析不同移栽期烤烟农艺性状、经济性状和化学成分的优劣，最终确定不同海拔高度主栽烤烟品种的最佳移栽期。

3.1 材料与方法

在湘西州典型烤烟种植区不同海拔高度（520 m、720 m、810 m和1 080 m）烟田选择4个试验地点（表3-1），开展大田试验。各试验点试验材料均在同一个育苗基地播种（播种时间不同，为了设置不同移栽期），出苗后培育至壮苗，然后分5个不同移栽期进行移栽，作为5个处理（T1、T2、T3、T4和T5），每个处理相隔7 d，其中T3处理是当地烤烟常年移栽的日期。520 m、720 m海拔高度试验点试验品种为湘烟7号、云烟87，810 m、1 080 m海拔高度试验点试验品种为湘烟7号、K326。

每个试验点每个处理均设置3个试验小区，作为3次重复，试验小区采取随机区组排列，各试验小区面积为50.4 m²。各处理每小区施肥、栽培管理措施等都同当地烤烟常规生产完全相同。

对每个处理均进行气象观测、农艺性状观测、发育期观测、经济性状观测和烟叶化学成分测定。

表 3-1　烤烟不同移栽期大田试验设计

海拔高度（m）	试验地点	试验时间	试验品种	移栽时间
520	花垣县道二镇	2019—2022年	湘烟7号、云烟87	4月12日（T1）、4月19日（T2）、4月26日（T3）、5月3日（T4）和5月10日（T5）
720	永顺县石堤镇	2021—2022年	湘烟7号、云烟87	4月19日（T1）、4月26日（T2）、5月3日（T3）、5月10日（T4）和5月17日（T5）

（续表）

海拔高度（m）	试验地点	试验时间	试验品种	移栽时间
810	龙山县茨岩塘镇	2021—2022年	湘烟7号、K326	4月19日（T1）、4月26日（T2）、5月3日（T3）、5月10日（T4）和5月17日（T5）
1 080	龙山县大安乡	2021—2022年	湘烟7号、K326	4月26日（T1）、5月3日（T2）、5月10日（T3）、5月17日（T4）和5月24日（T5）

气象观测：在各试验点建立农田小气候站（DZN1型，天津中环天仪），全天候进行气温、降水量、日照时数、30 cm深土壤温度、30 cm深土壤相对湿度等气象要素的自动观测。

发育期观测：烤烟移栽后，及时观测记录各移栽期烤烟进入各发育期的日期。

农艺性状观测：按照《YC/T 142—1998 烟草农艺性状调查测量方法》（国家烟草专卖局，1998），在成熟期分别观测记载各处理烟株的株高、茎围、有效叶数，中部位叶片的叶长、叶宽，以及上部位叶片的叶长、叶宽，叶面积根据叶长、叶宽和经验系数计算得出。

经济性状测定：按照《GB 2635—1992 烤烟》（国家烟草专卖局，1992）和国家烟叶收购价格进行初烤烟叶分级、计产，分小区统计烟叶亩产量、亩产值、上等烟比例、均价。

采用 SAS 9.1 进行方差统计与 Duncan 多重比较分析（吴令云和吴诚鸥，2006）。

烟叶化学成分测定：每小区取初烤中部烟叶 1 kg，进行烟叶常规化学成分测定。采用 SKALAR 间隔流动分析仪测定总糖、还原糖、烟碱、总氮和氯含量，并计算糖碱比、氮碱比。

烟叶化学成分综合评价方法：选择烟叶总糖、还原糖、总氮、烟碱、氯、糖碱比、氮碱比 7 项指标作为烤烟化学成分的综合评价指标。根据生产实践经验与相关研究成果（李伟 等，2015），选择合适隶属函数类型、隶属度值与权重值，各指标隶属函数类型及相应参数取值见式（3.1）与表3-2。利用乘法原则得出化学成分综合可利用指数 I，见式（3.2）。I 的取值为 0~100，其值越高，表明烟叶化学成分可利用价值越高。

$$f(x) = \begin{cases} 0.1, & x \leqslant x_1, \ x \geqslant x_4 \\ 0.9(x-x_1)/(x_2-x_1), & x_1 < x < x_2 \\ 1, & x_2 \leqslant x \leqslant x_3 \\ 1.0 - 0.9(x-x_3)/(x_4-x_3), & x_3 < x < x_4 \end{cases} \tag{3.1}$$

$$I = \sum_{i=1}^{p} W_i N_i \times 100 \tag{3.2}$$

式（3.1）中，x_1 为下临界值，x_2 为最优值下限，x_3 为最优值上限，x_4 为上临界值。

式（3.2）中 W_i 和 N_i 分别为第 i 种化学成分含量的隶属度值和相应的权重系数。

表 3-2　烤烟化学成分指标的隶属函数类型和拐点值

指标	函数类型	下临界值 (x_1)	最优值下限 (x_2)	最优值上限 (x_3)	上临界值 (x_4)
总糖	P	10.0	20.0	28.0	35.0
还原糖	P	10.0	19.0	25.0	30.0
烟碱	P	1.0	2.0	2.5	3.5
总氮	P	1.1	1.8	2.0	3.0
氯	P	0.0	0.3	0.5	1.0
糖碱比	P	3.0	8.0	13.0	18.0
氮碱比	P	0.2	0.6	1.0	1.5

3.2　500 m 海拔主栽烤烟品种最佳移栽期

3.2.1　湘烟 7 号最佳移栽期

（1）移栽期对湘烟 7 号农艺性状的影响

将花垣试验点 2019—2022 年连续 4 年不同移栽期下湘烟 7 号烤烟成熟期农艺性状进行比较，结果见表 3-3。2019 年的试验结果表明：不同处理烤烟株高为 119.7 ~ 128.1 cm，T3 处理最大；茎粗为 9.3 ~ 9.8 mm，T4 处理最大；有效叶数为 18.5 ~ 20.0 片，T5 处理最多；中部叶长为 70.6 ~ 78.8cm，T1 和 T2 处理明显较长；中部叶面积为 1 096.6 ~ 1 390.0cm²，T4 最大；上部叶长为 59.4 ~ 77.6 cm，T1 处理明显较长；上部叶面积为 724.2 ~ 1 159.0 cm²，T1 处理最大。随移栽期推迟，株高、茎围和中部叶面积呈先增加后减少的趋势，中部叶长、上部叶长和上部叶面积呈减少的趋势，有效叶数呈先减少后增加的趋势。

与 2019 年的试验结果不同，2020 年的试验结果表明：随移栽期推迟，株高、茎围、中部叶长、中部叶面积呈先减少后增加的趋势。但有效叶数也呈先减少后增加的趋势。

2021 年与 2022 年两年的试验结果较一致：随移栽期推迟，株高、有效叶数、中部叶长、中部叶面积呈减少的趋势。

连续四年的试验结果表明，株高、茎围、有效叶数、中部叶面积有三年在 4 月 12 日移栽（T1 处理）最大，上部叶面积有两年在 4 月 12 日移栽最大。因此，可以认为 4 月 12 日移栽的烤烟农艺性状最佳。因此，适当提前移栽烤烟，有利于提高湘烟 7 号烤烟农艺性状。

表 3-3 不同移栽期下湘烟 7 号烤烟成熟期农艺性状（花垣道二）

年份	处理	株高（cm）	茎围（mm）	有效叶数	中部叶长（cm）	中部叶面积（cm²）	上部叶长（cm）	上部叶面积（cm²）
2019	T1	126.9±3.2 a	9.3±0.4b	19.3±0.5a	78.8±1.9a	1 220.4±28.6b	77.6±4.8a	1 159.0±74.3a
	T2	123.4±2.4 b	9.5±0.4a	18.9±0.5a	78.1±1.8a	1 333.5±57.3a	74.3±4.6a	1 150.9±75.3a
	T3	128.1±2.7 a	9.6±0.4a	18.5±0.6b	74.8±1.4a	1 300.2±54.2a	66.1±4.0b	930.3±54.3b
	T4	120.2±3.6 b	9.8±0.5a	18.9±0.4a	76.4±1.5a	1 390.0±56.2a	64.3±3.8b	822.2±42.5c
	T5	119.7±3.1 b	9.6±0.4a	20.0±0.4a	70.6±1.6b	1 096.6±51.9b	59.4±3.4c	724.2±38.6d
2020	T1	132.06±2.4a	9.5±0.5a	20.3±0.8a	86.7±2.6a	1 422.6±66.2a	85.1±5.9a	1 315.7±84.6a
	T2	123.06±1.5b	8.9±0.3b	18.9±0.4a	78.7±1.8b	1 159.8±24.2c	70.1±3.4c	972.2±49.3c
	T3	118.26±2.6c	8.8±0.3b	20.0±0.4a	71.4±1.1c	1 027.1±21.2c	75.1±3.8b	1 121.9±70.1b
	T4	124.27±1.5b	9.1±0.2a	18.3±0.3b	81.6±1.6a	1 314.9±47.2b	78.5±4.2b	1 188.2±71.3b
	T5	127.2±2.6a	9.2±0.3a	18.3±0.4b	84.2±1.9a	1 341.2±51.2b	71.2±3.1c	922.1±50.3c
2021	T1	114.8±2.6a	9.6±0.4a	19.8±0.7a	73.3±2.8a	1 162.2±31.2a	58.9±4.8a	688.0±37.6b
	T2	113.8±2.4a	9.2±0.3a	19.3±0.6a	69.6±2.4b	1 127.0±33.2a	57.0±4.3a	699.7±34.6b
	T3	112.3±2.3a	9.2±0.3a	18.9±0.5a	69.7±2.5b	1 075.6±21.4b	60.7±4.9a	737.3±41.6a
	T4	110.8±2.4a	9.3±0.3a	18.5±0.6a	69.9±2.6b	1 043.2±22.5b	58.9±4.2a	700.5±33.5b
	T5	111.5±2.5a	9.4±0.3a	17.8±0.6b	67.1±2.5b	1 001.8±18.6b	57.9±4.6a	680.9±32.7b
2022	T1	110.2±2.7a	9.2±0.3a	19.0±0.7a	70.3±3.1a	1 115.7±41.2a	56.6±4.5a	660.5±34.5b
	T2	109.2±2.8a	8.8±0.4a	18.6±0.8a	66.8±2.8b	1 081.9±39.2b	54.7±4.8a	671.7±32.5b
	T3	107.8±2.4a	8.9±0.3a	18.2±0.6a	66.9±2.7b	1 032.6±35.2b	58.3±4.7a	707.8±38.5a
	T4	106.4±2.8a	8.9±0.4a	17.7±0.7b	67.1±2.6b	1 001.5±31.2b	56.6±4.1a	672.5±28.5b
	T5	107.0±2.6a	9.0±0.5a	17.1±0.6b	64.4±2.5b	961.8±30.2b	55.6±4.3a	653.7±27.5b

注：同列不同小写字母间表示差异达显著水平（P<0.05），下同。

（2）移栽期对湘烟 7 号经济性状的影响

将 2019 年、2020 年、2021 年和 2022 年不同移栽期下湘烟 7 号烤烟经济性状进行比较，结果见图 3-1 至图 3-4。从图 3-1 可以看出，2019 年的试验结果表明：不同移栽期处理下亩产量在 170~210 kg，亩产值在 4 000~5 500元，均价在 23~26 元，上等烟比例在 45%~65%。随移栽期推迟，亩产量和亩产值呈下降趋势，4 月 12 日移栽下的亩产量和亩产值明显高于其他移栽期。均价随移栽期推迟也呈下降趋势，在 4 月 12 日移栽期下最大。上等烟比例在 4 月 26 日移栽期下最大，4 月 12 日次之。

从图 3-2 可以看出，2020 年的试验结果表明：亩产量在 5 月 10 日移栽期下（T5）最大，4 月 12 日（T1）移栽期下次之；而亩产值在 4 月 12 日移栽期下最大。除 5 月 10 日外，其余移栽期下亩产量和亩产值随移栽期推迟呈减少趋势；均价和上等烟

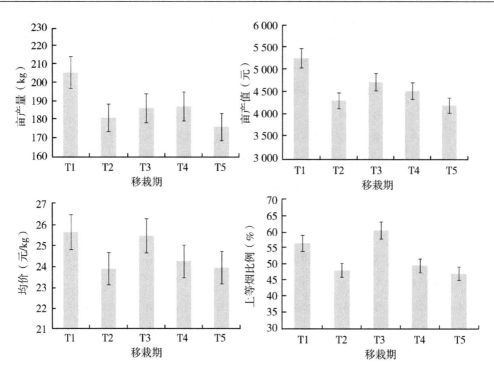

图 3-1　2019 年不同移栽期下湘烟 7 号烤烟经济性状（花垣道二）

注：短线表示标准差。后同。

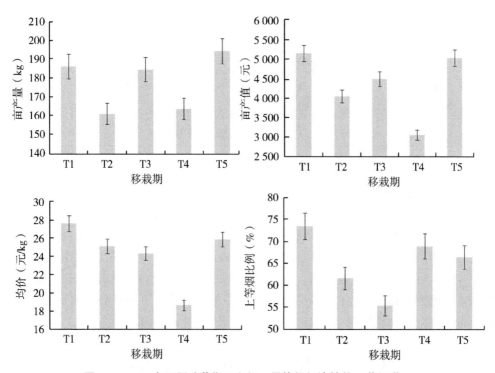

图 3-2　2020 年不同移栽期下湘烟 7 号烤烟经济性状（花垣道二）

比例在 4 月 12 日移栽期下最大，随移栽期推迟呈减少趋势。

从图 3-3 可以看出，2021 年的试验结果表明：随移栽期推迟，亩产量和亩产值呈下降趋势，4 月 12 日移栽下的亩产量和亩产值明显高于其他移栽期，均价和上等烟比例在 4 月 26 日移栽期下最大。

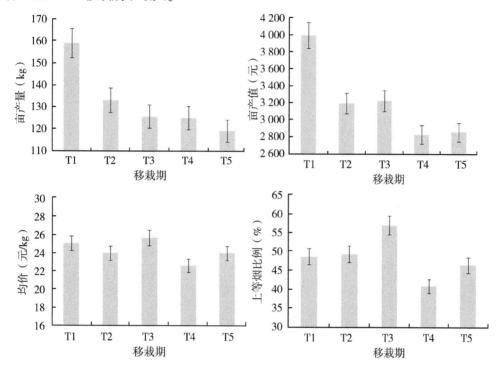

图 3-3　2021 年不同移栽期下湘烟 7 号烤烟经济性状（花垣道二）

从图 3-4 可以看出，2022 年的试验结果表明：随移栽期推迟，亩产量和亩产值呈先增加后减少趋势，4 月 19 日移栽的亩产量和亩产值最大，4 月 12 日次之，上等烟比例和均价呈减少趋势。

花垣湘烟 7 号烤烟连续四年的试验结果表明，亩产值、均价有三年在 4 月 12 日移栽（T1）最大，亩产量、均价有两年在 4 月 12 日最大。综合考虑经济性状指标，可以认为 4 月 12 日移栽的烤烟经济性状最佳。因此，适当提前移栽烤烟，有利于提高湘烟 7 号烤烟经济性状。

（3）移栽期对湘烟 7 号化学成分的影响

优质烤烟的化学成分含量是：总糖为 20%～26%，还原糖为 18%～22%，烟碱为 1.5%～3.5%，总氮为 1.4%～2.7%，氯为 0.3%～0.8%，糖碱比（总糖/烟碱）为 6～10，氮碱比（总氮/烟碱）为 0.8～0.9（闫克玉和赵献章，2003；于建军和宫长荣，2009；周翔 等，2009）。

从 2019 年不同移栽期湘烟 7 号成熟期中部叶化学成分测定结果（表 3-4）可以看出：各处理下烟叶总糖均在 35% 以上，明显偏高，都比理想值偏高 35% 以上；各处理下还原糖含量均在 30% 以上，也偏高，都比理想值偏高 36% 以上；各处理的糖碱比在

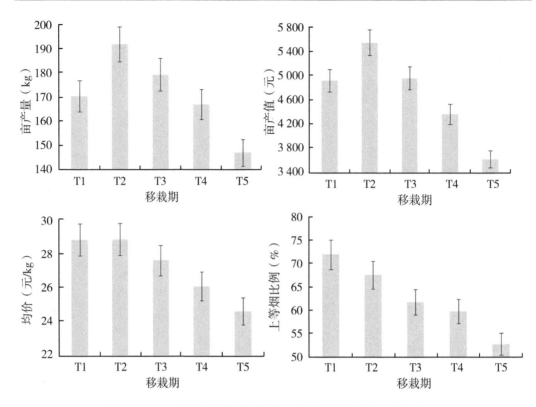

图 3-4 2022 年不同移栽期下湘烟 7 号烤烟经济性状（花垣道二）

18 以上，均偏大，但各处理烟碱、总氮含量在理想范围内，氯只有 T1 和 T5 在理想范围内。

从 2020 年湘烟 7 号中部叶化学成分测定结果（表 3-4）可以看出：各处理下烟叶总糖、还原糖、糖碱比均偏高，烟碱除 T3 和 T4 外，其他处理均在理想范围内，总氮除 T3 外其他处理均在理想范围内，氯除 T1 和 T3 外各处理均在理想范围内，氮碱比只有 T1 和 T5 在理想范围内。随移栽期推迟，总糖、还原糖、糖碱比和氮碱比均呈先增后减趋势，在 T3 处理下达到最大，而烟碱、总氮呈先减后增趋势。

从 2021 年湘烟 7 号中部叶化学成分测定结果（表 3-4）可以看出：各处理下烟叶总糖除 T2 和 T4 外均在理想范围内，还原糖仅 T1 和 T5 在理想范围内，烟碱和总氮均在理想范围内，氯除 T2 外均在理想范围内，糖碱比除 T1 和 T5 外均在理想范围内，氮碱比除 T1 外均在理想范围内。随移栽期推迟，总糖、还原糖、糖碱比无明显的变化规律，烟碱、总氮呈先增后减趋势，氯和氮碱比在不同移栽期处理间差别不明显。

从 2022 年湘烟 7 号中部叶化学成分测定结果（表 3-4）可以看出：各处理下烟叶总糖仅 T4 和 T5 在理想范围内，还原糖除 T1 和 T3 外均在理想范围内，烟碱、总氮和氯含量均在理想范围内，糖碱比仅 T2 和 T5 在理想范围内，氮碱比除 T3 外均在理想范围内。随移栽期推迟，总糖、还原糖、烟碱、总氮、糖碱比和氮碱比均无明显的变化规律，总氮呈先减后增的趋势。

表 3-4　不同移栽期下湘烟 7 号烤烟中部叶化学成分（花垣道二）

年份	处理	总糖（%）	还原糖（%）	烟碱（%）	总氮（%）	氯（%）	糖碱比	氮碱比
2019	T1	39.1	32.9	1.7	1.6	0.7	23.7	1.0
	T2	36.2	30.6	2.1	1.8	1.3	18.3	0.9
	T3	35.6	30.1	1.8	1.7	0.9	19.4	0.9
	T4	35.2	31.4	1.9	1.8	1.1	18.5	1.0
	T5	37.5	30.6	1.5	1.4	0.7	25.3	1.0
2020	T1	34.8	29.4	1.8	1.6	0.2	19.8	0.9
	T2	35.7	30.8	1.5	1.5	0.4	23.2	1.0
	T3	40.0	33.2	1.2	1.3	0.2	33.0	1.1
	T4	36.7	30.4	1.4	1.5	0.3	25.8	1.0
	T5	32.4	28.0	2.2	1.7	0.3	14.6	0.8
2021	T1	25.5	20.0	1.9	2.1	0.3	13.2	1.1
	T2	17.9	14.7	2.4	2.3	0.2	7.5	0.9
	T3	20.3	16.5	2.5	2.3	0.3	8.2	0.9
	T4	19.9	15.8	2.6	2.3	0.3	7.6	0.9
	T5	25.7	18.4	2.4	2.1	0.3	10.7	0.9
2022	T1	28.8	22.6	2.1	2.0	0.5	13.5	1.0
	T2	26.7	21.2	3.0	2.0	0.3	8.9	0.7
	T3	31.3	24.0	1.9	1.8	0.4	16.7	1.0
	T4	24.9	19.3	2.5	2.1	0.4	10.1	0.9
	T5	24.1	20.2	2.8	2.2	0.5	8.5	0.8

2019—2020 年试验结果中烟叶的总糖、还原糖、糖碱比，明显比 2021—2022 年的试验结果大，原因可能是试验田块更换造成的。为了避免连作障碍，当地烤烟栽培管理要求同一田块栽培烤烟不能超过两年。在进行不同移栽期试验时，第三年只能在附近的地方另选试验田块。

烤烟化学成分含量的多少及其比例决定了烟叶质量和风格特色，直接影响烟叶的工业可用性。烤烟化学成分的可用性指数可作为烟叶化学成分可用性的评价依据。根据式（3.1）、式（3.2）和表 3-2，可计算得到逐年湘烟 7 号化学成分可用性指数（表 3-5）。由表 3-5 可知，2019 年的试验结果表明，花垣湘烟 7 号中部叶化学成分可用性指数最高的是 T2，T4 次之；2020 年的试验结果表明，化学成分可用性指数最高的是 T5，T1 次之；2021 年的试验结果表明，化学成分可用性指数最高的是 T5，T1 次之；2022 年的试验结果表明，化学成分可用性指数最高的是 T4，T1 次之。综合考虑各年不同移栽期烤烟中部叶化学可用性指数排序，T5 处理可用性指数较高。

表 3-5　不同移栽期下湘烟 7 号烤烟中部叶化学成分可用性指数（花垣道二）

年份	处理	可用性指数	排序
2019	T1	44.9	4
	T2	48.7	1
	T3	47.5	3
	T4	48.4	2
	T5	42.2	5
2020	T1	48.8	2
	T2	43.6	3
	T3	39.7	5
	T4	41.1	4
	T5	76.7	1
2021	T1	94.2	2
	T2	80.8	5
	T3	90.6	3
	T4	86.0	4
	T5	98.1	1
2022	T1	96.9	2
	T2	92.3	3
	T3	80.1	5
	T4	98.1	1
	T5	92.0	4

从 2019 年湘烟 7 号成熟期上部叶化学成分测定结果（表 3-6）可以看出：各处理下烟叶总糖仅 T5 在理想范围内，还原糖仅 T5 在理想范围内，氯和糖碱比只有 T5 在理想范围内，烟碱、总氮含量各处理均在理想范围内，氮碱比只有 T4 在理想范围内。随移栽期推迟，总糖、还原糖呈减少趋势，氯和氮碱比呈先增后减趋势，烟碱、总氮以及糖碱比随移栽期变化的规律不明显。

从 2020 年湘烟 7 号成熟期上部叶化学成分测定结果（表 3-6）可以看出：各处理下烟叶总糖、还原糖含量均偏高，烟碱、总氮和氯含量均在理想范围内，糖碱比仅 T4 和 T5 在理想范围内，氮碱比均偏低。随移栽期推迟，总糖、还原糖呈减少趋势，总氮呈增加趋势，氯、糖碱比呈先增后减趋势，烟碱和氮碱比变化规律不明显。

从 2021 年湘烟 7 号成熟期上部叶化学成分测定结果（表 3-6）可以看出：各处理下烟叶总糖除 T2 外均偏低，还原糖仅 T2 在理想范围内，烟碱仅 T2 和 T5 在理想范围内，总氮仅 T2 在理想范围内，氯均在理想范围内，糖碱比仅 T2 在理想范围内，氮碱比除 T1 外均在理想范围内。随移栽期推迟，总糖、还原糖、烟碱、总氮和糖碱比变化规律不明显，各移栽期氯和氮碱比差异很小。

从 2022 年湘烟 7 号成熟期上部叶化学成分测定结果（表 3-6）可以看出：各处理下烟叶总糖除 T2 和 T5 外均在理想范围内，还原糖除 T4 和 T5 外在理想范围内，烟碱、糖碱比除 T1、T5 外均在理想范围内，总氮除 T5 外均在理想范围内，氯除 T1 外均在理想范围内，氮碱比仅 T2、T4 在理想范围内。随移栽期推迟，总糖、还原糖、氯呈先增后减趋势，总氮呈先减后增的趋势，烟碱、糖碱比和氮碱比变化规律不明显。

表 3-6　不同移栽期下湘烟 7 号烤烟上部叶化学成分（花垣道二）

年份	处理	总糖（%）	还原糖（%）	烟碱（%）	总氮（%）	氯（%）	糖碱比	氮碱比
	T1	37.2	30.9	2.2	1.6	0.9	16.5	0.7
	T2	35.9	32.4	2.3	1.7	1.0	15.6	0.7
2019	T3	30.9	27.5	2.8	2.0	1.0	11.0	0.7
	T4	32.7	29.4	2.3	1.9	1.4	14.1	0.8
	T5	20.6	17.6	3.5	2.6	0.6	5.9	0.7
	T1	34.6	29.8	2.5	1.4	0.3	13.6	0.6
	T2	33.5	28.8	2.3	1.5	0.3	14.4	0.7
2020	T3	30.6	26.9	2.7	1.7	0.3	11.2	0.6
	T4	27.6	24.6	3.4	2.1	0.6	8.1	0.6
	T5	27.5	24.8	3.1	2.1	0.5	8.8	0.7
	T1	11.9	11.0	4.6	3.2	0.4	2.6	0.7
	T2	20.3	19.0	3.1	2.4	0.6	6.7	0.8
2021	T3	16.5	15.9	3.6	2.9	0.6	4.3	0.8
	T4	12.3	11.9	4.0	3.0	0.6	2.6	0.8
	T5	16.0	15.0	3.5	2.9	0.6	4.3	0.8
	T1	22.4	18.6	3.8	2.4	0.2	5.9	0.6
	T2	26.5	20.8	2.7	2.2	0.3	9.7	0.8
2022	T3	24.2	20.5	3.4	2.1	0.5	7.1	0.6
	T4	23.2	17.1	3.1	2.4	0.5	7.5	0.8
	T5	14.8	14.2	4.1	2.9	0.6	3.6	0.7

计算不同移栽期下湘烟 7 号上部烟叶化学成分可用性指数，并比较各移栽期化学成分可用性指数的大小。由表 3-7 可知，2019 年的试验结果表明，花垣湘烟 7 号上部叶化学成分可用性指数最高的是 T5，T3 次之；2020 年的试验结果表明，化学成分可用性指数最高的是 T5，T3 次之；2021 年的试验结果表明，化学成分可用性指数最高的是 T2，T3 次之；2022 年的试验结果表明，化学成分可用性指数最高的是 T2，T3 次之。综合考虑各年不同移栽期烤烟上部叶化学可用性指数排序，T5、T2 处理可用性指数较高。

表 3-7　不同移栽期下湘烟 7 号烤烟上部叶化学成分可用性指数（花垣道二）

年份	处理	可用性指数	排序
2019	T1	51.8	5
	T2	54.8	4
	T3	75.5	2
	T4	67.3	3
	T5	78.7	1
2020	T1	60.8	5
	T2	67.3	4
	T3	83.9	2
	T4	83.7	3
	T5	89.6	1
2021	T1	32.9	4
	T2	82.2	1
	T3	50.1	2
	T4	30.2	5
	T5	47.1	3
2022	T1	69.9	4
	T2	91.8	1
	T3	83.6	2
	T4	82.2	3
	T5	44.6	5

因此，综合考虑中部叶、上部叶烤烟化学成分可用性指数排序，T5 处理烟叶可用性指数较大，工业可用性最好。

（4）小结

四年的田间试验结果表明，在花垣湘烟 7 号 5 个不同移栽期中，农艺性状最好、经济性状最佳的是 4 月 12 日（T1），而烟叶化学成分可用性指数最大的是 5 月 10 日（T5）。在确保安全移栽的前提下，适当提前移栽湘烟 7 号，既有利于改善农艺性状、促进生长，又有利于提高产量、增加产值。

3.2.2 云烟 87 最佳移栽期

（1）移栽期对云烟 87 农艺性状的影响

将 2019—2022 年不同移栽期下云烟 87 烤烟成熟期农艺性状进行比较，结果见表 3-8。从表 3-8 可以看出，2019 年的试验结果表明：各处理株高为 85~115 cm，后三个移栽期株高明显比前两个移栽期高。茎围为 7~9 cm，有效叶数为 16~18 片，中部叶长为 64~74 cm，中部叶面积为 800~1 250 cm²，后三个移栽期中部叶面积明显比前两个移栽期大。上部叶长为 49~61 cm，上部叶面积为 500~750 cm²。随移栽期推迟，株高呈减少的趋势，茎围、有效叶数、中部叶长、中部叶面积、上部叶长和上部叶面积呈先增加后减少的趋势，在 T2（4 月 19 日移栽）达最大。

2020 年和 2021 年的试验结果，与 2019 年一致，随移栽期推迟，株高、茎围、有效叶数、中部叶长、中部叶面积、上部叶长和上部叶面积呈先增加后减少的趋势，但 2020 在 T3（4 月 26 日移栽）达到最大，2021 年 T2（4 月 19 日移栽）达到最大。

2022 年的试验结果表明：随移栽期推迟，茎围、上部叶长、上部叶面积呈先增加后减少的趋势，有效叶数呈减少趋势，中部叶长和中部叶面积在 T2（4 月 19 日移栽）最大。

表 3-8 不同移栽期下中海拔地区（500 m）云烟 87 烤烟成熟期农艺性状（花垣道二）

年份	处理	株高（cm）	茎围（mm）	有效叶数	中部叶长（cm）	中部叶面积（cm²）	上部叶长（cm）	上部叶面积（cm²）
2019	T1	98.0±5.3 b	8.3±0.4 b	16.9±1.1b	66.9±3.5 b	881.2±54.1 b	58.5±4.1 a	618.5±38.2 b
	T2	85.9±4.7 c	7.5±0.4 c	17.3±1.2 a	64.6±3.2 b	834.1±51.8 b	60.6±4.4 a	726.1±44.7 a
	T3	113.7±5.7 a	8.8±0.5 a	17.2±1.1 a	73.1±3.9 a	1 202.4±65.6 a	58.7±3.9 a	705.0±49.1 a
	T4	110.3±5.5a	8.3±0.4 b	17.5±1.3 a	70.6±3.5 a	1 208.8±71.8 a	52.3±3.7 b	543.4±31.2 c
	T5	100.8±5.1 b	8.2±0.4 b	17.7±1.5 a	68.4±3.3 a	1 179.5±61.8 a	49.9±3.5 b	500.2±33.0 c
2020	T1	113.5±6.7 b	9.2±0.4 b	16.5±1.2 a	67.2±4.5 c	989.9±45.9 c	69.5±4.3 c	1 024.9±54.1b
	T2	118.1±6.9 a	9.2±0.5 b	17.0±1.4 a	78.2±5.0 b	1 279.6±65.4 a	80.1±6.4 a	1 222.8±74.7a
	T3	125.5±7.7 a	9.9±0.6 a	17.2±1.1 a	81.8±5.5 a	1 357.3±71.2 a	73.3±5.8 b	1 067.3±59.2b
	T4	112.2±6.1 b	9.6±0.5 a	16.1±1.1b	74.1±4.9 b	1 126.7±61.7 b	72.3±5.6 b	1 019.9±57.1b
	T5	120.5±7.1 a	9.5±0.5 a	14.9±0.9 c	76.8±4.7 b	1 266.3±60.5 a	66.3±4.3 c	902.4±51.6c

（续表）

年份	处理	株高 （cm）	茎围 （mm）	有效叶数	中部叶长 （cm）	中部叶面积 （cm²）	上部叶长 （cm）	上部叶面积 （cm²）
2021	T1	106.3±5.1 c	9.1±0.5 a	17.4±1.6 a	73.8±4.9 b	1 215.0±63.4 a	69.3±4.7 b	1 013.7±54.4a
	T2	119.3±6.5 a	9.4±0.5 a	17.3±1.2 a	77.7±4.5 a	1 289.4±60.9 a	76.1±5.3 a	1 161.7±64.1a
	T3	107.9±5.5 c	8.7±0.4 b	17.1±1.4 a	63.8±3.8 c	940.4±54.2 c	66.0±4.5 b	973.7±49.4b
	T4	114.5±6.1 a	9.0±0.5 a	16.1±1.2b	73.0±4.2 b	1 202.9±55.5 a	68.7±4.3 b	968.9±47.6b
	T5	112.2±5.7 b	8.7±0.4 b	15.3±1.1c	70.4±4.6 b	1 070.3±53.1 b	63.0±4.1 c	857.3±40.9c
2022	T1	102.1±5.1 b	8.7±0.4a	16.7±1.1 a	70.9±3.8 a	1 166.4±45.5 a	66.5±4.6 b	973.1±48.1b
	T2	114.5±6.3 a	9.0±0.6 a	16.6±1.3 a	74.6±4.1 a	1 237.8±65.5 a	73.0±5.1 a	1 115.2±58.1a
	T3	103.5±5.4b	8.4±0.5 a	16.4±1.2 a	61.3±3.4 b	902.8±41.1 d	63.4±4.3 b	934.7±46.9b
	T4	109.9±6.1 b	8.7±0.4 a	15.4±1.1 a	70.3±3.7 a	1 154.8±49.5 b	65.9±4.1 b	930.2±43.1b
	T5	107.7±5.8 b	8.4±0.5 a	14.7±0.9b	67.5±3.6 b	1 027.5±43.1 c	60.4±3.9 b	823.0±38.1c

因此，综合考虑四年的田间试验结果，可以发现：对于中海拔地区（520 m）的云烟87烤烟，4月19日移栽农艺性状最好。

（2）移栽期对云烟87经济性状的影响

将2019—2022年不同移栽期云烟87烤烟的经济性状进行比较，结果见图3-5至图3-8。从图3-5可以看出，2019年的试验结果表明：T2（4月19日移栽）的亩产量和亩产值明显少于其他移栽期，除T2外各处理差别不大，T4（5月3日）处理亩产量和亩产值略大。均价随移栽期推迟呈先增后减趋势，在T2下达到最大。上等烟比例随移栽期推迟呈减少趋势。

将2020年不同移栽期下云烟87烤烟经济性状进行比较（图3-6），可以发现：随移栽期推迟，亩产量和亩产值呈先增加后减少趋势，4月19日移栽下的亩产量和亩产值明显高于其他移栽期。均价和上等烟比例随移栽期推迟呈先增加后减少趋势，均在4月26日移栽下达到最大。

将2021年不同移栽期下云烟87烤烟经济性状进行比较（图3-7），可以发现：随移栽期推迟，亩产量和亩产值也呈先增加后减少的趋势，4月19日移栽下的亩产量和亩产值明显高于其他移栽期。均价和上等烟比例随移栽期推迟呈先减少后增加的趋势，均在5月10日移栽下达到最大。

将2022年不同移栽期下云烟87烤烟经济性状进行比较（图3-8），可以发现：随移栽期推迟，亩产量、亩产值、均价和上等烟比例也呈先增加后减少的趋势，4月19日移栽下的亩产量、亩产值、均价、上等烟比例明显高于其他移栽期。

（3）移栽期对云烟87化学成分的影响

从2019年云烟87成熟期中部叶化学成分测定结果（表3-9）可以看出：各处理下烟叶总糖、还原糖、糖碱比均偏高，烟碱、总氮、氯含量在理想范围内，氮碱比仅T4

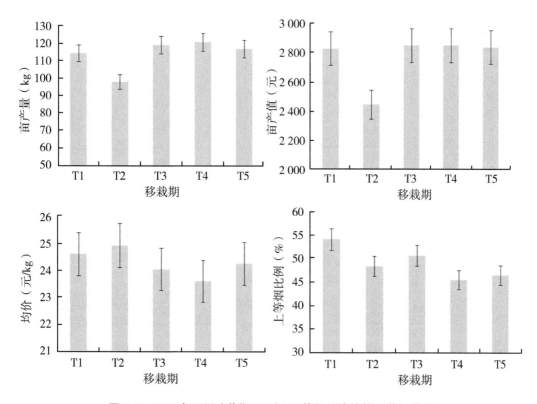

图 3-5 2019 年不同移栽期下云烟 87 烤烟经济性状（花垣道二）

和 T5 在理想范围内。随移栽期推迟，总糖、还原糖、糖碱比呈减少趋势，烟碱、总氮、氯以及氮碱比随移栽期变化的规律不明显。

从 2020 年云烟 87 成熟期中部叶化学成分测定结果（表 3-9）可以看出：各处理下烟叶总糖、还原糖均偏高，烟碱、总氮含量在理想范围内，氯除 T4 外均在理想范围内，糖碱比仅 T3 和 T5 在理想范围内，氮碱比仅 T2 在理想范围内。随移栽期推迟，总糖、还原糖、烟碱、总氮、氯、糖碱比、氮碱比变化规律不明显。

从 2021 年云烟 87 成熟期中部叶化学成分测定结果（表 3-9）可以看出：各处理下烟叶总糖仅 T2 在理想范围内，还原糖仅 T2 在理想范围内，烟碱、糖碱比和氮碱比除 T3、T4 外均在理想范围内，总氮含量在理想范围内，氯含量仅 T3 在理想范围内。随移栽期推迟，氯先增加后减少，总糖、还原糖、烟碱、总氮、糖碱比、氮碱比变化规律不明显。

从 2022 年云烟 87 成熟期中部叶化学成分测定结果（表 3-9）可以看出：各处理下烟叶总糖仅 T4 在理想范围内，还原糖仅 T3 和 T5 在理想范围内，烟碱除 T4 外均在理想范围内，总氮在理想范围内，氯除 T2 外均在理想范围内，糖碱仅 T3 在理想范围内，氮碱比仅 T2 在理想范围内。随移栽期推迟，氯呈现先增后减趋势，总糖、还原糖、烟碱、总氮、糖碱比、氮碱比变化规律不明显。

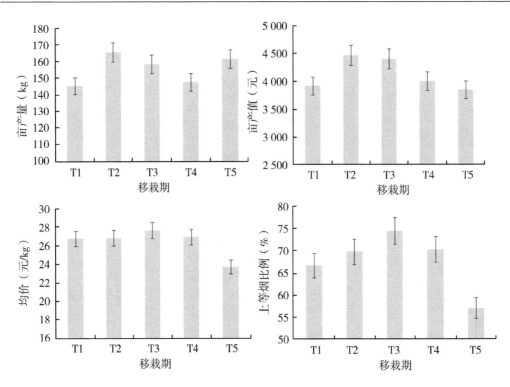

图 3-6　2020 年不同移栽期下云烟 87 烤烟经济性状（花垣道二）

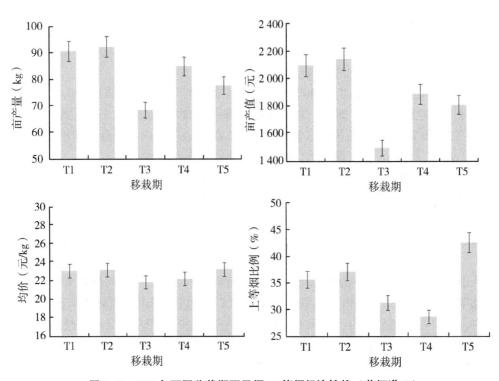

图 3-7　2021 年不同移栽期下云烟 87 烤烟经济性状（花垣道二）

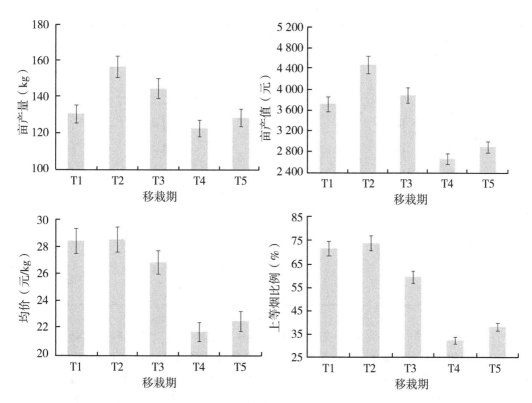

图 3-8　2022 年不同移栽期下云烟 87 烤烟经济性状（花垣道二）

表 3-9　不同移栽期下云烟 87 烤烟中部叶化学成分（花垣道二）

年份	处理	总糖（%）	还原糖（%）	烟碱（%）	总氮（%）	氯（%）	糖碱比	氮碱比
	T1	35.5	30.1	2.3	1.6	0.6	15.2	0.7
	T2	33.9	27.9	2.0	1.5	0.4	16.7	0.7
2019	T3	31.3	26.5	2.1	1.6	0.5	14.8	0.7
	T4	30.0	24.6	2.1	1.8	0.3	14.2	0.8
	T5	28.5	24.0	2.7	2.2	0.6	10.5	0.8
	T1	32.7	29.6	2.4	1.7	0.4	13.5	0.7
	T2	32.9	28.5	2.3	1.8	0.3	14.1	0.8
2020	T3	29.5	25.5	3.1	2.0	0.5	9.4	0.6
	T4	30.8	27.1	2.7	1.8	0.2	11.4	0.7
	T5	27.4	24.6	3.2	2.1	0.3	8.5	0.6

（续表）

年份	处理	总糖（%）	还原糖（%）	烟碱（%）	总氮（%）	氯（%）	糖碱比	氮碱比
	T1	19.2	16.2	3.0	2.5	0.2	6.4	0.8
	T2	22.8	18.4	2.8	2.3	0.2	8.3	0.8
2021	T3	16.7	15.1	3.7	2.6	0.4	4.6	0.7
	T4	14.9	11.5	3.7	2.7	0.1	4.1	0.7
	T5	19.7	15.7	3.1	2.6	0.1	6.3	0.8
	T1	30.0	23.1	2.8	2.0	0.4	10.7	0.7
	T2	32.6	24.9	2.6	2.0	0.2	12.7	0.8
2022	T3	27.9	21.4	3.0	2.3	0.3	9.2	0.7
	T4	21.4	16.0	3.6	2.5	0.4	5.9	0.7
	T5	24.8	18.1	2.4	2.2	0.4	10.5	1.0

计算不同移栽期下云烟87中部烟叶化学成分可用性指数，并比较各移栽期化学成分可用性指数的大小。由表3-10可知，2019年的试验结果表明，花垣云烟87中部叶化学成分可用性指数最高的是T5，T4次之；2020年的试验结果表明，化学成分可用性指数最高的是T5，T3次之；2021年的试验结果表明，化学成分可用性指数最高的是T2，T1次之；2022年的试验结果表明，化学成分可用性指数最高的是T4，T1次之。综合考虑各年不同移栽期烤烟上部叶化学可用性指数排序，T5处理化学成分可用性指数较高，工业可用性最好。

表3-10 不同移栽期下云烟87烤烟中部叶化学成分可用性指数（花垣道二）

年份	处理	可用性指数	排序
	T1	60.3	5
	T2	62.6	4
2019	T3	75.6	3
	T4	91.1	2
	T5	91.7	1
	T1	74.7	5
	T2	75.2	4
2020	T3	86.4	2
	T4	82.8	3
	T5	88.2	1

（续表）

年份	处理	可用性指数	排序
	T1	69.3	2
	T2	86.9	1
2021	T3	55.8	4
	T4	48.2	5
	T5	63.8	3
	T1	91.3	2
	T2	86.1	4
2022	T3	86.9	3
	T4	67.5	5
	T5	95.1	1

从 2019 年云烟 87 成熟期上部叶化学成分测定结果（表 3-11）可以看出：各处理下烟叶总糖仅 T3、T5 在理想范围内，还原糖除 T1、T2 外均在理想范围内，烟碱除 T4 外均在理想范围内，总氮、氯含量均在理想范围内，糖碱比仅 T1、T2 在理想范围内，氮碱比偏低。随移栽期推迟，总糖、还原糖、糖碱比先减少后增加，总氮先增加后减少，糖碱比呈减少趋势，烟碱、氯随移栽期变化的规律不明显，各移栽期氮碱比差异很小。

从 2020 年云烟 87 成熟期上部叶化学成分测定结果（表 3-11）可以看出：各处理下烟叶总糖除 T5 外均在理想范围内，还原糖仅 T1 在理想范围内，烟碱含量偏高，总氮仅 T3、T4 在理想范围内，氯含量均在理想范围内，糖碱比、氮碱比偏低。随移栽期推迟，总糖、还原糖、烟碱、糖碱比先增加后减少，烟碱先减少后增加，总氮、氯随移栽期变化的规律不明显，各移栽期氮碱比差异很小。

从 2021 年云烟 87 成熟期上部叶化学成分测定结果（表 3-11）可以看出：各处理下烟叶总糖、烟碱、总氮和糖碱比仅 T3 在理想范围内，还原糖仅 T1、T3 在理想范围内，氯除 T3 外均在理想范围内，氮碱比除 T1、T2 外均在理想范围内。随移栽期推迟，总糖、还原糖、烟碱、总氮、氯、糖碱比、氮碱比随移栽期变化的规律不明显。

从 2022 年云烟 87 成熟期上部叶化学成分测定结果（表 3-11）可以看出：各处理下烟叶总糖均不在理想范围内，还原糖仅 T3 在理想范围内，烟碱、糖碱比除 T4、T5 外均在理想范围内，总氮除 T4 外均在理想范围内，氯含量在理想范围内，氮碱比偏低。随移栽期推迟，总糖呈减少趋势，还原糖先减少后增加，烟碱、总氮、氯、糖碱比随移栽期变化的规律不明显，各移栽期氮碱比差异很小。

表 3-11　不同移栽期下云烟 87 烤烟上部叶化学成分（花垣道二）

年份	处理	总糖（%）	还原糖（%）	烟碱（%）	总氮（%）	氯（%）	糖碱比	氮碱比
2019	T1	25.9	23.0	3.5	2.2	0.6	7.4	0.6
	T2	22.3	19.4	3.4	2.2	0.4	6.6	0.7
	T3	18.9	16.2	3.5	2.6	0.4	5.4	0.7
	T4	17.2	15.1	3.7	2.7	0.7	4.6	0.7
	T5	20.6	17.6	3.5	2.6	0.6	5.9	0.7
2020	T1	18.5	16.8	5.3	2.8	0.5	3.5	0.5
	T2	19.6	18.1	5.1	2.8	0.6	3.8	0.6
	T3	21.4	19.9	4.6	2.7	0.4	4.7	0.6
	T4	19.7	18.5	4.5	2.6	0.4	4.4	0.6
	T5	13.7	13.7	5.2	3.1	0.5	2.7	0.6
2021	T1	16.3	15.5	4.1	3.0	0.7	4.0	0.7
	T2	15.4	13.0	4.1	3.0	0.5	3.8	0.7
	T3	20.3	15.6	2.6	2.3	0.1	7.9	0.9
	T4	8.6	9.8	4.1	3.2	0.6	2.1	0.8
	T5	10.8	11.1	4.1	3.0	0.3	2.7	0.8
2022	T1	30.8	24.5	3.5	2.1	0.4	8.9	0.6
	T2	27.6	22.2	3.1	2.0	0.3	9.0	0.6
	T3	24.7	18.5	3.5	2.4	0.5	7.1	0.7
	T4	12.2	10.2	4.5	3.0	0.4	2.7	0.7
	T5	14.8	13.8	3.8	2.7	0.7	3.9	0.7

　　计算不同移栽期下云烟 87 上部烟叶化学成分可用性指数，并比较各移栽期化学成分可用性指数的大小。由表 3-12 可知，2019 年的试验结果表明，花垣云烟 87 上部叶化学成分可用性指数最高的是 T2，T1 次之；2020 年的试验结果表明，化学成分可用性指数最高的是 T3，T4 次之；2021 年的试验结果表明，化学成分可用性指数最高的是 T2，T1 次之；2022 年的试验结果表明，化学成分可用性指数最高的是 T2，T1 次之。综合考虑各年不同移栽期烤烟上部叶化学可用性指数排序，T2 处理化学成分可用性指数较高，工业可用性最好。

表 3-12 不同移栽期下云烟 87 烤烟上部叶化学成分可用性指数（花垣道二）

年份	处理	可用性指数	排序
2019	T1	79.7	2
	T2	80.5	1
	T3	63.6	4
	T4	52.1	5
	T5	68.5	3
2020	T1	53.5	4
	T2	57.6	3
	T3	66.3	1
	T4	64.7	2
	T5	49.7	5
2021	T1	46.0	2
	T2	81.8	1
	T3	43.6	4
	T4	36.9	5
	T5	41.4	3
2022	T1	79.0	2
	T2	91.1	1
	T3	77.1	3
	T4	42.7	5
	T5	45.6	4

综合考虑 2019—2022 年连续 4 年花垣云烟 87 各移栽期下中部叶、上部叶化学成分可用性指数的排序，可知中部叶化学成分可用性指数最高的移栽期是 5 月 10 日（T5），而上部叶化学成分可用性指数最高的移栽期是 4 月 19 日（T2），两者不一致。

（4）小结

综合分析中海拔地区（520 m）2019—2022 年连续 4 年的云烟 87 田间试验结果，可以发现云烟 87 烤烟在 4 月 19 日（T2）移栽，农艺性状最好，经济性状最佳。但在 5 月 10 日（T5）移栽，中部烟叶化学成分指数较高，在 4 月 19 日（T2）移栽，上部烟叶化学成分可用性指数较高。因此，综合考虑农艺性状、经济性状和化学成分，中海拔地区（520 m）云烟 87 最佳的移栽期是 4 月 19 日。

3.3　700 m 海拔主栽烤烟品种最佳移栽期

3.3.1　湘烟 7 号最佳移栽期

（1）移栽期对湘烟 7 号农艺性状的影响

将 2021 年和 2022 年不同移栽期下湘烟 7 号烤烟成熟期农艺性状进行比较，结果见表 3-13。从表 3-13 可以看出，2021 年的试验结果表明：随移栽期推迟，株高呈增大的趋势，茎围、有效叶数、中部叶长、中部叶面积、上部叶面积呈先增大后减少的趋势，中部叶面积、上部叶面积在 5 月 10 日移栽下达到最大；2022 年的试验结果表明：随移栽期推迟，株高、有效叶数呈先增大后减少的趋势，茎围、中部叶长、中部叶面积、上部叶长和上部叶面积呈减少趋势，在 4 月 19 日达到最大。

因此，综合考虑两年的田间试验结果表明，对于中海拔地区（700 m）的湘烟 7 号烤烟，农艺性状最好的移栽期两年试验结果不一致。

表 3-13　不同移栽期下中海拔地区（700 m）湘烟 7 号烤烟成熟期农艺性状（永顺石堤）

年份	处理	株高（cm）	茎围（mm）	有效叶数	中部叶长（cm）	中部叶面积（cm²）	上部叶长（cm）	上部叶面积（cm²）
2021	T1	119.3±6.3 a	9.9±0.6a	21.0±1.5a	74±4.4a	947.2±46.4b	72±4.4a	875.5±43.1c
	T2	121.0±6.5 a	10.8±0.5a	23.3±1.6a	70±4.1a	1 030.4±54.4b	63±3.5b	927.4±48.6c
	T3	120.0±6.7 a	11.2±0.6 a	21.3±1.5a	75±4.8a	1 344±61.4a	68±3.8a	1 131.5±58.4b
	T4	117.7±6.1 b	10.5±0.5a	16.0±1.1b	74±4.3a	1 420.8±68.2a	70±4.1a	1 299.2±63.1a
	T5	126.3±6.9 a	10.1±0.4a	20.7±1.4a	62±3.8b	952.3±51.4b	54±3.1c	622.1±36.6d
2022	T1	111.8±5.7 a	11.0±0.7a	22.6±1.5b	84.5±5.5a	1 406.1±58.2a	84.6±4.5a	1 241.7±73.1a
	T2	112.4±5.4 a	10.6±0.7b	24.5±1.8a	73.0±4.8b	1 308.2±53.5b	72.6±3.8b	1 138.5±57.6b
	T3	117.4±6.0 a	10.2±0.5b	27.2±1.9a	71.0±4.7b	1 317.3±50.5b	75.8±3.6b	1 298.7±68.1a
	T4	105.2±4.7 b	10.0±0.4b	24.5±1.8a	71.5±4.3b	1 304.2±47.3b	74.4±3.3b	1 238.8±61.5a
	T5	104.5±4.5 a	9.8±0.4b	21.5±1.4b	67.0±4.2b	1 169.7±37.1c	73.2±3.5b	1 162.9±55.8b

（2）移栽期对湘烟 7 号经济性状的影响

将 2021 年和 2022 年不同移栽期下湘烟 7 号烤烟经济性状进行比较，结果见图 3-9和图 3-10。从图 3-9 可以看出，2021 年的试验结果表明：随移栽期推迟，亩产量和亩产值呈先减少后增大的趋势，4 月 19 日移栽下的亩产量和亩产值明显高于其他移栽期。均价和上等烟比例随移栽期推迟呈减少趋势。

从图 3-10 可以看出，2022 年的试验结果表明：随移栽期推迟，亩产量、亩产值和上等烟比例呈下降趋势，4 月 19 日移栽下的亩产量和亩产值明显高于其他移栽期。综合两年的试验结果，中海拔（700 m）湘烟 7 号 4 月 19 日移栽经济性状最佳。

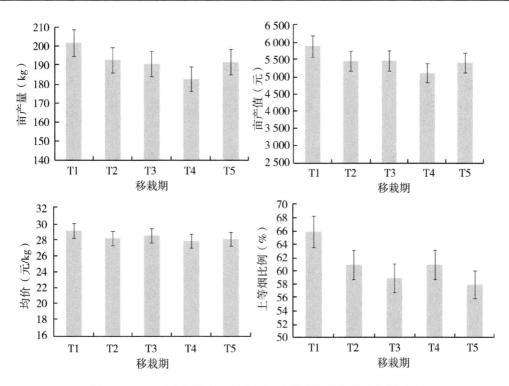

图 3-9　2021 年不同移栽期下湘烟 7 号烤烟经济性状（永顺石堤）

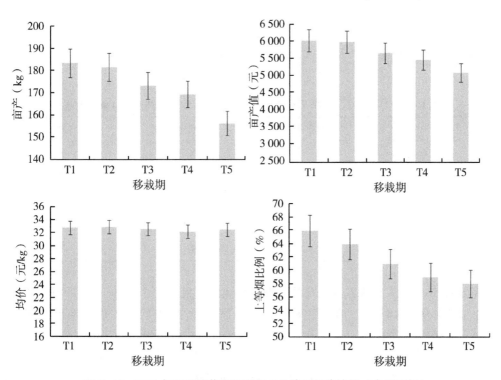

图 3-10　2022 年不同移栽期下湘烟 7 号烤烟经济性状（永顺石堤）

（3）移栽期对湘烟 7 号化学成分的影响

从 2022 年湘烟 7 号成熟期中部叶化学成分测定结果（表 3-14）可以看出：各处理下烟叶总糖、还原糖含量偏高，烟碱、总氮含量在理想范围内，氯仅 T5 在理想范围内，糖碱比除 T1、T4 外均在理想范围内，氮碱比偏低。随移栽期推迟，烟碱含量先增加后减少，总糖、还原糖、总氮、氯、糖碱比随移栽期变化的规律不明显，各移栽期氮碱比差异很小。

表 3-14　2022 年湘烟 7 号烤烟中部叶化学成分（永顺石堤）

年份	处理	总糖（%）	还原糖（%）	烟碱（%）	总氮（%）	氯（%）	糖碱比	氮碱比
	T1	28.6	24.2	2.8	1.8	0.1	10.2	0.6
	T2	28.3	23.3	3.1	2.0	0.1	9.2	0.6
2022	T3	29.2	24.6	3.0	1.8	0.2	9.8	0.6
	T4	30.4	25.9	2.8	1.7	0.0	10.9	0.6
	T5	27.7	22.0	2.8	1.9	0.3	9.7	0.7

注：永顺石堤 2021 年的湘烟 7 号烤烟的样品由于在烘烤过程中被烤坏，烟叶化学成分无法测定，因此缺失永顺石堤 2021 年湘烟 7 号烟叶化学成分测定结果。

计算不同移栽期下湘烟 7 号中部烟叶化学成分可用性指数，并比较各移栽期化学成分可用性指数的大小。由表 3-15 可知，2022 年的试验结果表明，除 T2 外，各移栽期化学成分可用性指数都较高，均在 85 以上，其中化学成分可用性指数最高的是 T3，T5 次之。因此，永顺石堤湘烟 7 号中部叶 T3 处理化学成分可用性指数最高，工业可用性最好。

表 3-15　不同移栽期下湘烟 7 号烤烟中部叶化学成分可用性指数（永顺石堤）

年份	处理	可用性指数	排序
	T1	86.7	3
	T2	68.8	5
2022	T3	95.5	1
	T4	85.9	4
	T5	89.7	2

从 2022 年湘烟 7 号成熟期上部叶化学成分测定结果（表 3-16）可以看出：各处理下烟叶总糖含量仅 T4 和 T5 在理想范围内，还原糖除 T5 外均在理想范围内，烟碱除 T4、T5 外均在理想范围内，总氮、氯含量在理想范围内，糖碱比除 T4 外均在理想范围内，氮碱比仅 T1 在理想范围内。随移栽期推迟，烟碱含量先增加后减少，还原糖、氯先增加再减少，总糖、总氮、糖碱比随移栽期变化的规律不明显，各移栽期氮碱比差异很小。

表 3-16　2022 年湘烟 7 号烤烟上部叶化学成分（永顺石堤）

年份	处理	总糖（%）	还原糖（%）	烟碱（%）	总氮（%）	氯（%）	糖碱比	氮碱比
2022	T1	26.6	21.2	3.1	2.5	0.6	8.6	0.8
	T2	26.5	21.9	3.4	2.3	0.7	7.8	0.7
	T3	26.8	20.3	3.3	2.4	0.7	8.1	0.7
	T4	22.8	18.2	3.9	2.6	0.6	5.9	0.7
	T5	22.2	17.9	3.7	2.5	0.5	6.0	0.7

计算不同移栽期下湘烟 7 号上部烟叶化学成分可用性指数，并比较各移栽期化学成分可用性指数的大小。由表 3-17 可知，2022 年的试验结果表明，化学成分可用性指数最高的是 T1，T3 次之。因此，永顺石堤湘烟 7 号上部叶 T1 处理化学成分可用性指数最高，工业可用性最好。

表 3-17　不同移栽期下湘烟 7 号烤烟上部叶化学成分可用性指数（永顺石堤）

年份	处理	可用性指数	排序
2022	T1	83.4	1
	T2	79.5	3
	T3	79.6	2
	T4	68.4	5
	T5	70.1	4

综合考虑永顺石堤湘烟 7 号中部叶和上部叶化学成分可用性指数，可以发现中部叶和上部叶化学成分可用性指数最大的移栽期分别是 T3、T1，两者不一致，而中部叶比上部叶价值更高，因此可将 T3 作为湘烟 7 号化学成分可用性最高的移栽期。

（4）小结

综合永顺石堤 2021—2022 年的田间试验结果，中海拔地区（700 m）湘烟 7 号烤烟在 4 月 19 日（T）移栽经济性状和农艺性状最佳，在 4 月 26 日移栽（T3）烟叶化学成分可用性最高。

3.3.2　云烟 87 最佳移栽期

（1）移栽期对云烟 87 农艺性状的影响

将 2021 年和 2022 年中海拔地区（700 m）不同移栽期下云烟 87 烤烟成熟期农艺性状进行比较，结果见表 3-18。2021 年的试验结果表明：随移栽期推迟，株高呈先减少后增加的趋势，中部叶长、中部叶面积、上部叶长、上部叶面积呈先增加后减少的趋势，中部叶面积、上部叶面积在 5 月 3 日移栽下达到最大；2022 年的试验结果表明：随移栽期推迟，茎围呈减少的趋势，有效叶数呈增加的趋势，中部叶长、中部叶面积和上部叶面积呈先增加后减少的趋势，在 5 月 3 日达到最大。

因此，综合考虑两年的田间试验结果表明，对于中海拔地区（700 m）的云烟 87 烤烟，农艺性状在 5 月 3 日移栽最佳。

表 3-18　不同移栽期下云烟 87 烤烟成熟期农艺性状（永顺石堤）

年份	处理	株高 （cm）	茎围 （mm）	有效叶数	中部叶长 （cm）	中部叶面积 （cm²）	上部叶长 （cm）	上部叶面积 （cm²）
2021	T1	109.7±5.7 a	9.7±0.4b	17.6±1.2a	73±5.1b	1 027.8±57.3d	71.2±4.0b	954.2±55.3c
	T2	100.3±5.4 b	9.3±0.3b	15.3±0.9b	77±5.3b	1 330.6±68.3c	82.2±4.9a	1 312.2±65.9b
	T3	92.7±4.6c	10.3±0.5a	14.7±0.7b	85±6.1a	1 904.0±88.4a	79.3±4.6a	1 668.4±92.6a
	T4	102.6±5.1 b	10.3±0.6a	15.7±0.8b	80±6.3a	1 638.4±78.4b	76.4±4.3b	1 459.2±74.6b
	T5	114.7±6.0 a	10.3±0.7 a	16.4±1.0a	77±5.5b	1 429.1±71.3c	73.0±4.1b	1 401.6±71.3b
2022	T1	104.4±5.1 a	10.2±0.6a	19.2±1.3 a	77±5.5a	1 084.6±57.3b	74.5±4.2a	975.5±43.7c
	T2	94.8±4.7 b	9.9±0.5a	17.5±1.1b	75±5.3a	1 242.9±69.4a	71.4±4.3a	1 057.4±46.7b
	T3	94.5±4.9 b	9.5±0.4b	19.7±1.4a	78±5.4a	1 290.4±65.4a	73.2±4.5a	1 158.3±58.4a
	T4	99.9±4.6 b	9.3±0.4b	22.3±1.6a	72±5.1a	1 239.5±61.8b	72.7±4.0a	1 063.1±50.4b
	T5	97.3±4.5 b	9.0±0.3b	21.0±1.4a	70±4.8b	1 185.4±60.4a	71.6±3.9a	1 061.2±48.6b

（2）移栽期对云烟 87 经济性状的影响

将 2021 年和 2022 年不同移栽期下云烟 87 烤烟经济性状进行比较，结果见图 3-11 和图 3-12。2021 年的试验结果表明：随移栽期推迟，亩产量、亩产值、上等烟比例呈先增大后减少的趋势，4 月 26 日移栽下的亩产量、亩产值和上等烟比例明显高于其他移栽期。

2022 年的试验结果表明：随移栽期推迟，亩产量、亩产值和上等烟比例呈下降趋势，4 月 19 日移栽下的亩产量和亩产值明显高于其他移栽期。综合两年的试验结果，中海拔（700 m）云烟 87 号 4 月 19—26 日移栽经济性状最佳。

（3）移栽期对云烟 87 化学成分的影响

从 2021 年云烟 87 成熟期中部叶化学成分测定结果（表 3-19）可以看出：各处理下烟叶总糖偏高，还原糖含量仅 T1 在理想范围内，烟碱、总氮含量在理想范围内，氯除 T1、T5 外均在理想范围内，糖碱比仅 T1、T5 在理想范围内，氮碱比含量偏低。随移栽期推迟，烟碱、氯、糖碱比含量先增加后减少，总糖、还原糖、总氮随移栽期变化的规律不明显，各移栽期氮碱比差异很小。

从 2022 年云烟 87 成熟期中部叶化学成分测定结果（表 3-19）可以看出：各处理下烟叶总糖、还原糖含量偏高，烟碱、总氮含量在理想范围内，氯仅 T5 在理想范围内，糖碱比除 T1、T4 外均在理想范围内，氮碱比含量偏低。随移栽期推迟，烟碱含量先增加后减少，总糖、还原糖、总氮、氯、糖碱比随移栽期变化的规律不明显，各移栽期氮碱比差异很小。

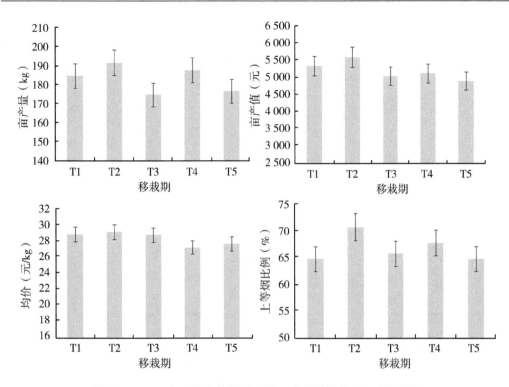

图 3-11　2021 年不同移栽期下云烟 87 烤烟经济性状（永顺石堤）

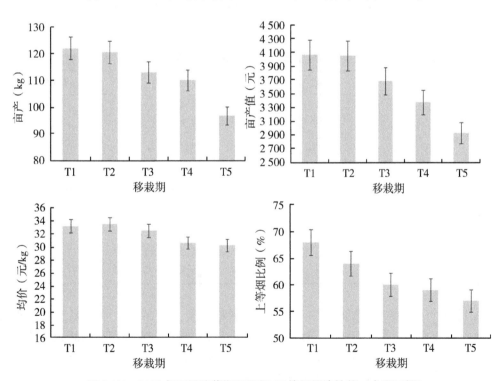

图 3-12　2022 年不同移栽期下云烟 87 烤烟经济性状（永顺石堤）

表 3-19 不同移栽期下云烟 87 烤烟中部叶化学成分（永顺石堤）

年份	处理	总糖 （%）	还原糖 （%）	烟碱 （%）	总氮 （%）	氯 （%）	糖碱比	氮碱比
	T1	25.8	20.9	3.2	2.0	0.2	8.0	0.6
	T2	32.2	26.0	2.9	1.7	0.4	11.2	0.6
2021	T3	32.2	26.1	2.7	1.8	0.6	12.0	0.7
	T4	29.4	24.0	2.9	1.7	0.4	10.1	0.6
	T5	29.6	24.5	3.1	1.8	0.2	9.5	0.6
	T1	28.6	24.2	2.8	1.8	0.1	10.2	0.6
	T2	28.3	23.3	3.1	2.0	0.1	9.2	0.6
2022	T3	29.2	24.6	3.0	1.8	0.2	9.8	0.6
	T4	30.4	25.9	2.8	1.7	0.0	10.9	0.6
	T5	27.7	22.0	2.8	1.9	0.3	9.7	0.7

计算不同移栽期下云烟 87 中部叶化学成分可用性指数，并比较各移栽期化学成分可用性指数的大小。由表 3-20 可知，2021 年的试验结果表明，化学成分可用性指数最高的是 T4，T5 次之；2022 年的试验结果表明，化学成分可用性指数最高的是 T5，T1 次之。综合考虑各年不同移栽期烤烟中部叶化学可用性指数大小及排序，T5 处理化学成分可用性指数较高，工业可用性最好。

表 3-20 不同移栽期下云烟 87 烤烟中部叶化学成分可用性指数（永顺石堤）

年份	处理	可用性指数	排序
	T1	84.4	3
	T2	79.8	5
2021	T3	82.9	4
	T4	88.9	1
	T5	84.5	2
	T1	88.4	2
	T2	84.7	4
2022	T3	88.1	3
	T4	79.7	5
	T5	93.1	1

从 2021 年云烟 87 成熟期上部叶化学成分测定结果（表 3-21）可以看出：各处理下烟叶总糖仅 T4 在理想范围内，还原糖含量偏高，烟碱除 T4 外均在理想范围内，总氮、糖碱比含量在理想范围内，氯除 T1、T5 外均在理想范围内，氮碱比含量偏低。随移栽期推迟，烟碱、氯含量先增加后减少，总糖、还原糖、总氮、糖碱比随移栽期变化的规律不明显，各移栽期氮碱比差异很小。

从 2022 年云烟 87 成熟期上部叶化学成分测定结果（表 3-21）可以看出：各处理下烟叶总糖除 T2 外均在理想范围内，还原糖除 T2 外均在理想范围内，烟碱含量偏高，总氮除 T3 外均在理想范围内，氯含量在理想范围内，糖碱比、氮碱比含量偏低。随移栽期推迟，总糖、还原糖、烟碱、总氮含量先增加后减少，糖碱比先减少后增加，氯随移栽期变化的规律不明显，各移栽期氮碱比差异很小。

表 3-21 不同移栽期下云烟 87 烤烟上部叶化学成分（永顺石堤）

年份	处理	总糖（%）	还原糖（%）	烟碱（%）	总氮（%）	氯（%）	糖碱比	氮碱比
2021	T1	23.1	18.7	3.3	2.1	0.1	7.0	0.6
	T2	27.7	23.2	3.3	2.0	0.4	8.5	0.6
	T3	23.9	20.1	3.4	2.2	0.4	7.0	0.7
	T4	22.0	18.9	3.6	2.2	0.3	6.1	0.6
	T5	25.4	21.1	3.3	2.1	0.2	7.6	0.6
2022	T1	19.9	17.4	4.2	2.3	0.3	4.7	0.5
	T2	17.4	15.9	5.0	2.4	0.4	3.5	0.5
	T3	14.1	13.4	5.9	2.8	0.4	2.4	0.5
	T4	15.5	13.7	5.5	2.5	0.3	2.8	0.4
	T5	19.2	17.1	4.9	2.4	0.3	3.9	0.5

计算不同移栽期下云烟 87 上部叶化学成分可用性指数，并比较各移栽期化学成分可用性指数的大小。由表 3-22 可知，2021 年的试验结果表明，化学成分可用性指数最高的是 T2，T5 次之；2022 年的试验结果表明，化学成分可用性指数最高的是 T1，T5 次之。综合考虑各年不同移栽期烤烟上部叶化学可用性指数大小及排序，T2 处理化学成分可用性指数较高，工业可用性最好。

表 3-22 不同移栽期下云烟 87 烤烟上部叶化学成分可用性指数（永顺石堤）

年份	处理	可用性指数	排序
2021	T1	76.9	4
	T2	89.0	1
	T3	80.8	3
	T4	76.6	5
	T5	82.5	2
2022	T1	68.1	1
	T2	54.7	3
	T3	39.0	5
	T4	44.4	4
	T5	60.9	2

（4）小结

综合 2021—2022 年中海拔（720 m）云烟 87 号田间试验结果，中海拔（720 m）云烟 87 号在 4 月 19—26 日（T1、T2）移栽，经济性状最好，在 5 月 17 日移栽中部烟叶可用性指数最高，在 4 月 26 日移栽上部烟叶可用性指数最高。

3.4 800 m 海拔主栽烤烟品种最佳移栽期

3.4.1 湘烟 7 号最佳移栽期

（1）移栽期对湘烟 7 号农艺性状的影响

将 2021 年和 2022 年不同移栽期下湘烟 7 号烤烟成熟期农艺性状进行比较，结果见表 3-23。从表可以看出，2021 年的试验结果表明：随移栽期推迟，株高、茎围、中部叶面积、上部叶长、上部叶面积呈先增大后减小的趋势，有效叶数呈增大的趋势，中部叶面积在 5 月 3 日（T3）移栽下达到最大；2022 年的试验结果表明：随移栽期推迟，株高、有效叶数呈减少的趋势，中部叶长、中部叶面积在 4 月 19 日（T1）移栽下达到最大。

表 3-23 不同移栽期下中海拔地区湘烟 7 号烤烟成熟期农艺性状（龙山茨岩塘）

年份	处理	株高（cm）	茎围（mm）	有效叶数	中部叶长（cm）	中部叶面积（cm²）	上部叶长（cm）	上部叶面积（cm²）
2021	T1	105.2±5.4 b	9.4±0.5a	18.2±1.6b	79.1±6.6a	1 326.7±71.2b	56.6±4.1a	801.9±45.6b
	T2	109.9±5.7 a	9.2±0.4a	19.9±1.6a	79.2±6.5a	1 411.3±77.5a	61.4±4.6a	934.7±50.8a
	T3	114.2±6.1 a	9.6±0.5a	20.5±1.8a	77.8±6.3a	1 489.9±73.4a	58.9±4.4a	976.9±52.6a
	T4	116.1±6.7 a	9.1±0.5a	20.2±1.7a	75.4±6.1a	1 240.0±67.5c	57.7±4.7a	799.0±41.6b
	T5	115.2±6.3a	9.3±0.6a	20.7±1.6a	78.0±6.4a	1 224.9±62.4c	58.2±4.6a	763.6±43.2b
2022	T1	113.4±6.1a	12.1±0.7a	20.9±1.9a	72.7±5.7a	1 240.4±64.5a	76.4±5.9a	955.8±57.5a
	T2	107.6±5.7b	10.9±0.5b	20.3±1.8a	64.3±4.4b	951.5±44.5c	76.4±6.1a	852.9±43.5b
	T3	101.3±5.9b	11.6±0.6a	20.1±1.7a	65.6±4.7b	993.2±49.3c	75.1±6.3a	822.8±45.3b
	T4	97.9±4.9b	11.7±0.5a	17.9±1.5b	71.0±5.5a	1 131.0±57.5b	72.6±6.4a	912.4±52.5a
	T5	104.2±5.4b	11.9±0.6a	17.1±1.3b	68.9±5.4a	960.3±46.3c	71.1±5.5a	834.1±40.4b

因此，综合考虑两年的田间试验结果表明，对于中海拔地区（800 m）的湘烟 7 号烤烟，农艺性状最好的移栽期两年不一致，因此在 4 月 19 日至 5 月 3 日移栽，农艺性状最佳。

（2）移栽期对湘烟 7 号经济性状的影响

将 2021 年和 2022 年不同移栽期下湘烟 7 号烤烟经济性状进行比较，结果见图 3-13 和图 3-14。从图 3-13 可以看出，2021 年的试验结果表明：随移栽期推迟，亩产量、亩产值、均价和上等烟比例呈先增加后减少的趋势，5 月 3 日（T3）移栽下的亩产量和亩产值明显高于其他移栽期。

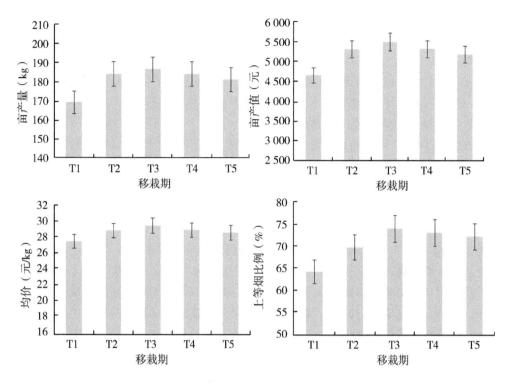

图 3-13　2021 年不同移栽期下湘烟 7 号烤烟经济性状（龙山茨岩塘）

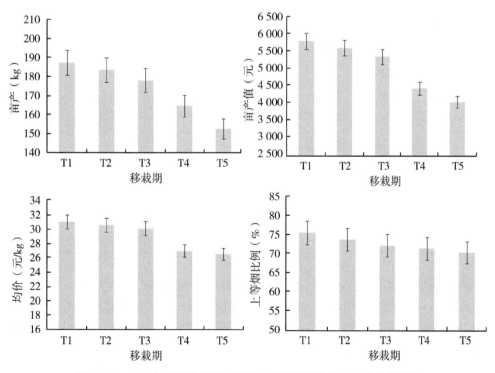

图 3-14　2022 年不同移栽期下湘烟 7 号烤烟经济性状（龙山茨岩塘）

从图 3-14 可以看出，2022 年的试验结果表明：随移栽期推迟，亩产量、亩产值、均价和上等烟比例呈下降趋势，4 月 19 日移栽（T1）下的亩产量和亩产值明显高于其他移栽期。

综合两年的田间试验结果，中海拔地区（800 m）湘烟 7 号烤烟经济性状最佳的移栽期不一致，因此在 4 月 19 日至 5 月 3 日移栽，经济性状最佳。

（3）移栽期对湘烟 7 号化学成分的影响

从 2021 年湘烟 7 号成熟期中部叶化学成分测定结果（表 3-24）可以看出：各处理下烟叶总糖偏高，还原糖含量除 T1 和 T2 外均在适宜范围内，烟碱、总氮含量在理想范围内，氯仅 T3、T4 在理想范围内，糖碱比含量偏高，氮碱比仅 T2、T4 在理想范围内。随移栽期推迟，氯含量先增加后减少，总糖、还原糖、烟碱、糖碱比、氮碱比随移栽期变化的规律不明显，各移栽期总氮差异很小。

从 2022 年湘烟 7 号成熟期中部叶化学成分测定结果（表 3-24）可以看出：各处理下烟叶总糖含量偏高，还原糖含量仅 T5 在适宜范围内，烟碱、总氮、氯含量在理想范围内，糖碱比含量偏高，氮碱比仅 T3 在理想范围内。随移栽期推迟，总氮含量先减少后增加，烟碱含量先增加后减少，总糖、还原糖、糖碱比、氮碱比随移栽期变化的规律不明显，各移栽期氯差异很小。

表 3-24　不同移栽期下湘烟 7 号烤烟中部叶化学成分（龙山茨岩塘）

年份	处理	总糖（%）	还原糖（%）	烟碱（%）	总氮（%）	氯（%）	糖碱比	氮碱比
2021	T1	29.7	22.1	1.8	1.8	0.1	16.7	1.0
	T2	34.5	24.2	1.8	1.6	0.2	19.6	0.9
	T3	29.5	20.4	1.6	1.6	0.3	18.3	1.0
	T4	31.4	21.1	1.8	1.6	0.3	17.6	0.9
	T5	33.6	22.0	1.5	1.6	0.2	22.0	1.0
2022	T1	33.1	22.9	1.6	1.7	0.4	20.8	1.0
	T2	33.8	22.9	1.6	1.7	0.4	21.3	1.1
	T3	32.2	22.8	1.7	1.6	0.4	19.2	0.9
	T4	35.5	24.2	1.6	1.5	0.4	22.9	1.0
	T5	32.4	21.6	1.5	1.6	0.5	21.7	1.1

计算不同移栽期下龙山茨岩塘湘烟 7 号中部叶化学成分可用性指数，并比较各移栽期化学成分可用性指数的大小。由表 3-25 可知，2021 年的试验结果表明，化学成分可用性指数最高的是 T1，T3 次之；2022 年的试验结果表明，化学成分可用性指数最高的是 T3，T1 次之。总体上看，在两年试验结果中 T1 处理化学成分可用性指数均较高，因此 T1 工业可用性较好。

表3-25　不同移栽期下湘烟7号中部叶化学成分可用性指数（龙山茨岩塘）

年份	处理	可用性指数	排序
2021	T1	75.6	1
	T2	61.2	4
	T3	73.3	2
	T4	72.2	3
	T5	58.9	5
2022	T1	65.5	2
	T2	63.9	3
	T3	67.6	1
	T4	58.9	5
	T5	63.7	4

从2021年湘烟7号成熟期上部叶化学成分测定结果（表3-26）可以看出：各处理下烟叶总糖除T1、T5外均在理想范围内，还原糖除T4、T5外均在理想范围内，烟碱、总氮含量在理想范围内，氯仅T1在理想范围内，糖碱比除T5外均在理想范围内，氮碱比除T1外均在理想范围内。随移栽期推迟，总糖、还原糖、糖碱比呈现减少趋势，氮碱比含量先增加后减少，烟碱、总氮、氯随移栽期变化的规律不明显。

从2022年湘烟7号成熟期上部叶化学成分测定结果（表3-26）可以看出：各处理下烟叶总糖含量偏高，还原糖含量均在适宜范围内，烟碱、总氮、氯含量在理想范围内，糖碱比仅T5在理想范围内，氮碱比仅T4在理想范围内。随移栽期推迟，总氮、氯呈现增加趋势，总糖、还原糖、烟碱、糖碱比随移栽期变化的规律不明显，各移栽期氮碱比差异很小。

表3-26　不同移栽期下湘烟7号烤烟上部叶化学成分（龙山茨岩塘）

年份	处理	总糖（%）	还原糖（%）	烟碱（%）	总氮（%）	氯（%）	糖碱比	氮碱比
2021	T1	24.3	21.5	3.1	2.3	0.4	7.9	0.7
	T2	21.7	20.0	3.2	2.6	0.2	6.7	0.8
	T3	20.6	18.9	3.3	2.7	0.2	6.2	0.8
	T4	18.3	16.9	3.0	2.6	0.2	6.1	0.9
	T5	17.7	16.4	3.4	2.6	0.1	5.3	0.8

（续表）

年份	处理	总糖（%）	还原糖（%）	烟碱（%）	总氮（%）	氯（%）	糖碱比	氮碱比
2022	T1	30.2	21.2	2.5	1.8	0.4	11.9	0.7
	T2	28.8	20.2	2.8	1.9	0.5	10.3	0.7
	T3	29.2	20.3	2.7	1.9	0.5	10.8	0.7
	T4	28.2	19.7	2.4	2.0	0.7	11.9	0.8
	T5	27.4	19.2	3.0	2.1	0.7	9.2	0.7

计算不同移栽期下龙山茨岩塘湘烟 7 号上部叶化学成分可用性指数，并比较各移栽期化学成分可用性指数的大小。由表 3-27 可知，2021 年的试验结果表明，化学成分可用性指数最高的是 T1，T2 次之；2022 年的试验结果表明，各移栽期烟叶化学成分可用性指数均较高，其中最高的是 T4，T1 次之。总体上看，在两年试验结果中 T1 处理化学成分可用性指数均较高，因此 T1 工业可用性较好。

表 3-27 不同移栽期下湘烟 7 号上部叶化学成分可用性指数（龙山茨岩塘）

年份	处理	可用性指数	排序
2021	T1	87.1	1
	T2	72.7	2
	T3	71.3	3
	T4	67.5	4
	T5	56.1	5
2022	T1	95.0	2
	T2	94.0	4
	T3	94.3	3
	T4	97.0	1
	T5	89.4	5

综合考虑龙山茨岩塘湘烟 7 号中部叶、上部叶化学成分可用性指数的大小及排序，可以看出 T1 处理中部叶、上部叶化学成分可用性指数均较大，工业可用性较高。

（4）小结

通过比较 2021—2022 年龙山茨岩湘烟 7 号不同移栽期下农艺性状、经济性状，可以发现湘烟 7 号在 4 月 19 日至 5 月 3 日移栽，农艺性状、经济性状最佳。在 4 月 19 日移栽，烟叶化学成分可用性最高。

3.4.2   K326 最佳移栽期

（1）移栽期对 K326 农艺性状的影响

将 2021 年和 2022 年不同移栽期下 K326 烤烟成熟期农艺性状进行比较，结果见表 3-28。从表可以看出，2021 年的试验结果表明：随移栽期推迟，株高、中部叶长、中部叶面积呈先增大后减小的趋势，中部叶面积在 5 月 3 日移栽下达到最大；2022 年的试验结果表明：随移栽期推迟，株高、有效叶数、中部叶长呈减少的趋势，中部叶面积在 5 月 10 日达到最大。因此，综合考虑两年的田间试验结果表明，对于中海拔地区（800 m）的 K326 号烤烟，农艺性状在 5 月 3—10 日农艺性状最佳。

表 3-28   不同移栽期下 K326 烤烟成熟期农艺性状（龙山茨岩塘）

年份	处理	株高（cm）	茎围（mm）	有效叶数	中部叶长（cm）	中部叶面积（cm²）	上部叶长（cm）	上部叶面积（cm²）
2021	T1	96.2±4.6 b	9.3±0.6 a	17.5±1.3b	77.5±4.9a	1 096.4±56.3b	57.8±3.5a	667.9±30.4c
	T2	104.9±5.4 a	9.2±0.5a	17.6±1.4b	77.5±4.7a	1 198.3±61.3a	58.4±3.9a	751.2±39.7b
	T3	105.1±5.7 a	9.0±0.4 a	17.1±1.5b	78.4±4.6a	1 240.2±66.4a	55.6±3.6a	735.2±36.4b
	T4	105.6±5.8 a	9.3±0.4 a	17.9±1.6b	64.4±3.8b	1 076.0±55.8b	58.1±3.3a	820.5±45.7a
	T5	103.6±5.2 a	9.4±0.5a	18.9±1.8a	66.4±3.5b	1 066.4±53.5b	55.2±3.1a	743.7±35.3b
2022	T1	98.8±4.6 a	10.7±0.6b	16.9±1.5a	70.4±4.6a	1 140.8±60.8a	71.2±4.6a	748.6±39.4a
	T2	97.3±4.3 a	10.3±0.5 b	16.3±1.4a	68.0±4.5a	1 050.0±53.4b	72.8±4.9a	717.6±38.5a
	T3	92.9±4.4 a	11.8±0.7 a	16.1±1.5a	68.2±4.4a	1 094.0±51.6b	73.4±4.5a	743.4±40.6a
	T4	91.4±4.2 a	11.8±0.6 a	16.3±1.4a	65.4±4.3a	1 178.9±63.2a	67.2±4.1b	799.7±42.3a
	T5	97.3±4.5 a	12.3±0.6 a	15.1±1.1b	60.9±4.0b	970.3±45.6c	65.2±3.7b	691.4±36.9b

（2）移栽期对 K326 经济性状的影响

将 2021 年和 2022 年不同移栽期下湘烟 7 号烤烟经济性状进行比较，结果见图 3-15、图 3-16。从图 3-15 可以看出，2021 年的试验结果表明：随移栽期推迟，亩产量、亩产值、呈先增加后减少的趋势，5 月 10 日移栽下的亩产量和亩产值明显高于其他移栽期。

从图 3-16 可以看出，2022 年的试验结果表明：随移栽期推迟，亩产量、亩产值、均价和上等烟比例呈先增加后减少的趋势，5 月 3 日移栽下的亩产量和亩产值明显高于其他移栽期。综合两年的试验结果，中海拔（810 m）K326 在 5 月 3—10 日移栽经济性状最佳。

（3）移栽期对 K326 化学成分的影响

从 2021 年 K326 成熟期中部叶化学成分测定结果（表 3-29）可以看出：各处理下烟叶总糖、糖碱比偏高，还原糖除 T4 外均在理想范围内，烟碱、总氮含量在理想范围内，氯仅 T1 在理想范围内，氮碱比除 T2 外均在理想范围内。随移栽期推迟，氯含量先

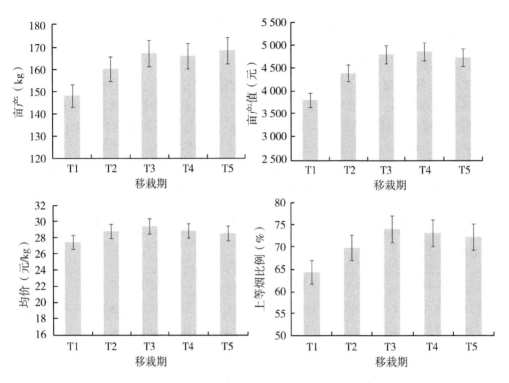

图 3-15　2021 年不同移栽期下 K326 烤烟经济性状（龙山茨岩塘）

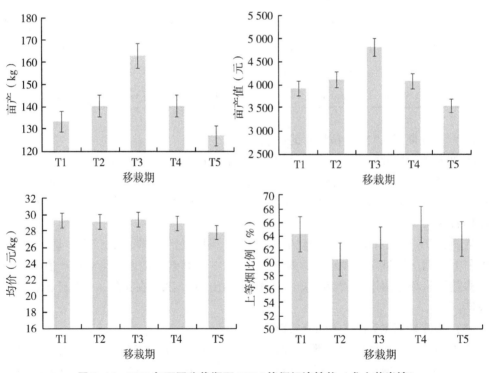

图 3-16　2022 年不同移栽期下 K326 烤烟经济性状（龙山茨岩塘）

减少后增加，总糖、还原糖、糖碱比、烟碱、总氮、氮碱比随移栽期变化的规律不明显。

从 2022 年 K326 成熟期中部叶化学成分测定结果（表 3-29）可以看出：各处理下烟叶总糖、还原糖、糖碱比含量偏高，氮碱比含量偏低，烟碱、总氮、氯含量在理想范围内。随移栽期推迟，还原糖、氯含量先增加后减少，总氮先减少后增加，总糖、糖碱比、烟碱随移栽期变化的规律不明显，各移栽期氮碱比差异很小。

表 3-29 不同移栽期下 K326 烤烟中部叶化学成分（龙山茨岩塘）

年份	处理	总糖（%）	还原糖（%）	烟碱（%）	总氮（%）	氯（%）	糖碱比	氮碱比
	T1	27.8	19.8	1.8	1.7	0.3	15.5	0.9
	T2	26.6	19.8	2.5	1.9	0.2	10.7	0.7
2021	T3	27.9	20.4	2.1	1.8	0.2	13.2	0.8
	T4	24.9	17.0	2.4	1.9	0.1	10.5	0.8
	T5	28.6	21.2	2.1	1.7	0.2	13.9	0.8
	T1	34.2	24.5	2.5	1.7	0.3	13.5	0.7
	T2	32.9	24.1	2.3	1.6	0.3	14.4	0.7
2022	T3	32.4	22.2	2.3	1.6	0.5	14.1	0.7
	T4	34.9	25.2	2.0	1.4	0.3	17.0	0.7
	T5	34.7	25.7	2.1	1.5	0.3	16.8	0.7

计算不同移栽期下龙山茨岩塘 K326 中部叶化学成分可用性指数，并比较各移栽期化学成分可用性指数的大小。由表 3-30 可知，2021 年的试验结果表明，化学成分可用性指数最高的是 T2，T3 次之；2022 年的试验结果表明，各移栽期烟叶化学成分可用性指数均较高，其中最高的是 T3，T1 次之。总体上看，在两年试验结果中 T2 和 T3 处理化学成分可用性指数均较高，因此 T2 和 T3 处理工业可用性较好。

表 3-30 不同移栽期下 K326 中部叶化学成分可用性指数（龙山茨岩塘）

年份	处理	可用性指数	排序
	T1	85.7	5
	T2	95.9	1
2021	T3	94.6	2
	T4	89.8	4
	T5	90.0	3

（续表）

年份	处理	可用性指数	排序
	T1	81.8	2
	T2	81.0	3
2022	T3	83.0	1
	T4	65.8	5
	T5	66.9	4

从2021年K326成熟期上部叶化学成分测定结果（表3-31）可以看出：各处理下烟叶总糖、还原糖含量偏低，烟碱含量偏高，糖碱比、氮碱比含量偏低，氯含量在理想范围内，总氮除T3外均在理想范围内。随移栽期推迟，总糖、还原糖、烟碱、氯、糖碱比变化规律不明显，各移栽期总氮、氮碱比差异很小。

从2022年K326成熟期上部叶化学成分测定结果（表3-31）可以看出：各处理下烟叶总糖、糖碱比偏高，还原糖含量仅T2和T3在理想范围内，烟碱、总氮含量在理想范围内，氯含量除T1、T5外均在理想范围内，氮碱比仅T2在理想范围内。随移栽期推迟，氯先增加后减少，氮碱比先减后增，总糖、还原糖、烟碱、总氮、糖碱比变化规律不明显。

表3-31 不同移栽期下K326烤烟上部叶化学成分（龙山茨岩塘）

年份	处理	总糖（%）	还原糖（%）	烟碱（%）	总氮（%）	氯（%）	糖碱比	氮碱比
	T1	15.4	13.2	4.4	2.6	0.5	3.5	0.6
	T2	19.3	16.6	4.5	2.6	0.6	4.3	0.6
2021	T3	14.1	12.8	4.1	2.8	0.4	3.5	0.7
	T4	15.7	13.8	4.0	2.6	0.4	4.0	0.6
	T5	15.8	13.7	4.1	2.6	0.4	3.8	0.6
	T1	28.5	22.2	2.0	2.2	0.2	14.0	1.1
	T2	27.6	21.9	2.4	2.3	0.4	11.4	0.9
2022	T3	27.5	20.5	2.0	2.2	0.4	14.0	1.1
	T4	30.5	23.1	1.8	2.1	0.3	16.5	1.1
	T5	29.4	22.4	1.8	2.1	0.2	16.3	1.2

计算不同移栽期下龙山茨岩塘K326上部叶化学成分可用性指数，并比较各移栽期化学成分可用性指数的大小。由表3-32可知，2021年的试验结果表明，化学成分可用

性指数最高的是 T2, T4 次之; 2022 年的试验结果表明, 各移栽期烟叶化学成分可用性指数均较高, 其中最高的是 T2, T3 次之。因此, 两年试验结果表明 T2 处理化学成分可用性指数均最高, 工业可用性最好。

表 3-32 不同移栽期下 K326 中部叶化学成分可用性指数 (龙山茨岩塘)

年份	处理	可用性指数	排序
	T1	48.5	4
	T2	60.2	1
2021	T3	43.6	5
	T4	51.7	2
	T5	50.6	3
	T1	87.9	3
	T2	96.1	1
2022	T3	91.9	2
	T4	77.8	4
	T5	76.5	5

综合考虑龙山茨岩 2021—2022 年不同移栽期下 K326 中部叶、上部叶化学成分可用性指数的大小及排序, 可以发现 T2 处理 (4 月 26 日) 化学成分可用性指数均最高, 工业可用性最好。

（4）小结

综合 2 年的田间试验结果, 中海拔地区 (810 m) K326 烤烟在 5 月 3—10 日移栽, 经济性状和农艺性状最佳。在 4 月 26 日移栽, 烟叶化学成分可用性指数最大, 工业可用性最高。

3.5 中海拔地区主栽烤烟品种的比较

（1）中海拔 (500 m) 湘烟 7 号和云烟 87 的比较

将 2019 年在花垣 (海拔 500 m) 同一试验地点的湘烟 7 号和云烟 87 成熟期农艺性状进行比较 (图 3-17)。从图 3-17 知, 2019 年在 5 个不同移栽期下, 湘烟 7 号的茎围、有效叶数、中部叶长和上部叶面积均高于云烟 87; 云烟 87 株高比湘烟 7 号大。比较中部叶面积可以看出, 在前三个移栽期湘烟 7 号略比云烟 87 少, 但在后两个移栽期湘烟 7 号明显比云烟 87 多。综合考虑所有农艺性状指标, 湘烟 7 号比云烟 87 更好。

将 2019 年在花垣同一试验地点的湘烟 7 号和云烟 87 经济性状进行比较。从图 3-18 知, 2019 年在 5 个不同移栽期下, 湘烟 7 号的亩产量、亩产值和上等烟比例均比云烟 87 大, 湘烟 7 号均价在第一、第三、第四移栽期下比云烟 87 大。总体上看, 在

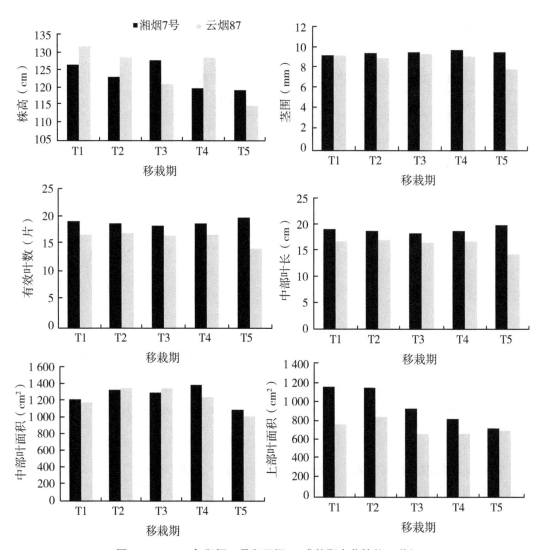

图 3-17 2019 年湘烟 7 号和云烟 87 成熟期农艺性状（花垣）

中海拔地区湘烟 7 号比云烟 87 经济性状更好。

将 2019 年在花垣同一试验地点同时进行观测的湘烟 7 号和云烟 87 中部叶和上部叶化学成分可用性指数进行比较（表 3-33、表 3-34），可以发现：在所有移栽期中，中部叶云烟 87 可用性指数均明显高于湘烟 7 号；在上部叶可用性指数中，在 T1、T2 两个移栽期中，云烟 87 明显高于湘烟 7 号，在其余移栽期中，湘烟 7 号可用性指数高于云烟 87。比较 5 个移栽期上部叶可用性指数的平均值，可以发现云烟 87 高于湘烟 7 号。因此，2019 年的试验结果表明，云烟 87 烟叶化学成分的工业可用性高于湘烟 7 号。

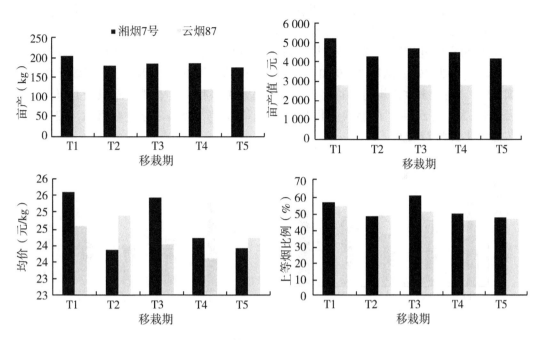

图 3-18　2019 年湘烟 7 号和云烟 87 经济性状（花垣）

表 3-33　2019 年湘烟 7 号和云烟 87 中部叶化学成分可用性指数（花垣）

移栽期	湘烟 7 号	云烟 87
T1	44.9	60.3
T2	48.7	62.6
T3	47.5	75.6
T4	48.4	91.5
T5	42.2	91.3
平均值	46.3	76.3

表 3-34　2019 年湘烟 7 号和云烟 87 上部叶化学成分可用性指数

移栽期	湘烟 7 号	云烟 87
T1	51.8	79.7
T2	54.8	80.5
T3	75.5	63.6
T4	67.3	52.1
T5	78.7	68.5
平均值	65.6	68.9

因此，根据 2019 年大田试验结果，综合考虑农艺性状和经济性状，在中海拔地区湘烟 7 号比云烟 87 表现更好。但云烟 87 烟叶化学成分工业可用性优于湘烟 7 号。

将 2020 年在花垣同一试验地点同时进行观测的湘烟 7 号和云烟 87 成熟期农艺性状进行比较（图 3-19）。从图 3-19 知，在 5 个不同移栽期下，湘烟 7 号的有效叶数均比云烟 87 多。在大多数移栽期，湘烟 7 号的株高、中部叶长、中部叶面积和上部叶面积比云烟 87 大，而云烟 87 的茎围比湘烟 7 号大。综合考虑所有农艺性状指标，湘烟 7 号农艺性状比云烟 87 更好。

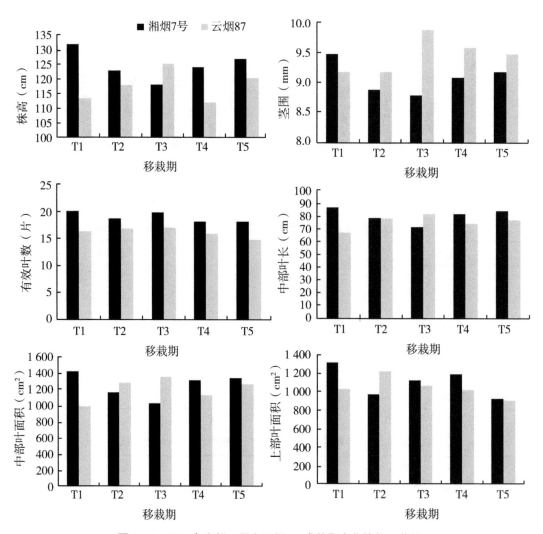

图 3-19　2020 年湘烟 7 号和云烟 87 成熟期农艺性状（花垣）

将 2020 年在花垣同一试验地点同时进行观测的湘烟 7 号和云烟 87 经济性状进行比较（图 3-20）。从图 3-20 知，在大多数移栽期下，湘烟 7 号的亩产量、亩产值高于云烟 87，而云烟 87 的均价、上等烟比例高于湘烟 7 号。

将 2020 年在花垣同一试验地点同时进行观测的湘烟 7 号和云烟 87 中部叶和上部叶

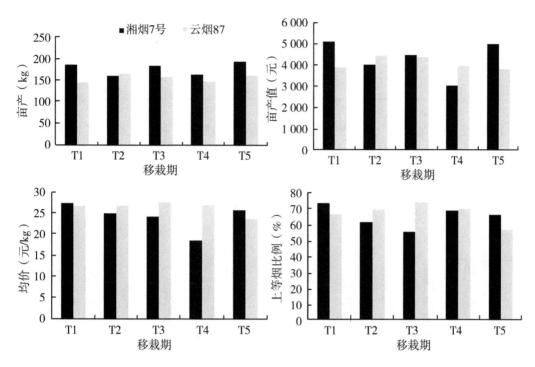

图 3-20 2020 年湘烟 7 号和云烟 87 成熟期经济性状（花垣）

化学成分可用性指数进行比较（表 3-35、表 3-36），可以发现：在所有移栽期中，中部叶云烟 87 可用性指数均明显高于湘烟 7 号；在上部叶可用性指数中，湘烟 7 号均高于云烟 87。由于中部叶价值高于上部叶，因此 2020 年花垣云烟 87 烟叶化学成分工业可用性优于湘烟 7 号。

表 3-35 2020 年湘烟 7 号和云烟 87 中部叶化学成分可用性指数

移栽期	湘烟 7 号	云烟 87
T1	48.8	74.7
T2	43.6	75.2
T3	29.7	86.4
T4	41.1	82.8
T5	76.7	88.2
平均值	48.0	81.5

表 3-36 2020 年湘烟 7 号和云烟 87 上部叶化学成分可用性指数

移栽期	湘烟 7 号	云烟 87
T1	60.8	53.5
T2	67.3	57.6
T3	83.9	66.3

（续表）

移栽期	湘烟 7 号	云烟 87
T4	83.7	64.7
T5	89.6	49.7
平均值	77.1	58.4

将 2021 年在花垣同一试验地点同时进行观测的湘烟 7 号和云烟 87 农艺性状进行比较（图 3-21）。从图 3-21 知，在大多数移栽期下，湘烟 7 号的有效叶数和茎围均比云烟 87 大，而云烟 87 的株高、中部叶长、中部叶面积和上部叶面积比湘烟 7 号大。综合

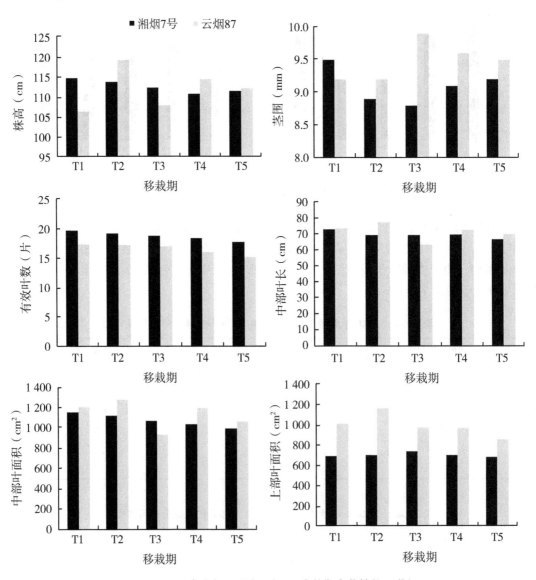

图 3-21　2021 年湘烟 7 号和云烟 87 成熟期农艺性状（花垣）

考虑所有农艺性状指标，云烟 87 比湘烟 7 号更好。

将 2021 年在花垣同一试验地点同时进行观测的湘烟 7 号和云烟 87 成熟期经济性状进行比较（图 3-22）。从图 3-22 知，在大多数移栽期下，湘烟 7 号的亩产量、亩产值、均价和上等烟比例均高于云烟 87。

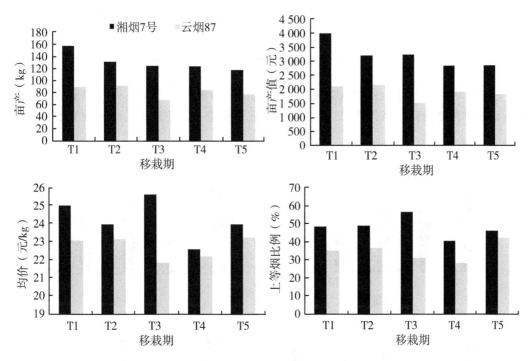

图 3-22 2021 年湘烟 7 号和云烟 87 成熟期经济性状（花垣）

将 2021 年在花垣同一试验地点同时进行观测的湘烟 7 号和云烟 87 中部叶和上部叶化学成分可用性指数进行比较（表 3-37、表 3-38）。可以发现，在大多数移栽期中，中部叶湘烟 7 号可用性指数均明显高于云烟 87；在 T2、T3 和 T5 三个移栽期下，湘烟 7 号上部叶可用性指数略高于云烟 87，但在另两个移栽期中云烟 87 上部叶可用性指数高于湘烟 7 号。5 个移栽期上部烟叶可用性指数的平均值中，云烟 87 高于湘烟 7 号，因此云烟 87 上部叶化学成分工业可用性优于湘烟 7 号。由于中部叶价值高于上部叶，因此 2021 年花垣湘烟 7 号烟叶化学成分工业可用性优于云烟 87。

表 3-37 2021 年湘烟 7 号和云烟 87 中部叶化学成分可用性指数

移栽期	湘烟 7 号	云烟 87
T1	94.2	69.3
T2	80.8	86.9
T3	90.6	55.8
T4	86.0	38.2
T5	98.1	63.8
平均值	89.9	62.8

表 3-38　2021 年湘烟 7 号和云烟 87 上部叶化学成分可用性指数

移栽期	湘烟 7 号	云烟 87
T1	32.9	46.0
T2	82.2	81.8
T3	50.1	43.6
T4	30.2	36.9
T5	47.1	41.4
平均值	48.5	49.9

　　将 2022 年在花垣同一试验地点同时进行观测的湘烟 7 号和云烟 87 成熟期农艺性状进行比较（图 3-23）。从图 3-23 知，在大多数移栽期下，湘烟 7 号的有效叶数和茎围

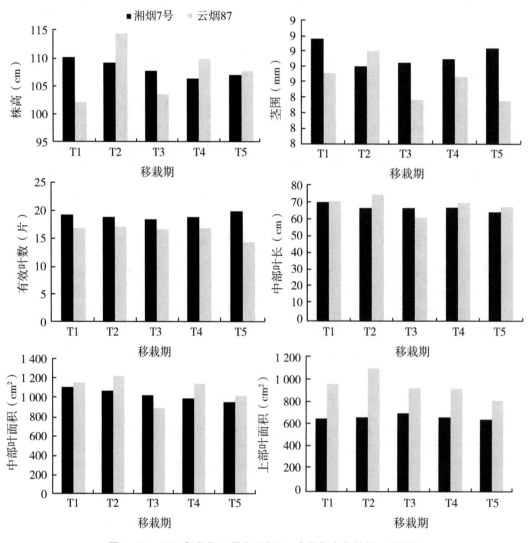

图 3-23　2022 年湘烟 7 号和云烟 87 成熟期农艺性状（花垣）

均比云烟 87 大，而云烟 87 的中部叶长、中部叶面积和上部叶面积比湘烟 7 号大。综合考虑所有农艺性状指标，云烟 87 比湘烟 7 号更好。

将 2022 年在花垣同一试验地点同时进行观测的湘烟 7 号和云烟 87 经济性状进行比较（图 3-24）。从图 3-24 知，在大多数移栽期下，湘烟 7 号的亩产量、亩产值、均价和上等烟比例均高于云烟 87。

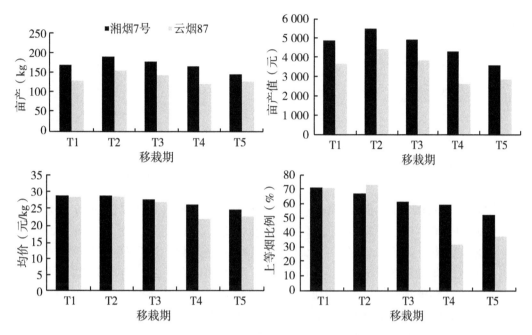

图 3-24　2022 年湘烟 7 号和云烟 87 成熟期经济性状（花垣）

将 2022 年在花垣同一试验地点同时进行观测的湘烟 7 号和云烟 87 中部叶和上部叶化学成分可用性指数进行比较（表 3-39、表 3-40）。可以发现，在大多数移栽期中，中部叶湘烟 7 号可用性指数均明显高于云烟 87；在 T2、T3 和 T4 三个移栽期下，湘烟 7 号上部叶可用性指数高于云烟 87，5 个移栽期上部烟叶可用性指数的平均值中，湘烟 7 号高于云烟 87。因此，2022 年花垣湘烟 7 号中部叶和上部叶的化学成分工业可用性均优于云烟 87。

表 3-39　2022 年湘烟 7 号和云烟 87 中部叶化学成分可用性指数

移栽期	湘烟 7 号	云烟 87
T1	96.9	91.3
T2	92.3	86.8
T3	80.1	86.8
T4	98.1	67.5
T5	92.0	95.1

（续表）

移栽期	湘烟 7 号	云烟 87
平均值	91.9	85.5

表 3-40　2022 年湘烟 7 号和云烟 87 上部叶化学成分可用性指数

移栽期	湘烟 7 号	云烟 87
T1	69.9	79.0
T2	91.8	91.1
T3	83.6	77.1
T4	82.2	42.7
T5	44.6	45.6
平均值	74.4	67.1

比较 2019—2022 年中海拔地区（海拔高度 500 m）湘烟 7 号和云烟 87 的农艺性状，可以发现 2019 年、2020 年湘烟 7 号农艺性状比云烟 87 更好，而 2021 年、2022 年云烟 87 农艺性状比湘烟 7 号更好；比较两个品种的经济性状，可以发现湘烟 7 号比云烟 87 好；比较烟叶化学成分工业可用性，可以发现 2019 年、2020 年云烟 87 更优，但 2021 年、2022 年湘烟 7 号更优。因此，综合考虑 2019—2022 年湘烟 7 号和云烟 87 的农艺性状、经济性状和烟叶化学成分，在湘西 500 m 海拔高度湘烟 7 号比云烟 87 更好。

（2）中海拔（700 m）湘烟 7 号和云烟 87 的比较

将 2021 年在花垣（海拔 700 m）同一试验地点同时进行观测的湘烟 7 号和云烟 87 成熟期农艺性状进行比较（图 3-25）。从图 3-25 知，2021 年在 5 个不同移栽期下，湘烟 7 号的株高、茎围和有效叶数均高于云烟 87；云烟 87 中部叶长、中部叶面积和上部叶面积比湘烟 7 号大。综合考虑所有农艺性状指标，2021 年云烟 87 农艺性状在中海拔（700 m）比湘烟 7 号更好。

将 2021 年在永顺同一试验地点同时进行观测的湘烟 7 号和云烟 87 经济性状进行比较（图 3-26）。从图 3-26 知，2021 年在大多数移栽期下，湘烟 7 号的亩产量、亩产值比云烟 87 大，但云烟 87 均价和上等烟比例比湘烟 7 号更大。总体上看，2021 年在中海拔地区（700 m）湘烟 7 号比云烟 87 经济性状更好。

将 2022 年在永顺同一试验地点同时进行观测的湘烟 7 号和云烟 87 成熟期农艺性状进行比较（图 3-27）。从图 3-27 知，2022 年在 5 个不同移栽期下，湘烟 7 号的株高、茎围、有效叶数、中部叶长和上部叶面积均高于云烟 87；云烟 87 中部叶长比湘烟 7 号大。综合考虑所有农艺性状指标，2022 年在中海拔地区（700 m）湘烟 7 号比云烟 87 更好。

将 2022 年在永顺同时进行观测的湘烟 7 号和云烟 87 经济性状进行比较（图 3-28）。从图 3-28 知，2022 年在 5 个不同移栽期下，湘烟 7 号的亩产量、亩产值均高于

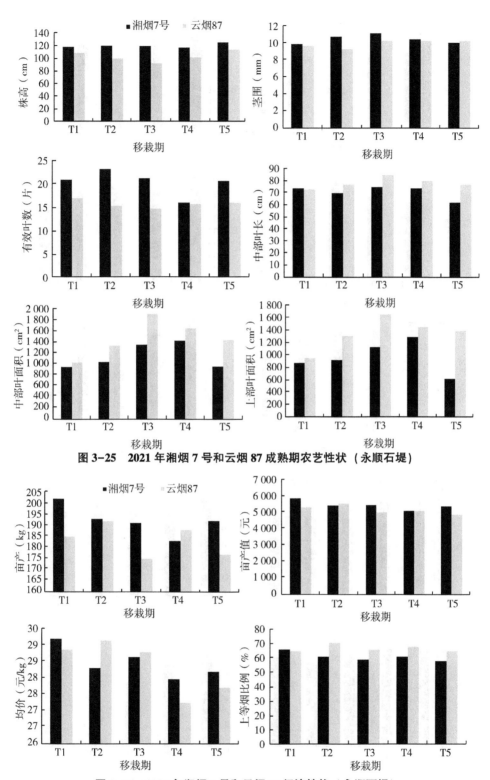

图 3-25 2021 年湘烟 7 号和云烟 87 成熟期农艺性状（永顺石堤）

图 3-26 2021 年湘烟 7 号和云烟 87 经济性状（永顺石堤）

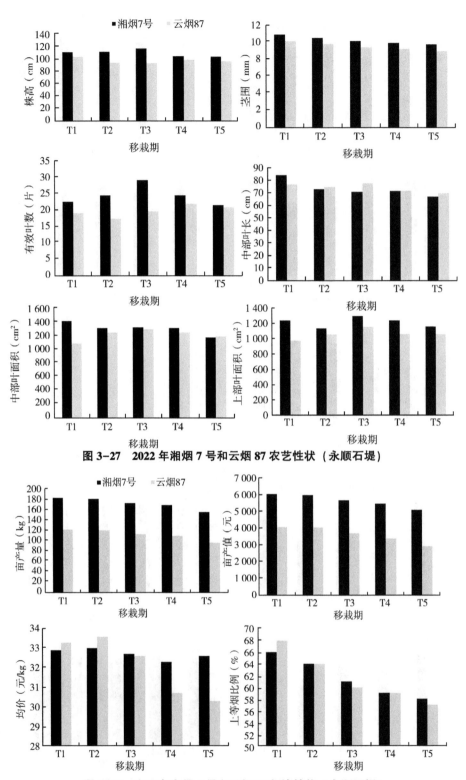

图 3-27 2022 年湘烟 7 号和云烟 87 农艺性状（永顺石堤）

图 3-28 2022 年湘烟 7 号和云烟 87 经济性状（永顺石堤）

云烟87；大多数移栽期下湘烟7号均价和上等烟比例比云烟87更大。综合考虑所有农艺性状指标，2022年在中海拔地区（700 m）湘烟7号比云烟87更好。

将2022年在永顺同一试验地点同时进行观测的湘烟7号和云烟87中部叶和上部叶化学成分可用性指数进行比较（表3-41、表3-42）。可以发现，在T1、T2和T5三个移栽期中，中部叶云烟87化学成分可用性指数均高于湘烟7号，且5个移栽期中部烟叶可用性指数的平均值中，云烟87高于湘烟7号；在5个移栽期中，湘烟7号上部叶化学成分可用性指数均高于云烟87。因此，2022年永顺云烟87中部叶化学成分优于湘烟7号，但湘烟7号上部叶化学成分可用性优于云烟87。

表3-41 2022年湘烟7号和云烟87中部叶化学成分可用性指数（永顺石堤）

移栽期	湘烟7号	云烟87
T1	86.7	88.1
T2	68.8	84.7
T3	95.5	88.1
T4	85.9	79.7
T5	89.7	93.1
平均值	85.3	86.7

表3-42 2022年湘烟7号和云烟87上部叶化学成分可用性指数（永顺石堤）

移栽期	湘烟7号	云烟87
T1	83.4	68.1
T2	79.5	54.7
T3	79.6	39.0
T4	68.4	44.4
T5	70.1	60.9
平均值	76.2	53.4

综合考虑在湘西中海拔（700 m）地区2021年、2022年两年试验结果，比较湘烟7号农艺性状、经济性状和烟叶化学成分，可以发现：在湘西中海拔（700 m）地区，湘烟7号比云烟87更好。

（3）中海拔（800 m）湘烟7号和K326的比较

将2021年在龙山茨岩塘同一试验地点同时进行观测的湘烟7号和K326成熟期农艺性状进行比较（图3-29）。从图3-29知，2021年在5个不同移栽期下，湘烟7号的株高、有效叶数、中部叶长、中部叶面积和上部叶面积均高于 K326。综合考虑所有农艺性状指标，2021 年湘烟 7 号农艺性状在中海拔（800 m）比 K326 更好。

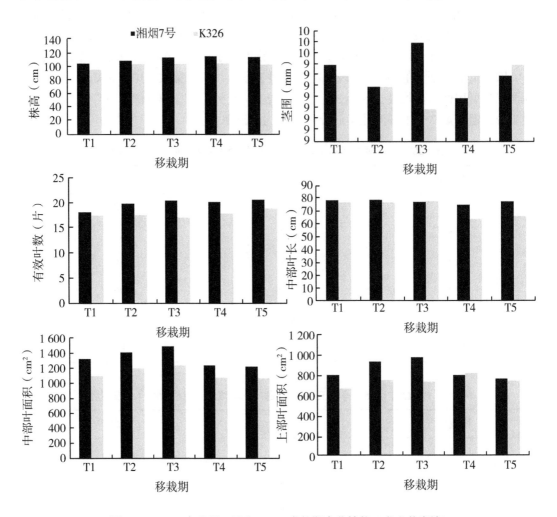

图 3-29　2021 年湘烟 7 号和 K326 成熟期农艺性状（龙山茨岩塘）

将 2021 年在龙山茨岩塘同一试验地点同时进行观测的湘烟 7 号和 K326 经济性状进行比较（图 3-30）。从图 3-30 知，2021 年在 5 个不同移栽期下，湘烟 7 号的亩产量、亩产值、均价和上等烟比例均高于 K326。因此，2021 年湘烟 7 号在中海拔（800 m）比 K326 经济性状更好。

将 2021 年在龙山同一试验地点同时进行观测的湘烟 7 号和 K326 中部叶和上部叶化学成分可用性指数进行比较（表 3-43、表 3-44），可以发现，在五个移栽期中，中部叶 K326 化学成分可用性指数均高于湘烟 7 号，上部叶湘烟 7 号化学成分可用性指数均高于 K326。

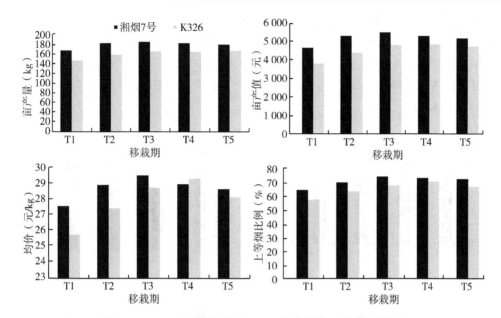

图 3-30 2021 年湘烟 7 号和 K326 经济性状（龙山茨岩塘）

表 3-43 2021 年湘烟 7 号和 K326 中部叶化学成分可用性指数（龙山茨岩塘）

移栽期	湘烟 7 号	K326
T1	75.6	85.7
T2	61.2	95.9
T3	73.3	94.6
T4	72.2	89.8
T5	58.9	90.0
平均值	68.2	91.2

表 3-44 2021 年湘烟 7 号和 K326 上部叶化学成分可用性指数（龙山茨岩塘）

移栽期	湘烟 7 号	K326
T1	87.1	48.5
T2	72.7	60.2
T3	71.3	43.6
T4	67.5	51.7
T5	56.1	50.6
平均值	70.9	50.9

将 2022 年在龙山茨岩塘同一试验地点同时进行观测的湘烟 7 号和 K326 成熟期农艺性状进行比较（图 3-31）。从图 3-31 知，2022 年在 5 个不同移栽期下，湘烟 7 号的株高、有效叶数高于 K326，大多数移栽期湘烟 7 号的中部叶长比 K326 更大，但茎围、中部叶面积比 K326 略小。综合考虑所有农艺性状指标，2022 年湘烟 7 号在中海拔（800 m）比 K326 更好。

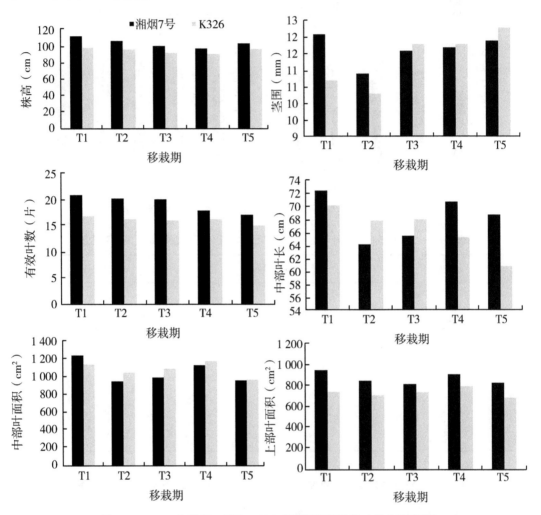

图 3-31　2022 年湘烟 7 号和 K326 成熟期农艺性状（龙山茨岩塘）

将 2022 年在龙山茨岩塘同一试验地点同时进行观测的湘烟 7 号和 K326 经济性状进行比较（图 3-32）。从图 3-32 知，2022 年在 5 个不同移栽期下，湘烟 7 号的亩产量、亩产值和上等烟比例高于 K326，因此 2022 年湘烟 7 号经济性状在中海拔（800 m）比 K326 更好。

将 2022 年在龙山茨岩塘同一试验地点同时进行观测的湘烟 7 号和 K326 中部叶和上部叶化学成分可用性指数进行比较（表 3-45、表 3-46），可以发现，在五个移栽期中，中部叶 K326 化学成分可用性指数均高于湘烟 7 号，上部叶湘烟 7 号化学成分可用性指数均高于 K326。

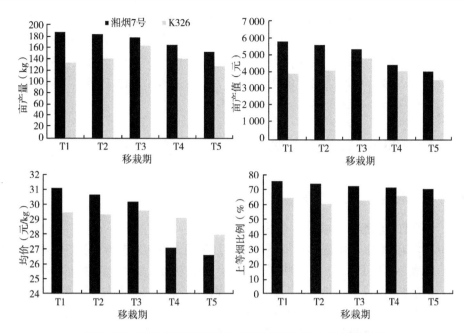

图 3-32 2022 年湘烟 7 号和 K326 经济性状（龙山茨岩塘）

表 3-45 2022 年湘烟 7 号和 K326 中部叶化学成分可用性指数（龙山茨岩塘）

移栽期	湘烟 7 号	K326
T1	65.5	81.8
T2	63.9	81.0
T3	67.6	83.0
T4	58.9	65.8
T5	63.7	66.9
平均值	63.9	75.7

表 3-46 2022 年湘烟 7 号和 K326 上部叶化学成分可用性指数（龙山茨岩塘）

移栽期	湘烟 7 号	K326
T1	95.0	87.9
T2	94.0	96.1
T3	94.3	91.9
T4	97.0	77.8
T5	89.4	76.5
平均值	93.9	86.0

分析 2021—2022 年湘西中海拔（800 m）地区试验结果，比较湘烟 7 号和 K326 的农艺性状、经济性状和化学成分，可以发现：在湘西中海拔（800 m）地区，湘烟 7 号农艺性状、经济性状比 K326 更好，上部叶化学成分可用性湘烟 7 号比 K326 更好，但中部叶 K326 化学成分可用性比湘烟 7 号更优。综合来看，湘烟 7 号比 K326 更适合在湘西中海拔（800 m）地区种植。

3.6 1 100 m 海拔主栽烤烟品种最佳移栽期

3.6.1 湘烟 7 号最佳移栽期

（1）移栽期对湘烟 7 号农艺性状的影响

将 2021 年和 2022 年不同移栽期下湘烟 7 号烤烟成熟期农艺性状进行比较，结果见表 3-47。从表 3-47 可以看出，2021 年的试验结果表明：随移栽期推迟，株高、有效叶数呈增加趋势，茎围、中部叶长、中部叶面积、上部叶长、上部叶面积呈先增加后减少的趋势，中部叶面积和上部叶面积在 5 月 10 日（T3）移栽下达到最大；2022 年的试验结果表明：随移栽期推迟，株高、茎围、有效叶数、中部叶长、中部叶面积呈减少趋势，因此在 4 月 26 日（T1）移栽农艺性状最好。

表 3-47 不同移栽期下高海拔地区湘烟 7 号烤烟成熟期农艺性状（龙山大安）

年份	处理	株高 (cm)	茎围 (mm)	有效叶数	中部叶长 (cm)	中部叶面积 (cm²)	上部叶长 (cm)	上部叶面积 (cm²)
	T1	100.8±4.2b	8.9±0.5a	17.3±1.1b	75.2±4.2a	1 197.6±58.1b	53.7±3.1a	723.9±35.4b
	T2	104.4±4.9a	8.7±0.4a	18.9±1.3a	75.3±4.1a	1 273.8±60.3a	58.3±3.5a	843.6±41.5a
2021	T3	108.5±5.1a	9.1±0.6a	19.5±1.6a	73.9±4.3a	1 345.0±68.4a	56.0±3.4a	881.9±45.1a
	T4	110.3±5.5a	8.7±0.5a	19.2±1.4a	71.7±3.9a	1 119.0±55.4b	54.8±3.3a	720.9±32.4b
	T5	109.5±5.9a	8.8±0.4a	19.7±1.3a	74.1±4.0a	1 105.4±53.2b	55.3±3.0a	689.1±30.1b
	T1	103.6±4.5a	9.5±0.5a	19.2±1.6a	69.8±4.0a	929.3±43.4a	75.7±4.1a	1 007.7±45.4a
	T2	96.9±4.4a	8.8±0.4a	18.2±1.5a	67.2±3.9a	933.5±44.6a	69.7±3.8a	945.7±40.4a
2022	T3	92.6±4.1a	8.4±0.4a	17.6±1.3a	63.6±3.7b	812.8±40.1b	69.7±3.7a	963.5±38.4a
	T4	71.7±3.9b	7.5±0.3b	14.8±1.3b	55.2±3.1c	710.8±34.3c	70.7±3.8a	1 054.3±47.4a
	T5	63.4±3.1b	6.8±0.3b	14.3±1.1b	49.4±3.0c	584.7±27.4d	64.2±3.1b	797.1±35.6b

两年的田间试验结果表明，高海拔地区（1 100 m）湘烟 7 号烤烟农艺性状最佳的移栽期分别是 5 月 3 日和 4 月 26 日，两年试验结果不一致。湘烟 7 号烤烟在 4 月 26 日至 5 月 3 日移栽，农艺性状较好。

（2）移栽期对湘烟 7 号经济性状的影响

将 2021—2022 年不同移栽期下湘烟 7 号烤烟经济性状进行比较，结果见图 3-33、

图 3-34。从图 3-33 可以看出，2021 年的试验结果表明：随移栽期推迟，亩产量、亩产值、均价和上等烟比例呈先增加后减少的趋势，5 月 10 日（T3）移栽下的亩产量和亩产值明显高于其他移栽期。

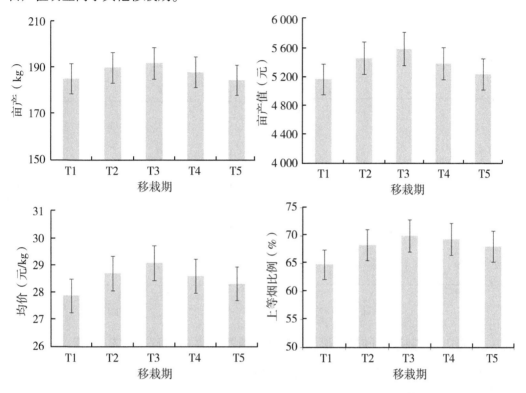

图 3-33 2021 年不同移栽期下高海拔地区湘烟 7 号烤烟经济性状（龙山大安）

从图 3-34 可以看出，2022 年的试验结果表明：随移栽期推迟，亩产量、亩产值、均价和上等烟比例呈先增加后减少的趋势，5 月 3 日（T2）移栽下的亩产量和亩产值明显高于其他移栽期。综合两年的试验结果，高海拔(1 100 m)地区湘烟 7 号在 5 月 3—10 日移栽经济性状最佳。

综合两年的田间试验结果，高海拔地区（1 100 m）湘烟 7 号烤烟在 5 月 3—10 日移栽，经济性状最佳。

（3）移栽期对湘烟 7 号化学成分的影响

从 2021 年湘烟 7 号成熟期中部叶化学成分测定结果（表 3-48）可以看出：各处理下烟叶总糖仅 T5 在理想范围内，还原糖仅 T5 在理想范围内，糖碱比含量偏高，烟碱、总氮、氯含量在理想范围内，氮碱比仅 T1、T5 在理想范围内。随移栽期推迟，总糖、还原糖、糖碱比、氮碱比先增加后减少，烟碱、总氮先减少后增加，氯变化规律不明显。

从 2022 年湘烟 7 号成熟期中部叶化学成分测定结果（表 3-48）可以看出：总糖、还原糖和糖碱比各处理均偏高，烟碱含量在理想范围内，总氮除 T1、T2 外均在理想范围内，氯仅 T3 在理想范围内，氮碱比 T4 外均在理想范围内。随移栽期推迟，还原糖呈

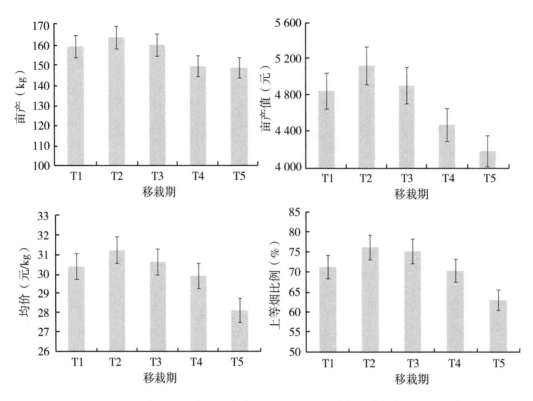

图 3-34　2022 年不同移栽期下高海拔地区湘烟 7 号烤烟经济性状（龙山大安）

现减少趋势，总氮呈现增加趋势，氯先增加后减少，总糖、烟碱、糖碱比变化规律不明显，氮碱比差异很小。

表 3-48　不同移栽期下湘烟 7 号烤烟中部叶化学成分（龙山大安）

年份	处理	总糖（%）	还原糖（%）	烟碱（%）	总氮（%）	氯（%）	糖碱比	氮碱比
	T1	30.3	25.8	2.3	1.8	0.5	13.0	0.8
	T2	32.1	26.2	1.8	1.7	0.3	18.3	1.0
2021	T3	31.0	25.1	1.7	1.8	0.5	18.4	1.1
	T4	29.6	23.6	1.6	1.9	0.4	18.1	1.2
	T5	25.3	21.2	2.1	2.0	0.5	12.2	0.9
	T1	36.5	24.6	1.7	1.3	0.1	21.3	0.8
	T2	35.2	24.5	1.7	1.3	0.2	20.1	0.8
2022	T3	35.3	24.3	1.7	1.4	0.3	20.6	0.8
	T4	35.5	22.9	2.0	1.4	0.2	17.7	0.7
	T5	34.2	22.9	2.0	1.5	0.2	16.9	0.8

计算不同移栽期下龙山大安湘烟 7 号中部叶化学成分可用性指数，并比较各移栽期化学成分可用性指数的大小。由表 3-49 可知，2021 年的试验结果表明，中部叶化学成分可用性指数最高的是 T5，T1 次之；2022 年的试验结果表明，各移栽期烟叶化学成分可用性指数均较高，其中最高的是 T3，T2 次之。总体上看，在两年试验结果中 T5 和 T3 处理化学成分可用性指数均较高，因此 T5 和 T3 处理工业可用性较好。

表 3-49 不同移栽期下 K326 中部叶化学成分可用性指数（龙山茨岩塘）

年份	处理	可用性指数	排序
2021	T1	92.9	2
	T2	66.7	5
	T3	72.6	4
	T4	73.6	3
	T5	99.6	1
2022	T1	86.3	4
	T2	89.7	2
	T3	97.2	1
	T4	79.5	5
	T5	88.9	3

从 2021 年湘烟 7 号成熟期上部叶化学成分测定结果（表 3-50）可以看出：各处理下烟叶总糖、还原糖、糖碱比含量偏高，烟碱、总氮、氯含量在理想范围内，氮碱比除 T2 外均在理想范围内。随移栽期推迟，总氮、氮碱比先减少后增加，总糖、还原糖、糖碱比、氯变化规律不明显，烟碱差异很小。

从 2022 年湘烟 7 号成熟期上部叶化学成分测定结果（表 3-50）可以看出：各处理下烟叶总糖糖碱比含量偏高，还原糖含量仅 T3 在理想范围内，氮碱比偏低，烟碱、总氮、氯含量在理想范围内。随移栽期推迟，总糖、还原糖、烟碱、总氮、氯、糖碱比变化规律不明显，氮碱比差异很小。

表 3-50 不同移栽期下湘烟 7 号烤烟上部叶化学成分（龙山大安）

年份	处理	总糖（%）	还原糖（%）	烟碱（%）	总氮（%）	氯（%）	糖碱比	氮碱比
2021	T1	24.8	23.4	2.3	2.0	0.4	10.7	0.9
	T2	31.1	28.8	2.3	1.7	0.3	13.3	0.7
	T3	26.6	24.4	2.4	2.0	0.4	11.0	0.8
	T4	26.5	24.8	2.4	2.0	0.5	11.1	0.8
	T5	28.2	27.3	2.3	2.1	0.3	12.3	0.9

（续表）

年份	处理	总糖（%）	还原糖（%）	烟碱（%）	总氮（%）	氯（%）	糖碱比	氮碱比
	T1	32.5	23.2	2.8	1.8	0.4	11.6	0.6
	T2	29.9	22.8	2.9	2.0	0.3	10.3	0.7
2022	T3	29.1	20.7	2.5	1.9	0.4	11.5	0.7
	T4	33.4	26.0	2.9	2.0	0.3	11.6	0.7
	T5	30.1	23.0	3.0	2.0	0.4	10.2	0.7

计算不同移栽期下龙山大安湘烟 7 号上部叶化学成分可用性指数，并比较各移栽期化学成分可用性指数的大小。由表 3-51 可知，2021 年的试验结果表明，化学成分可用性指数最高的是 T3，T1 次之；2022 年的试验结果表明，各移栽期烟叶化学成分可用性指数均较高，其中最高的是 T5，T4 次之。总体上看，在两年试验结果中 T3 和 T5 处理化学成分可用性指数均较高，因此 T3 和 T5 处理工业可用性较好。

表 3-51 不同移栽期下 K326 上部叶化学成分可用性指数（龙山大安）

年份	处理	可用性指数	排序
	T1	99.9	2
	T2	80.8	5
2021	T3	100.0	1
	T4	99.6	3
	T5	92.1	4
	T1	51.0	5
	T2	54.6	4
2022	T3	57.2	3
	T4	60.0	2
	T5	66.6	1

综合考虑 2021—2022 年龙山大安湘烟 7 号中部叶、上部叶化学成分可用性指数的大小和排序，T3（5 月 10 日移栽）处理的中部叶、上部叶化学成分可用性指数均较大，因此工业可用性最好。

（4）小结

比较 2021—2022 年龙山大安湘烟 7 号不同移栽期的农艺性状，可以发现在 4 月 26 日至 5 月 3 日移栽，湘烟 7 号农艺性状较好；比较 2021—2022 年龙山大安湘烟 7 号不同移栽期的经济性状，可以发现在 5 月 3—10 日移栽，湘烟 7 号经济性状较好；比较 2021—2022 年龙山大安湘烟 7 号不同移栽期的中部叶、上部叶化学成分可用性指数的大小，可以发现在 5 月 10 日移栽烟叶化学成分可用性最高。综合考虑农艺性状、经济性状和化学成分，湘烟 7 号在龙山大安的最佳移栽期是 5 月 3—10 日。

3.6.2　K326 最佳移栽期

（1）移栽期对 K326 农艺性状的影响

将 2021 年和 2022 年不同移栽期下 K326 烤烟成熟期农艺性状进行比较，结果见表 3-52。从表可以看出，2021 年的试验结果表明：随移栽期推迟，株高、中部叶长、中部叶面积、上部叶面积呈先增加后减少的趋势，茎围、有效叶数呈增加趋势，中部叶面积和上部叶面积在 5 月 10 日（T3）移栽达到最大；2022 年的试验结果表明：随移栽期推迟，株高、茎围、有效叶数、中部叶长、上部叶长和上部叶面积呈减少趋势，中部叶面积呈先增后减趋势，因此 4 月 26 日（T1）移栽 K326 农艺性状最好。因此，龙山大安 K326 农艺性状最好的移栽期，两年的试验结果不一致。

表 3-52　不同移栽期下高海拔地区 K326 烤烟成熟期农艺性状（龙山大安）

年份	处理	株高（cm）	茎围（mm）	有效叶数	中部叶长（cm）	中部叶面积（cm²）	上部叶长（cm）	上部叶面积（cm²）
2021	T1	87.3±3.5b	8.3±0.4a	15.8±0.8a	69.8±3.9a	888.0±45.6b	52.0±2.7a	540.9±25.9b
	T2	94.4±4.2a	8.3±0.3a	15.8±0.8a	69.8±3.7a	970.9±48.3a	52.5±2.9a	608.6±29.6a
	T3	94.6±4.7a	8.1±0.3a	15.4±0.9a	70.6±3.6a	1004.6±52.1a	50.0±2.5a	595.5±30.5a
	T4	95.1±4.6a	8.4±0.4a	16.1±1.0a	58.0±3.0b	871.6±42.5b	52.3±2.4a	664.5±32.9a
	T5	93.3±4.0a	8.5±0.3a	17.0±1.1a	59.8±2.8b	863.7±40.4b	49.7±2.3a	602.2±28.4a
2022	T1	85.3±4.2a	8.1±0.4a	21.4±1.8a	65.4±3.0a	856.3±42.6a	72.2±3.9a	950.1±50.9a
	T2	82.7±3.8a	8.2±0.4a	19.0±1.6a	64.4±3.2a	889.5±46.6a	67.2±3.5a	896.3±45.8a
	T3	75.4±3.5b	7.8±0.3b	19.0±1.7a	60.8±3.1a	800.5±40.5a	66.1±3.3a	865.0±40.9b
	T4	62.8±3.2c	6.6±0.3b	15.1±1.1b	51.6±2.7b	606.9±32.6b	63.5±3.2a	828.6±42.3b
	T5	58.3±2.9c	6.2±0.3b	14.1±1.1b	46.4±2.4b	525.5±25.6c	65.9±3.1a	916.0±47.9a

（2）移栽期对 K326 经济性状的影响

将 2021 年和 2022 年不同移栽期下 K326 烤烟经济性状进行比较，结果见图 3-35、图 3-36。从图 3-35 可以看出，2021 年的试验结果表明：随移栽期推迟，亩产量、亩产值、均价和上等烟比例呈先增加后减少的趋势，5 月 17 日移栽下的亩产量和亩产值明显高于其他移栽期。

从图 3-36 可以看出，2022 年的试验结果表明：随移栽期推迟，亩产量、亩产值、均价和上等烟比例呈先增加后减少的趋势，5 月 17 日移栽下的亩产量和亩产值明显高于其他移栽期。

综合两年的试验结果，高海拔（1 100 m）地区 K326 在 5 月 17 日移栽经济性状最佳。

（3）移栽期对 K326 化学成分的影响

从 2021 年 K326 成熟期中部叶化学成分测定结果（表 3-53）可以看出：各处理下

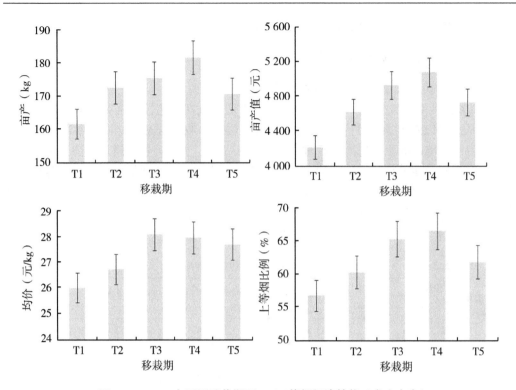

图 3-35　2021 年不同移栽期下 K326 烤烟经济性状（龙山大安）

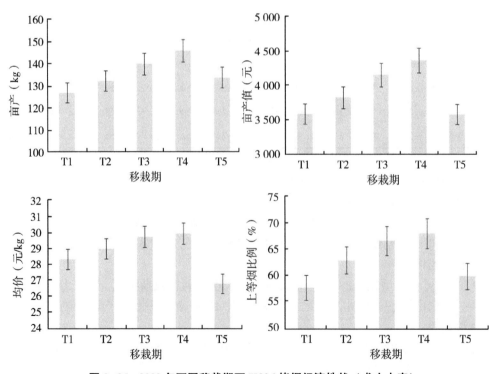

图 3-36　2022 年不同移栽期下 K326 烤烟经济性状（龙山大安）

烟叶总糖、还原糖、糖碱比含量偏高，烟碱、总氮、氯含量在理想范围内，氮碱比仅 T1、T5 在理想范围内。随移栽期推迟，总糖、总氮先减少后增加，还原糖、烟碱、糖碱比、氮碱比、氯变化规律不明显。

从 2022 年 K326 成熟期中部叶化学成分测定结果（表 3-53）可以看出：各处理下烟叶总糖、糖碱比含量偏高，还原糖仅 T4 在理想范围内，氮碱比偏低，烟碱、总氮含量在理想范围内，氯仅 T1、T5 在理想范围内。随移栽期推迟，还原糖先减少后增加，烟碱呈现增加趋势，总糖、总氮、糖碱比、氯变化规律不明显，氮碱比差异很小。

表 3-53　不同移栽期下 K326 烤烟中部叶化学成分（龙山大安）

年份	处理	总糖（%）	还原糖（%）	烟碱（%）	总氮（%）	氯（%）	糖碱比	氮碱比
	T1	35.0	28.0	2.1	1.6	0.3	16.4	0.8
	T2	29.1	22.8	2.6	1.8	0.5	11.3	0.7
2021	T3	27.5	22.9	1.8	1.9	0.6	15.7	1.1
	T4	32.5	26.8	2.2	1.6	0.5	14.6	0.7
	T5	33.6	26.8	2.0	1.6	0.6	16.9	0.8
	T1	34.9	24.0	2.0	1.4	0.3	17.2	0.7
	T2	35.5	23.3	2.1	1.4	0.2	17.0	0.7
2022	T3	33.8	22.2	2.1	1.4	0.2	16.1	0.7
	T4	33.8	20.7	2.2	1.6	0.2	15.2	0.7
	T5	34.5	22.8	2.2	1.5	0.3	15.4	0.7

计算不同移栽期下龙山大安 K326 中部叶化学成分可用性指数，并比较各移栽期化学成分可用性指数的大小。由表 3-54 可知，2021 年的试验结果表明，化学成分可用性指数最高的是 T2，T3 次之；2022 年的试验结果表明，各移栽期烟叶化学成分可用性指数均较高，其中最高的是 T4，T5 次之。总体上看，在两年试验结果中 T4 处理化学成分可用性指数均较高，因此 T4 处理工业可用性较好。

表 3-54　不同移栽期下 K326 中部叶化学成分可用性指数（龙山大安）

年份	处理	可用性指数	排序
	T1	63.6	5
	T2	96.5	1
2021	T3	85.8	2
	T4	77.9	3
	T5	66.6	4

（续表）

年份	处理	可用性指数	排序
	T1	63.5	4
	T2	61.0	5
2022	T3	66.0	3
	T4	72.0	1
	T5	70.8	2

从2021年K326成熟期上部叶化学成分测定结果（表3-55）可以看出：各处理下烟叶总糖偏高，还原糖含量仅T2在适宜范围内，氮碱比偏低，烟碱、总氮、氯含量在理想范围内，糖碱比除T4外均在理想范围内。随移栽期推迟，烟碱先增加后减少，氯先减少后增加，总糖、还原糖、总氮、糖碱比、氮碱比变化规律不明显。

从2022年K326成熟期上部叶化学成分测定结果（表3-55）可以看出：各处理下烟叶总糖偏高，还原糖含量除T5外均在理想范围内，氮碱比偏低，总氮、氯、糖碱比含量在理想范围内，烟碱仅T1在理想范围内。随移栽期推迟，总氮、氮碱比呈现减少趋势，总糖、还原糖、烟碱、糖碱比、变化规律不明显，氯差异很小。

表3-55 不同移栽期下K326烤烟上部叶化学成分（龙山大安）

年份	处理	总糖（％）	还原糖（％）	烟碱（％）	总氮（％）	氯（％）	糖碱比	氮碱比
	T1	25.9	22.0	3.3	2.0	0.6	7.8	0.6
	T2	25.2	21.5	3.5	2.0	0.5	7.2	0.6
2021	T3	24.6	22.8	3.0	2.1	0.4	8.3	0.7
	T4	30.0	26.9	2.8	1.8	0.4	10.6	0.6
	T5	27.1	24.8	2.8	1.9	0.5	9.5	0.7
	T1	26.6	21.4	3.5	2.3	0.4	7.6	0.7
	T2	27.5	21.6	3.8	2.2	0.4	7.2	0.6
2022	T3	27.0	21.3	3.7	2.2	0.4	7.3	0.6
	T4	26.4	21.1	4.2	2.2	0.4	6.2	0.5
	T5	28.2	22.5	4.0	2.1	0.5	7.1	0.5

计算不同移栽期下龙山大安K326上部叶化学成分可用性指数，并比较各移栽期化学成分可用性指数的大小。由表3-56可知，2021年的试验结果表明，各移栽期烟叶化学成分可用性指数均较高，其中最高的是T3，T1次之；2022年的试验结果表明，化学成分可用性指数最高的是T5，T2次之。因此，化学成分可用性指数最高的移栽期两年试验结果不一致。

表 3-56　不同移栽期下 K326 上部叶化学成分可用性指数（龙山大安）

年份	处理	可用性指数	排序
2021	T1	85.6	2
	T2	82.4	4
	T3	92.3	1
	T4	84.8	3
	T5	80.2	5
2022	T1	79.4	3
	T2	80.5	2
	T3	75.4	5
	T4	79.3	4
	T5	95.0	1

综合考虑 2021—2022 年龙山大安 K326 中部叶、上部叶化学成分可用性指数的大小和排序，T3（5 月 10 日移栽）处理的中部叶、上部叶化学成分可用性指数均较大，因此工业可用性最好。

（4）小结

比较 2021—2022 年龙山大安 K326 经济性状，可以发现在 5 月 17 日移栽，K326 经济性状较好；比较 2021—2022 年龙山大安 K326 中部叶、上部叶化学成分可用性指数的大小，可以发现在 5 月 10 日移栽化学成分可用性最高。

3.7　湘西高海拔地区（1 100 m）主栽烤烟品种的比较

将 2021 年在龙山大安（海拔 1 100 m）同一试验地点同时进行观测的湘烟 7 号和 K326 成熟期农艺性状进行比较（图 3-37）。从图 3-37 知，2021 年在 5 个不同移栽期下，湘烟 7 号的株高、茎围、有效叶数、中部叶长、中部叶面积和上部叶面积均高于 K326。因此，2021 年湘烟 7 号农艺性状在高海拔（1 100 m）比 K326 更好。

将 2021 年在龙山大安（海拔 1 100 m）同一试验地点同时进行观测的湘烟 7 号和 K326 经济性状进行比较（图 3-38）。从图 3-38 知，2021 年在 5 个不同移栽期下，湘烟 7 号的亩产量、亩产值、均价和上等烟比例均高于 K326。因此，2021 年湘烟 7 号经济性状在高海拔（1 100 m）比 K326 更好。

将 2021 年在龙山同一试验地点同时进行观测的湘烟 7 号和 K326 中部叶和上部叶化学成分可用性指数进行比较（表 3-57、表 3-58），可以发现：在 T1 和 T5 中，中部叶湘烟 7 号化学成分可用性指数均高于 K326，5 个移栽期中部叶化学成分可用性指数的平均值中，湘烟 7 号高于 K326，因此湘烟 7 号的中部叶化学成分可用性优于 K326；在

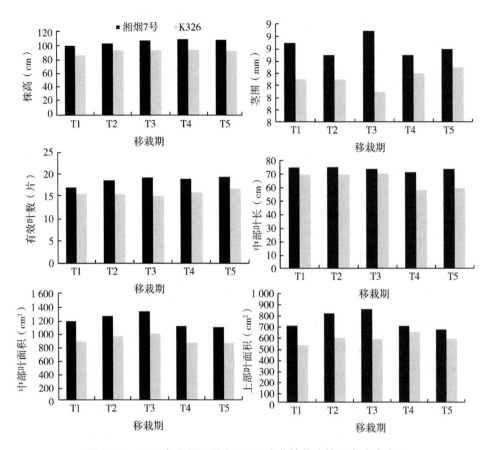

图 3-37 2021 年湘烟 7 号和 K326 农艺性状比较（龙山大安）

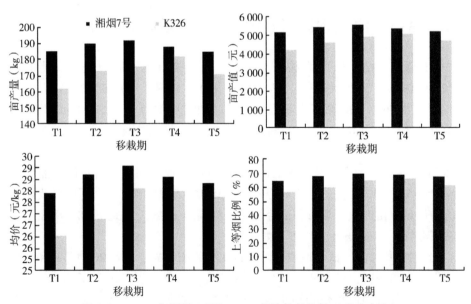

图 3-38 2021 年湘烟 7 号和 K326 经济性状比较（龙山大安）

大多数移栽期中，湘烟 7 号的上部叶化学成分可用性均明显高于 K326，因此湘烟 7 号的上部叶化学成分可用性优于 K326。综合考虑中部叶和上部叶的化学成分可用性，2021 年龙山大安的湘烟 7 号优于 K326。

表 3-57　2021 年湘烟 7 号和 K326 中部叶化学成分可用性指数比较（龙山大安）

移栽期	湘烟 7 号	K326
T1	92.9	63.6
T2	66.7	96.5
T3	72.6	85.8
T4	73.6	77.9
T5	99.6	66.6
平均值	81.1	78.1

表 3-58　2021 年湘烟 7 号和 K326 上部叶化学成分可用性指数比较（龙山大安）

移栽期	湘烟 7 号	K326
T1	99.9	85.6
T2	80.8	82.4
T3	100.0	92.3
T4	99.6	84.8
T5	92.1	80.2
平均值	94.5	85.1

从图 3-39 知，2022 年在 5 个不同移栽期下，湘烟 7 号的株高、茎围、中部叶长、中部叶面积和上部叶面积均高于 K326，仅有效叶数略少于 K326。综合来看，高海拔（1 100 m）地区 2022 年湘烟 7 号农艺性状比 K326 更好。

从图 3-40 知，2022 年在 5 个不同移栽期下，湘烟 7 号的亩产量、亩产值、均价和上等烟比例均高于 K326。因此，高海拔（1 100 m）地区 2022 年湘烟 7 号经济性状比 K326 更好。

将 2022 年在龙山同一试验地点同时进行观测的湘烟 7 号和 K326 中部叶和上部叶化学成分可用性指数进行比较（表 3-59、表 3-60），可以发现：在五个移栽期中，中部叶湘烟 7 号化学成分可用性指数均明显高于 K326，因此湘烟 7 号的中部叶化学成分可用性优于 K326；五个移栽期中，K326 的上部叶化学成分可用性均高于湘烟 7 号，因此

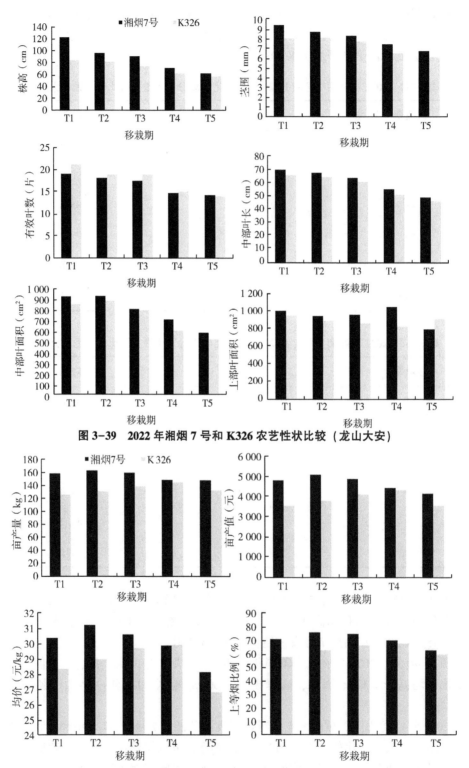

图 3-39 2022 年湘烟 7 号和 K326 农艺性状比较（龙山大安）

图 3-40 2022 年湘烟 7 号和 K326 经济性状比较（龙山大安）

K326 的上部叶化学成分可用性优于湘烟 7 号。

表 3-59 2022 年湘烟 7 号和 K326 中部叶化学成分可用性指数比较（龙山大安）

移栽期	湘烟 7 号	云烟 87
T1	86.3	63.5
T2	89.7	61.0
T3	97.2	66.0
T4	79.5	72.0
T5	88.9	70.8
平均值	88.3	66.7

表 3-60 2022 年湘烟 7 号和 K326 上部叶化学成分可用性指数比较（龙山大安）

移栽期	湘烟 7 号	云烟 87
T1	51.0	79.4
T2	54.6	80.5
T3	57.2	75.4
T4	60.0	79.3
T5	66.6	95.0
平均值	57.9	81.9

综合考虑湘西高海拔（1 100 m）地区 2021 年、2022 年的试验结果，比较湘烟 7 号和 K326 的农艺性状、经济性状和化学成分，可以发现：在湘西高海拔（1 100 m）地区，湘烟 7 号农艺性状、经济性状和烟叶化学成分可用性均比 K326 更好，因此湘烟 7 号更适宜在湘西高海拔（1 100 m）地区种植。

3.8 小结

（1）综合分析湘西中海拔地区（500 m）不同移栽期下主栽品种（湘烟 7 号、云烟 87）的农艺性状、经济性状和烟叶化学成分，确定 500 m 海拔地区主栽品种的最佳移栽期：湘烟 7 号是 4 月 12 日，云烟 87 是 4 月 19 日。但湘烟 7 号中部烟叶和上部烟叶化学成分可用性指数最大的移栽期是 5 月 10 日；云烟 87 中部烟叶化学成分指数较高的移栽期是 5 月 10 日，上部烟叶化学成分可用性指数较高的移栽期是 4 月 19 日。

（2）综合分析湘西中海拔地区（700 m）不同移栽期下主栽品种（湘烟 7 号、云烟 87）的农艺性状、经济性状和烟叶化学成分，确定 700 m 海拔地区主栽品种的最佳移栽期：湘烟 7 号是 4 月 19 日，云烟 87 是 4 月 19 日至 4 月 26 日。但湘烟 7 号中部烟叶和上部烟叶化学成分可用性最高的移栽期是 4 月 26 日；云烟 87 中部烟叶可用性指数最高的移栽期是 5 月 17 日,上部烟叶可用性指数最高的移栽期是 4 月 26 日。

(3)综合分析湘西中海拔地区(800 m)不同移栽期下主栽品种(K326、湘烟 7 号)的农艺性状、经济性状和烟叶化学成分,确定 800 m 海拔地区主栽品种的最佳移栽期:湘烟 7 号是 4 月 19 日至 4 月 26 日,K326 是 5 月 10 日至 5 月 17 日。但湘烟 7 号中部烟叶和上部烟叶化学成分可用性指数最高移栽期的 4 月 19 日,而 K326 中部烟叶和上部烟叶化学成分可用性指数最大的移栽期是 4 月 26 日。

(4)湘西中海拔地区主栽烤烟品种的比较。在 500 m 海拔高度,湘烟 7 号农艺性状、经济性状优于云烟 87;在 700 m 海拔高度,湘烟 7 号农艺性状、经济性状优于云烟 87;在 800 m 海拔高度,湘烟 7 号农艺性状、经济性状优于 K326。

(5)综合分析高海拔地区(1 110 m)不同移栽期下主栽品种(湘烟 7 号、K326)的农艺性状、经济性状和烟叶化学成分,确定 1 100 m 海拔地区主栽品种的最佳移栽期:湘烟 7 号是 5 月 3 日至 5 月 10 日,K326 是 5 月 10 日至 17 日。湘烟 7 号中部烟叶和上部烟叶化学成分可用性指数最高的移栽期是 5 月 10 日,K326 中部烟叶和上部烟叶化学成分可用性指数最高的移栽期也是 5 月 10 日。

(6)湘西高海拔地区主栽烤烟品种的比较。在 1 100 m 海拔高度,湘烟 7 号农艺性状、经济性状和烟叶化学成分均优于 K326。

4 气象因子对烤烟农艺性状的影响及其模拟模型

烤烟移栽期不同,生长发育过程中气候资源(如热量资源、水资源、光资源)不同。湘西州移栽时间早的烤烟,大田生长期前期热量不足,遭遇低温的风险大;移栽晚的烤烟,生长期后期热量不够,上部叶难以成熟,且遭遇干旱风险大。本章分析移栽期对湘西州烤烟发育期的影响,气象因子与农艺性状(株高、茎粗、有效叶数、叶长、叶面积等)的关系,并构建了基于气象因子的烤烟生长模拟模型,为烤烟生产管理提供技术支撑。

4.1 移栽期对烤烟发育期天数的影响

4.1.1 湘烟7号

(1)花垣道二

移栽时间早晚对花垣湘烟7号各发育期天数有明显的影响(表4-1)。2019年的试验结果表明,随移栽期推迟,湘烟7号大田生育期天数逐渐减少,由T1的127 d减至T5的120 d,大田生育期缩短了7 d。旺长期天数和成熟期天数也随移栽期推迟呈减少的趋势,移栽时间推迟对还苗期天数和伸根期天数的影响不明显;2020年的试验结果表明,随移栽期推迟,大田生育期天数减少,T1处理的大田生育期天数明显比其他处理长。但移栽时间推迟对还苗期天数、伸根期天数、旺长期天数和成熟期天数的影响不明显;2021年的试验结果表明,随移栽期推迟,大田生育期天数逐渐减少,旺长期天数也呈减少的趋势。T1处理的大田生育期天数和成熟期天数明显比其他处理长。但移栽时间推迟对还苗期天数和伸根期天数的影响不明显;2022年的试验结果表明,随移栽期推迟,大田生育期天数呈减少的趋势,但移栽时间推迟对还苗期天数、伸根期天数、旺长期天数和成熟期天数的影响不明显。

烤烟移栽较早,大田生育期前期热量资源不足,造成大田生育期延长;而烤烟移栽适当推迟,大田生育期热量资源充足,因此大田生育期有所缩短。

表4-1 不同移栽期下湘烟7号各发育期天数(花垣道二) (d)

年份	处理	还苗期	伸根期	旺长期	成熟期	大田生育期
2019	T1	8	26	23	70	127
	T2	7	25	24	70	126
	T3	7	24	25	69	125

（续表）

年份	处理	还苗期	伸根期	旺长期	成熟期	大田生育期
	T4	7	24	22	68	121
	T5	7	25	21	67	120
2020	T1	7	27	22	72	128
	T2	7	24	24	69	124
	T3	6	24	25	68	123
	T4	6	25	21	70	122
	T5	6	25	20	72	123
2021	T1	7	27	23	72	129
	T2	8	25	23	68	124
	T3	7	24	24	69	124
	T4	6	26	21	69	122
	T5	7	27	20	68	122
2022	T1	7	30	24	70	131
	T2	6	27	25	68	126
	T3	6	26	26	68	126
	T4	6	29	21	71	127
	T5	7	29	21	69	126

（2）永顺石堤

移栽期对永顺石堤湘烟7号各发育期天数有明显的影响（表4-2）。2021年的试验结果表明，随移栽期推迟，湘烟7号大田生育期天数逐渐减少，由T1的141 d减少至T5的133 d，大田生育期缩短了8 d。成熟期天数也随移栽期推迟呈减少的趋势，移栽时间推迟对还苗期天数、伸根期天数、旺长期天数的影响不明显；2022年的试验结果表明，随移栽期推迟，湘烟7号大田生育期天数明显减少，由T1的127 d减至T5的111 d，大田生育期缩短了16 d。随移栽期推迟，成熟期天数也呈现减少趋势，伸根期天数呈先增后减的趋势，旺长期天数先减少后增的趋势，移栽期对还苗期天数的影响不明显。

表4-2 不同移栽期下湘烟7号各发育期天数（永顺石堤） （d）

年份	处理	还苗期	伸根期	旺长期	成熟期	大田生育期
2021	T1	7	27	25	82	141
	T2	7	23	28	80	138
	T3	6	24	27	79	136
	T4	6	25	27	77	135
	T5	6	23	23	81	133

（续表）

年份	处理	还苗期	伸根期	旺长期	成熟期	大田生育期
2022	T1	7	25	37	58	127
	T2	6	26	36	52	120
2022	T3	6	29	36	46	117
	T4	6	23	40	49	118
	T5	5	21	42	43	111

（3）龙山茨岩塘

移栽时间早晚对龙山茨岩塘湘烟 7 号各发育期天数有明显的影响（表 4-3）。2021 年的试验结果表明，随移栽期推迟，大田生育期天数明显减少，伸根期、成熟期天数也呈减少的趋势，T1 处理的伸根期、成熟期、大田生育期天数明显比其他处理长，但移栽时间推迟对还苗期天数、旺长期天数的影响不明显；2022 年的试验结果表明，随移栽期推迟，湘烟 7 号大田生育期天数明显减少，由 T1 的 141 d 减至 T5 的 125 d，大田生育期缩短了 16 d，成熟期天数呈现先增加后减少趋势，移栽时间推迟对还苗期天数、伸根期天数、旺长期天数的影响不明显。

表 4-3　不同移栽期下湘烟 7 号各发育期天数（龙山茨岩塘）　　　　　　（d）

年份	处理	还苗期	伸根期	旺长期	成熟期	大田生育期
2021	T1	7	26	29	79	141
	T2	7	25	27	80	139
	T3	6	25	24	80	135
	T4	6	23	25	77	128
	T5	6	20	25	72	123
2022	T1	7	28	27	79	141
	T2	6	25	26	81	138
	T3	6	25	27	76	134
	T4	6	27	27	70	130
	T5	6	24	27	43	125

（4）龙山大安

移栽期对龙山大安湘烟 7 号发育期天数有明显的影响（表 4-4）。2021 年的试验结果表明，随移栽期推迟，成熟期天数、大田生育期天数明显减少，但移栽时间推迟对还苗期天数、伸根期天数、旺长期天数的影响不明显；2022 年的试验结果表明，随移栽期推迟，湘烟 7 号大田生育期天数逐渐减少，成熟期天数也呈现减少趋势，T1 处理的成熟期、大田生育期天数明显比其他处理长，旺长期天数呈先增加后减少的趋势，但移栽时间推迟对还苗期天数、伸根期天数的影响不明显。

表4-4 不同移栽期下湘烟7号各发育期天数（龙山大安） （d）

年份	处理	还苗期	伸根期	旺长期	成熟期	大田生育期
2021	T1	6	23	30	80	139
	T2	6	21	30	79	136
	T3	6	22	30	75	133
	T4	6	21	29	70	126
	T5	6	23	28	65	121
2022	T1	6	25	23	85	139
	T2	7	24	29	76	136
	T3	6	22	27	77	132
	T4	6	23	25	74	126
	T5	6	20	22	74	122

4.1.2 云烟87

移栽期影响花垣道二云烟87各发育期天数（表4-5）。2019年的试验结果表明，随移栽期推迟，云烟87大田生育期天数明显减少，成熟期天数也随移栽期推迟呈减少的趋势，T1处理的大田生育期天数、成熟期天数明显比其他处理长，但移栽时间推迟对还苗期天数、伸根期天数和旺长期天数的影响不明显；2020年的试验结果表明，随移栽期推迟，成熟期天数、大田生育期天数呈现减少趋势，但移栽期对还苗期天数、伸根期天数、旺长期天数的影响不明显；2021年的试验结果表明，随移栽期推迟，大田生育期天数逐渐减少，伸根期天数呈先减后增趋势，旺长期天数呈先增后减趋势，但移栽时间推迟对还苗期天数和成熟期天数的影响不明显；2022年的试验结果表明，随移栽期推迟，成熟期天数、大田生育期天数呈减少的趋势，伸根期天数呈先减少后增加的趋势，旺长期天数呈先增加后减少的趋势。

表4-5 不同移栽期下云烟87各发育期天数（花垣道二） （d）

年份	处理	还苗期	伸根期	旺长期	成熟期	大田生育期
2019	T1	7	24	26	67	124
	T2	6	23	27	67	123
	T3	6	23	27	63	119
	T4	6	24	28	60	118

（续表）

年份	处理	还苗期	伸根期	旺长期	成熟期	大田生育期
2019	T5	6	24	26	58	114
2020	T1	6	27	22	70	125
	T2	7	24	24	68	123
	T3	6	24	25	66	121
	T4	6	26	21	67	120
	T5	6	26	20	66	118
2021	T1	7	29	23	72	131
	T2	7	26	24	69	126
	T3	7	26	25	68	126
	T4	6	29	21	69	125
	T5	6	29	20	69	124
2022	T1	7	27	23	72	129
	T2	7	26	24	69	126
	T3	7	26	25	68	126
	T4	7	28	21	67	123
	T5	6	30	20	67	123

移栽时间早晚对永顺石堤云烟 87 各发育期天数有明显的影响（表 4-6）。2021 年的试验结果表明，随移栽期推迟，云烟 87 大田生育期天数逐渐减少，由 T1 的 130 d 减至 T5 的 120 d，大田生育期缩短了 10 d，但移栽时间推迟对还苗期天数、伸根期天数、旺长期天数和成熟期天数的影响不明显；2022 年的试验结果表明，随移栽期推迟，云烟 87 大田生育期天数逐渐减少，成熟期天数也呈现减少趋势，T1 处理的成熟期、大田生育期天数明显比其他处理长，伸根期天数呈先增加后减少的趋势，旺长期天数呈先减少后增加的趋势。

表 4-6 不同移栽期下云烟 87 各发育期天数（永顺石堤） （d）

年份	处理	还苗期	伸根期	旺长期	成熟期	大田生育期
2021	T1	7	24	25	74	130
	T2	6	21	26	74	127

（续表）

年份	处理	还苗期	伸根期	旺长期	成熟期	大田生育期
2021	T3	6	23	21	76	126
	T4	6	23	25	69	123
	T5	6	22	24	68	120
2022	T1	7	22	30	57	116
	T2	6	26	26	55	113
	T3	6	25	26	53	110
	T4	6	22	29	50	107
	T5	6	21	29	49	105

4.1.3 K326

移栽时间对龙山县茨岩塘镇 K326 各发育期天数有明显影响（表4-7）。2021 年的试验结果表明，随移栽期推迟，K326 大田生育期天数明显减少，由 T1 的 138 d 减至 T5 的 123 d，大田生育期缩短了 15 d，伸根期天数也呈现减少趋势，成熟期天数呈先增加后减少的趋势，但移栽时间推迟对还苗期天数、旺长期天数的影响不明显；2022 年的试验结果表明，随移栽期推迟，K326 大田生育期天数明显减少，成熟期天数也呈现减少趋势，T1 处理的大田生育期天数、成熟期天数明显比其他处理长，伸根期天数呈先增加后减少的趋势，但移栽时间推迟对还苗期天数、旺长期影响不明显。

表4-7　不同移栽期下 K326 各发育期天数（龙山茨岩塘）　　　　（d）

年份	处理	还苗期	伸根期	旺长期	成熟期	大田生育期
2021	T1	7	27	29	75	138
	T2	6	27	28	75	136
	T3	6	24	26	76	132
	T4	6	21	29	72	128
	T5	6	20	27	70	123
2022	T1	8	29	28	73	138
	T2	7	30	28	70	135
	T3	7	27	28	69	131
	T4	7	27	28	65	127
	T5	6	25	29	62	122

移栽时间对龙山县大安乡 K326 各发育期天数有明显的影响（表 4-8）。2021 年的试验结果表明，随移栽期推迟，K326 大田生育期天数明显减少，由 T1 的 139 d 减至 T5 的 122 d，大田生育期缩短了 17 d，成熟期天数也明显减少，由 T1 的 77 d 减至 T5 的 65 d，成熟期缩短了 12 d，但移栽时间推迟对还苗期天数、伸根期天数和旺长期天数的影响不明显；2022 年的试验结果表明，随移栽期推迟，K326 大田生育期天数明显减少，由 T1 的 134 d 减至 T5 的 119 d，大田生育期缩短了 15 d，伸根期天数、旺长期天数、成熟期天数也呈现减少的趋势，但移栽时间推迟对还苗期天数的影响不明显。

表 4-8　不同移栽期下 K326 各发育期天数（龙山大安）　　　　　　（d）

年份	处理	还苗期	伸根期	旺长期	成熟期	大田生育期
2021	T1	6	23	33	77	139
	T2	6	23	29	78	136
	T3	6	22	32	72	132
	T4	6	23	30	69	128
	T5	6	23	28	65	122
2022	T1	7	26	31	70	134
	T2	7	26	30	70	133
	T3	6	24	27	69	126
	T4	6	24	28	66	124
	T5	6	23	25	65	119

4.2　气象因子对烤烟株高的影响及其模拟模型

4.2.1　湘烟 7 号

将不同海拔高度湘烟 7 号烤烟成熟期株高分别与伸根期、旺长期和移栽后至打顶日这一时段 ≥10 ℃有效积温、累积降水量、累积日照时数、30 cm 深土壤平均温度和 30 cm 深土壤平均相对湿度等气象因子，作散点图并分别计算二者之间的相关系数，可知湘烟 7 号株高与一些气象因子存在紧密的关系（图 4-1 和表 4-9）：株高与伸根期累积降水量，旺长期 30 cm 深土壤平均相对湿度，移栽后至打顶日 ≥10 ℃有效积温、累积降水量和 30 cm 深土壤平均温度均呈显著或极显著相关关系（$P<0.05$ 或 $P<0.001$）。

株高与伸根期累积降水量呈显著负相关关系，与旺长期 30 cm 深土壤平均相对湿度、移栽后至打顶日≥10 ℃有效积温、累积降水量和 30 cm 深土壤平均温度呈显著正相关关系，因此伸根期累积降水量过多不利于株高增长，而旺长期 30 cm 深土壤较大的土壤湿度，移栽后至打顶日适当较高积温、较大累积降水量和 30 cm 深土壤较高温度有利于株高增大。其他气象因子与株高关系不显著，因此对株高影响不明显。

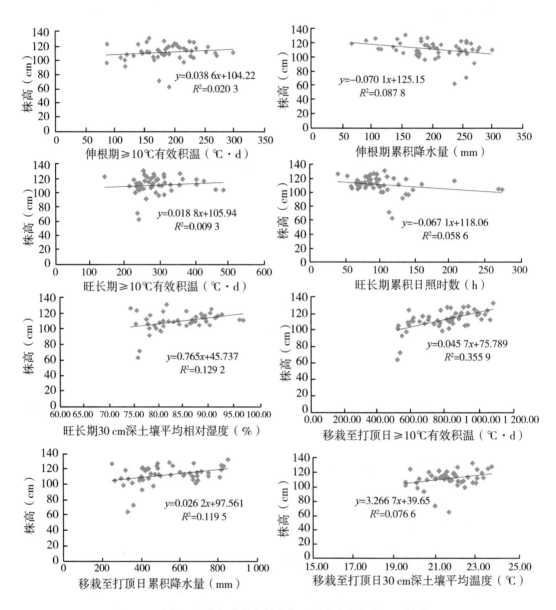

图 4-1 湘烟 7 号烤烟成熟期株高与不同发育期气象因子的关系

表 4-9 湘烟 7 号烤烟成熟期株高与气象因子的相关系数（$n=50$）

时段	气象因子	与成熟期株高相关系数
伸根期	≥10 ℃有效积温	0.15
	累积降水量	−0.30*
	累积日照时数	−0.09
	30 cm 深土壤平均温度	0.07
	30 cm 深土壤平均相对湿度	−0.07
旺长期	≥10 ℃有效积温	0.10
	累积降水量	0.05
	累积日照时数	−0.24
	30cm 深土壤平均温度	0.00
	30cm 深土壤平均相对湿度	0.36*
移栽后至打顶日	≥10 ℃有效积温	0.60***
	累积降水量	0.35*
	累积日照时数	0.02
	30cm 深土壤平均温度	0.28*
	30cm 深土壤平均相对湿度	0.13

注：*、**和***分别表示通过 0.05、0.01 和 0.001 水平显著性检验（下同）。

将随机选择的 40 个湘烟 7 号成熟期株高样本，和与株高关系紧密的气象因子进行逐步回归分析，得到株高与气象因子的关系模型：

$$y=0.027\sum T+0.018R+83.171 \quad (R^2=0.34, \ P<0.01) \tag{4.1}$$

式中：y 为株高（cm），$\sum T$ 为移栽后至打顶日≥10 ℃有效积温（℃），R 为移栽后至打顶日累积降水量（mm）。该方程决定系数为 0.34，F 值为 9.34，通过了 0.01 水平显著性检验。

将剩余的 10 个湘烟 7 号成熟期株高和相应气象统计资料作为独立样本，检验上述模型，计算得到模拟值，并与实测值进行对比分析。

采用回归估计标准误（rootmean squared error，RMSE）对模拟值和观测值之间的符合程度进行统计分析：

$$RMSE = \sqrt{\frac{\sum\limits_{i=1}^{n}(OBSi-SIMi)^2}{n}} \tag{4.2}$$

式中，OBSi 为实测值，SIMi 为模型模拟值，n 是样本容量。RMSE 值越小，表明模拟值与观测值间的偏差越小。

结果表明，湘烟 7 号成熟期株高的模拟值与实测值之间基于 1：1 线的决定系数（R^2）为 0.57，$RMSE$ 为 5.21 cm，说明模型模拟效果较好（图 4-2）。

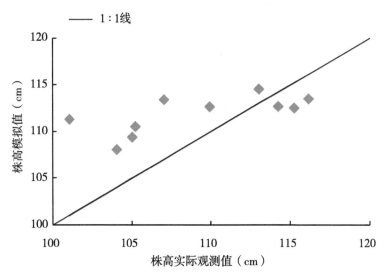

图 4-2 湘烟 7 号株高模拟值与实际观测值比较

4.2.2 云烟 87

将不同海拔高度云烟 87 烤烟成熟期株高分别与伸根期、旺长期和移栽后至打顶日期间≥10 ℃有效积温、累积降水量、累积日照时数、30 cm 深土壤平均温度和 30 cm 深土壤平均相对湿度等气象因子作散点图，并计算二者之间的相关系数，可知云烟 87 株高与一些气象因子存在紧密的关系（图 4-3 和表 4-10）：株高与伸根期≥10 ℃有效积温、30 cm 深土壤平均温度、30 cm 深土壤平均相对湿度，旺长期 30 cm 深土壤平均温度，移栽后至打顶日累积降水量、累积日照时数、30 cm 深土壤平均温度、30 cm 深土壤平均相对湿度均呈显著或极显著相关关系（$P<0.05$ 或 $P<0.01$ 或 $P<0.001$）。株高与伸根期≥10 ℃有效积温、伸根期 30 cm 深土壤平均温度、旺长期 30 cm 深土壤平均温度、移栽后至打顶日累积降水量、30 cm 深土壤平均温度呈正相关关系，因此伸根期较高气温、较高土壤温度、旺长期较高土壤温度、移栽后至打顶日较大的降水量、较高的土壤温度均促进云烟 87 烤烟株高增大。而伸根期 30 cm 深土壤平均相对湿度、移栽后

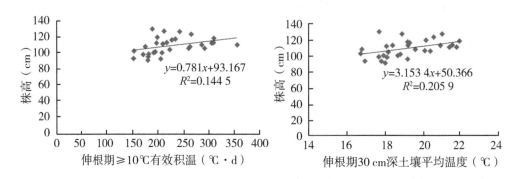

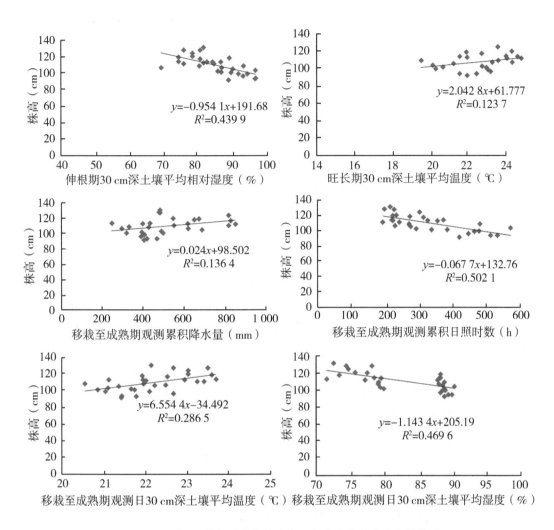

图4-3　云烟87烤烟成熟期株高与不同生育期生态因子的关系

至打顶日累积日照时数、30 cm深土壤平均相对湿度与株高呈负相关关系，因此伸根期较大的土壤湿度、移栽后至打顶日较多的日照时数、较大的土壤湿度对云烟87株高增大有抑制作用。

表4-10　云烟87烤烟成熟期株高与气象因子的相关系数（$n=30$）

时段	气象因子	与成熟期株高相关系数
伸根期	≥10 ℃有效积温	0.38*
	累积降水量	0.27
	累积日照时数	0.09
	30cm深土壤平均温度	0.45*
	30cm深土壤平均相对湿度	−0.75***

（续表）

时段	气象因子	与成熟期株高相关系数
旺长期	≥10 ℃有效积温	0.23
	累积降水量	0.23
	累积日照时数	−0.27
	30cm深土壤平均温度	0.35
	30cm深土壤平均相对湿度	−0.66***
移栽后至打顶日	≥10 ℃有效积温	−0.19
	累积降水量	0.37*
	累积日照时数	−0.71***
	30cm深土壤平均温度	0.54**
	30cm深土壤平均相对湿度	−0.69***

将随机选择的 24 个云烟 87 成熟期株高样本，和与株高关系紧密的气象因子进行逐步回归分析，得到株高与气象因子的关系模型：

$$y = -0.052RH - 0.073S + 139.04 \quad (R^2 = 0.38,\ P < 0.01) \tag{4.3}$$

式中：y 为株高（cm），RH 为伸根期 30 cm 深土壤平均相对湿度（%），S 为移栽后至打顶日累积日照时数（h），该方程决定系数为 0.38，F 值为 12.74，通过了 0.01 水平显著性检验。

将剩余的 6 个云烟 87 成熟期株高和相应气象统计资料作为独立样本，检验上述模型，计算得到模拟值，并与实测值进行对比分析。

结果表明，云烟 87 成熟期株高的模拟值与实测值之间基于 1∶1 线的决定系数（R^2）为 0.76，$RMSE$ 为 5.41 cm，说明模型模拟效果较好（图 4-4）。

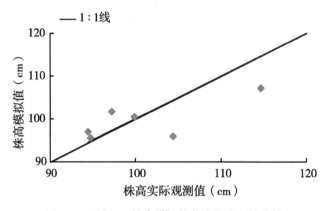

图 4-4 云烟 87 株高模拟值与实际观测值比较

4.2.3 K326

将不同海拔高度 K326 烤烟成熟期株高分别与伸根期、旺长期和移栽后打顶日期间
≥10 ℃有效积温、累积降水量、累积日照时数、30 cm 深土壤平均温度和 30 cm 深土壤
平均相对湿度等气象因子作散点图，并计算二者之间的相关系数，可知 K326 株高与一
些生态因子存在紧密的关系（图 4-5 和表 4-11）：株高与伸根期≥10 ℃累积日照时数，

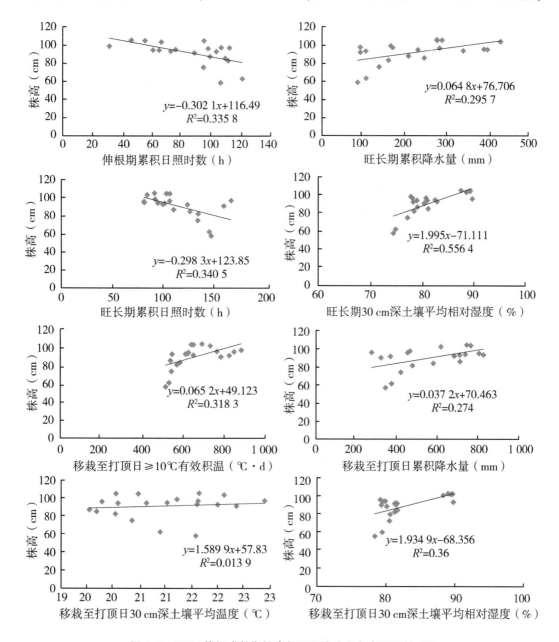

图 4-5　K326 烤烟成熟期株高与不同发育期气象因子的关系

旺长期累积降水量、累积日照时数、30 cm深土壤平均相对湿度，移栽后至打顶日≥10℃有效积温、累积降水量、30 cm深土壤平均相对湿度均呈显著或极显著相关关系（$P<0.05$ 或 $P<0.01$ 或 $P<0.001$），其中株高与旺长期累积降水量、30 cm深土壤平均相对湿度，移栽后至打顶日≥10℃有效积温、累积降水量、30 cm深土壤平均相对湿度呈正相关，因此旺长期较多的降水量、较大的土壤湿度，移栽后至打顶日较高的气温、较多的降水量、较大的土壤湿度促进K326株高增长；而伸根期累积日照时数、旺长期累积日照时数与株高呈负相关，因此伸根期、旺长期充足的日照对K326株高增大有抑制作用。

表4-11 K326烤烟成熟期株高与气象因子的相关系数（$n=20$）

时段	气象因子	与成熟期株高相关系数
伸根期	≥10℃有效积温	-0.06
	累积降水量	-0.27
	累积日照时数	-0.58**
	30cm深土壤平均温度	-0.11
	30cm深土壤平均相对湿度	0.13
旺长期	≥10℃有效积温	0.17
	累积降水量	0.54*
	累积日照时数	-0.58**
	30cm深土壤平均温度	-0.11
	30cm深土壤平均相对湿度	0.76***
移栽后至打顶日	≥10℃有效积温	0.56*
	累积降水量	0.52*
	累积日照时数	-0.21
	30cm深土壤平均温度	0.12
	30cm深土壤平均相对湿度	0.60**

将随机选择的16个K326成熟期株高样本，和与株高关系紧密的气象因子进行逐步回归分析，得到株高与气象因子的关系模型：

$$y=0.056\sum T+0.033R+39.03 \quad (R^2=0.47, \ P<0.05) \tag{4.4}$$

式中：y为株高（cm），$\sum T$为移栽后至打顶日≥10℃有效积温（℃·d），R为移栽后至打顶日累积降水量（h）该方程决定系数为0.47，F值为5.84，通过了0.05水平显著性检验。

将剩余的 4 个 K326 成熟期株高和相应气象统计资料作为独立样本，检验上述模型，计算得到模拟值，并与实测值进行对比分析。

结果表明，K326 成熟期株高的模拟值与实测值之间基于 1∶1 线的决定系数（R^2）为 0.86，*RMSE* 为 3.92 cm，说明模型模拟效果较好（图 4-6）。

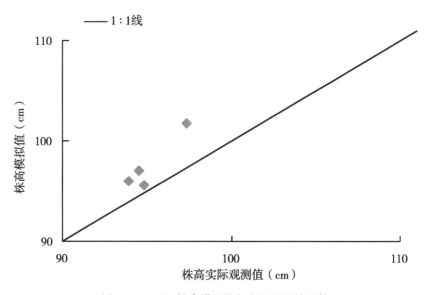

图 4-6 K326 株高模拟值与实际观测值比较

4.3 气象因子对烤烟茎围的影响及其模拟模型

4.3.1 湘烟 7 号

将不同海拔高度湘烟 7 号烤烟成熟期茎围分别与伸根期、旺长期和移栽后至成熟期茎围观测日这一时段≥10 ℃有效积温、累积降水量、累积日照时数、30 cm 深土壤平均温度和 30 cm 深土壤平均相对湿度等气象因子作散点图，并计算二者之间的相关系数，可知湘烟 7 号茎围与一些气象因子存在紧密的关系（图 4-7 和表 4-12）：茎围与旺长期≥10 ℃有效积温、30 cm 深土壤平均相对湿度，以及移栽后至成熟期茎围观测日≥10 ℃有效积温、累积降水量和累积日照时数存在显著或极显著的相关关系（*P*<0.05 或 *P*<0.001），其中茎围与旺长期≥10 ℃有效积温、30 cm 深土壤平均相对湿度，以及成熟期≥10 ℃有效积温和累积日照时数呈正相关，说明上述气象因子促进茎围增大，而移栽后至成熟期茎围观测日与茎围呈负相关，因此移栽后降水量过大，抑制茎围增大。

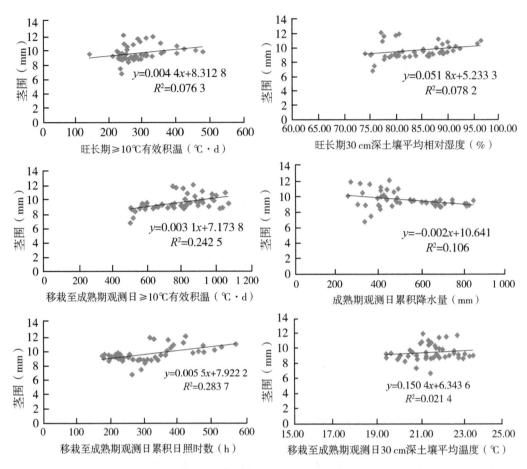

图4-7 湘烟7号烤烟成熟期茎围与不同发育期气象因子的关系

表4-12 湘烟7号烤烟成熟期茎围与气象因子的相关系数 （*n*=50）

时段	气象因子	与成熟期茎围相关系数
伸根期	≥10 ℃有效积温	0.07
	累积降水量	−0.16
	累积日照时数	0.22
	30 cm深土壤平均温度	−0.26
	30 cm深土壤平均相对湿度	0.11
旺长期	≥10 ℃有效积温	0.28*
	累积降水量	−0.19
	累积日照时数	0.26
	30 cm深土壤平均温度	−0.02
	30 cm深土壤平均相对湿度	0.28*

（续表）

时段	气象因子	与成熟期茎围相关系数
移栽后至成熟期 茎围观测日	≥10 ℃有效积温	0.49***
	累积降水量	-0.33*
	累积日照时数	0.53***
	30cm深土壤平均温度	0.15
	30cm深土壤平均相对湿度	0.24

将随机选择的 40 个湘烟 7 号成熟期茎围样本，和与茎围关系紧密的气象因子进行逐步回归分析，得到茎围与气象因子的关系模型：

$$y = 0.004S - 0.002R + 9.63 \quad (R^2 = 0.43, \ P < 0.001) \tag{4.5}$$

式中：y 为茎围（mm），S 为移栽至成熟期观测日累积日照时数（h），R 为移栽后至成熟期观测日累积降水量（mm）。该方程决定系数为 0.43，F 值为 14.18，通过了0.001 水平显著性检验。

将剩余的 10 个湘烟 7 号成熟期茎围和相应气象统计资料作为独立样本，检验上述模型，计算得到模拟值，并与实测值进行对比分析。

结果表明，湘烟 7 号成熟期茎围的模拟值与实测值之间基于 1∶1 线的决定系数（R^2）为 0.84，$RMSE$ 为 1.8 mm，说明模型模拟效果较好（图 4-8）。

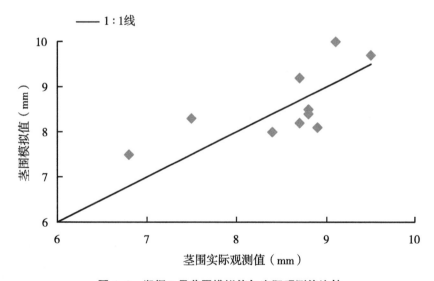

图 4-8 湘烟 7 号茎围模拟值与实际观测值比较

4.3.2 云烟 87

将不同海拔高度云烟 87 烤烟成熟期茎围分别与伸根期、旺长期和移栽后至成熟期茎围观测日这一时段≥10℃有效积温、累积降水量、累积日照时数、30 cm深土壤平均温度和30 cm深土壤平均相对湿度等气象因子作散点图，并计算二者之间的相关系数，可知云烟87茎围与一些气象因子存在紧密的关系（图4-9和表4-13）：茎围与伸根期≥10℃有效积温、30 cm深土壤平均温度，旺长期30 cm深土壤平均相对湿度，移栽后至成熟期观测日≥10℃有效积温、累积日照时数呈显著或极显著的相关关系（$P<0.05$或$P<0.01$或$P<0.001$），其中茎围与旺长期30 cm深土壤平均相对湿度，移栽后至成熟期观测日≥10℃有效积温、累积日照时数呈正相关关系，因此旺长期较大的土壤湿度、移栽后至成熟期较高气温、移栽后至成熟期较大日照时数促进云烟87烤烟茎围的增大，而茎围与伸根期≥10℃有效积温、伸根期30 cm深土壤平均温度呈负相关关系，因此伸根期较高气温和较大的土壤温度对云烟87烤烟茎围增大不利。

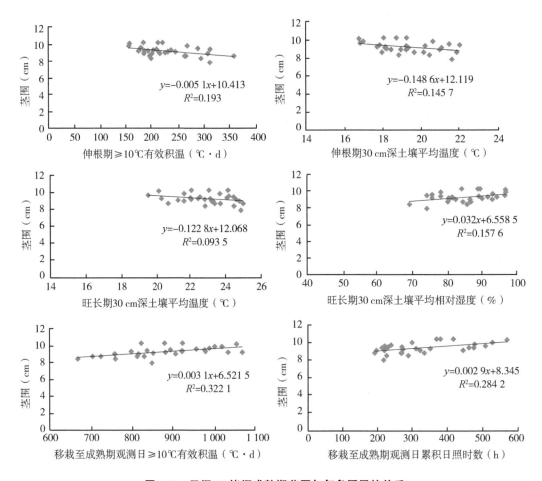

图4-9 云烟87烤烟成熟期茎围与气象因子的关系

表 4-13　云烟 87 烤烟成熟期茎围与气象因子的相关系数（$n=30$）

时段	气象因子	与成熟期株高相关系数
伸根期	≥10 ℃有效积温	−0.44*
	累积降水量	−0.29
	累积日照时数	0.07
	30 cm 深土壤平均温度	−0.38*
	30 cm 深土壤平均相对湿度	0.21
旺长期	≥10 ℃有效积温	−0.19
	累积降水量	−0.09
	累积日照时数	0.15
	30 cm 深土壤平均温度	−0.31
	30 cm 深土壤平均相对湿度	0.40*
移栽后至成熟期茎围观测日	≥10 ℃有效积温	0.57***
	累积降水量	−0.02
	累积日照时数	0.53**
	30cm 深土壤平均温度	−0.28
	30cm 深土壤平均相对湿度	0.33

将随机选择的 24 个云烟 87 成熟期茎围样本，和跟茎围关系紧密的气象因子进行逐步回归分析，得到茎围与气象因子的关系模型：

$$y=0.003\sum T+0.002S+5.56 \quad (R^2=0.33,\ P<0.01) \tag{4.6}$$

式中：y 为茎围（mm），$\sum T$ 为移栽后至成熟期观测日≥10 ℃有效积温（℃·d），S 为移栽后至成熟期观测日累积日照时数。该方程决定系数为 0.36，F 值为 12.51，通过了 0.01 水平显著性检验。

将剩余的 6 个云烟 87 成熟期茎围和相应气象统计资料作为独立样本，检验上述模型，计算得到模拟值，并与实测值进行对比分析。

结果表明，云烟 87 成熟期茎围的模拟值与实测值之间基于 1∶1 线的决定系数（R^2）为 0.68，$RMSE$ 为 3.56 cm，说明模型模拟效果较好（图 4-10）。

4.3.3　K326

将不同海拔高度 K326 烤烟成熟期茎围分别与伸根期、旺长期和移栽后至成熟期茎围观测日这一时段≥10 ℃有效积温、累积降水量、累积日照时数、30 cm 深土壤平均温度和 30 cm 深土壤平均相对湿度等气象因子作散点图，并计算二者之间的相关系数，可知 K326 茎围与一些气象因子存在紧密的关系（图 4-11 和表 4-14）：茎围与旺长期≥10 ℃有效积温，以及移栽后至成熟期茎围观测日≥10 ℃有效积温、30 cm 深土壤平均温度存在显著或极显著的正相关关系（$P<0.01$ 或 $P<0.001$），因此旺长期较高气温、

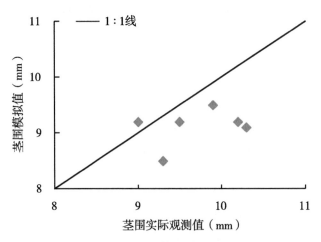

图 4-10 云烟 87 茎围模拟值与实际观测值比较

移栽后至成熟期较高气温、较高的土壤温度均促进 K326 茎围增大。

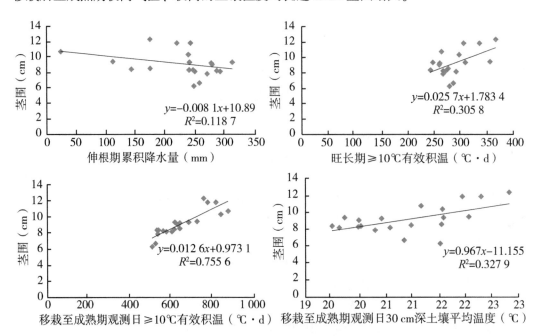

图 4-11 K326 烤烟成熟期茎围与气象因子的关系

表 4-14 K326 烤烟成熟期茎围与气象因子的相关系数（n=20）

时段	气象因子	与成熟期茎围相关系数
伸根期	≥10 ℃有效积温	0.26
	累积降水量	-0.34
	累积日照时数	-0.13
	30cm 深土壤平均温度	0.10
	30cm 深土壤平均相对湿度	-0.35

（续表）

时段	气象因子	与成熟期茎围相关系数
旺长期	≥10 ℃有效积温	0.55*
	累积降水量	-0.20
	累积日照时数	0.11
	30cm深土壤平均温度	0.37
	30cm深土壤平均相对湿度	0.20
移栽后至成熟期 茎围观测日	≥10 ℃有效积温	0.87***
	累积降水量	-0.28
	累积日照时数	0.40
	30cm深土壤平均温度	0.57**
	30cm深土壤平均相对湿度	0.01

将随机选择的 16 个 K326 成熟期茎围样本，与茎围关系紧密的气象因子进行逐步回归分析，得到茎围与气象因子的关系模型：

$$y = 0.013 \sum T_1 + 0.024 T_2 + 0.92 \quad (R^2 = 0.79, \ P < 0.001) \tag{4.7}$$

式中：y 为茎围（cm），$\sum T_1$ 为移栽后至成熟期观测日≥10 ℃有效积温（℃·d），T_2 为移栽后至成熟期观测日 30 cm 深土壤平均温度（℃），该方程决定系数为 0.79，F 值为 22.66，通过了 0.001 水平显著性检验。

将剩余的 4 个 K326 成熟期茎围和相应气象统计资料作为独立样本，检验上述模型，计算得到模拟值，并与实测值进行对比分析。

结果表明，K326 成熟期茎围的模拟值与实测值之间基于 1∶1 线的决定系数（R^2）为 0.81，$RMSE$ 为 0.42 mm，说明模型模拟效果较好（图 4-12）。

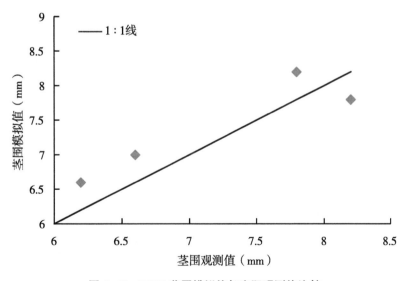

图 4-12 K326 茎围模拟值与实际观测值比较

4.4　气象因子对烤烟有效叶数的影响及其模拟模型

4.4.1　湘烟7号

将不同海拔高度湘烟7号烤烟成熟期有效叶数分别与伸根期、旺长期和移栽后至打顶日这一时段≥10 ℃有效积温、累积降水量、累积日照时数、30 cm深土壤平均温度和30 cm深土壤平均相对湿度等气象因子作散点图，并计算二者之间的相关系数，可知湘烟7号有效叶数与一些气象因子存在紧密的关系（图4-13和表4-15）：有效叶数与伸根期30 cm深土壤平均温度、平均相对湿度，旺长期≥10 ℃有效积温、累积日照时数和30 cm深土壤平均相对湿度，以及移栽后至打顶日≥10 ℃有效积温、累积日照时数和30 cm深土壤平均相对湿度呈显著或极显著的相关关系（$P<0.05$或$P<0.01$或$P<0.001$），其中有效叶数与伸根期30 cm深土壤平均相对湿度，旺长期≥10 ℃有效积温、累积日照时数和30 cm深土壤平均相对湿度，以及移栽后至打顶日≥10 ℃有效积温、累积日照时数和30 cm深土壤平均相对湿度呈正相关，因此伸根期30 cm深土壤较大土壤湿度，旺长期较高温度、充足的光照和30 cm深土壤较大土壤湿度，以及移栽后较高温度、充足的光照和30 cm深土壤较大土壤湿度均促进烤烟叶片数量增加，而伸根期30 cm深土壤平均温度与有效叶数呈负相关，因此伸根期30 cm深土壤温度不宜过高，否则抑制有效叶数增加。

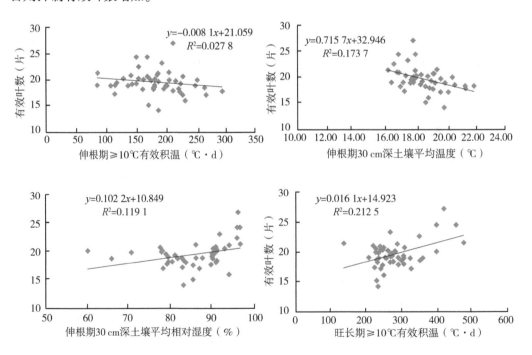

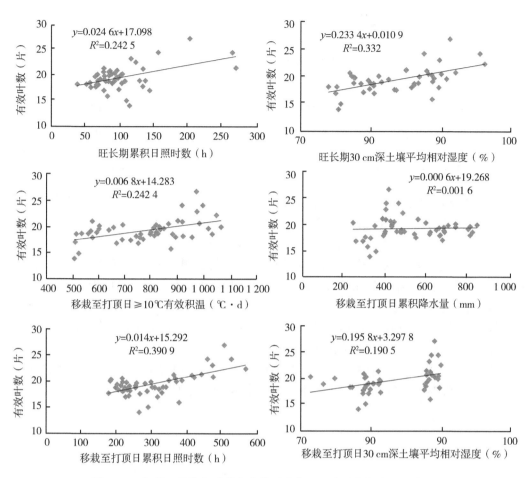

图 4-13　湘烟 7 号烤烟成熟期有效叶数与不同发育期气象因子的关系

表 4-15　湘烟 7 号烤烟成熟期有效叶数与气象因子的相关系数（$n=50$）

时段	气象因子	与成熟期有效叶数相关系数
伸根期	≥10 ℃有效积温	−0.17
	累积降水量	−0.17
	累积日照时数	0.15
	30cm 深土壤平均温度	−0.42**
	30cm 深土壤平均相对湿度	0.35*
旺长期	≥10 ℃有效积温	0.46**
	累积降水量	0.09
	累积日照时数	0.49***
	30 cm 深土壤平均温度	−0.12
	30 cm 深土壤平均相对湿度	0.58***

（续表）

时段	气象因子	与成熟期有效叶数相关系数
移栽后至打顶日	≥10 ℃有效积温	0.49***
	累积降水量	0.04
	累积日照时数	0.63***
	30 cm深土壤平均温度	−0.05
	30 cm深土壤平均相对湿度	0.44**

将随机选择的40个湘烟7号成熟期有效叶数样本，与有效叶数关系紧密的气象因子进行逐步回归分析，得到有效叶数与气象因子的关系模型：

$$y = 0.011 \sum T + 0.012S + 13.05 \quad (R^2 = 0.55, \ P < 0.001) \tag{4.8}$$

式中：y 为有效叶数（片），$\sum T$ 移栽后至成熟期观测日 ≥10 ℃有效积温，S 为移栽后至成熟期观测日累积日照时数（h）。该方程决定系数为0.55，F 值为22.25，通过了0.001水平显著性检验。

将剩余的10个湘烟7号有效叶数和相应气象统计资料作为独立样本，检验上述模型，计算得到模拟值，并与实测值进行对比分析。

结果表明，湘烟7号成熟期有效叶数的模拟值与实测值之间基于1∶1线的决定系数（R^2）为0.78，$RMSE$ 为1.6片，说明模型模拟效果较好（图4-14）。

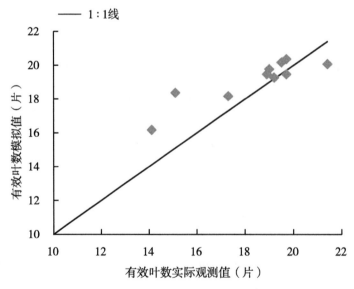

图4-14 湘烟7号有效叶数模拟值与实际观测值比较

4.4.2 云烟87

将不同海拔高度云烟87烤烟成熟期有效叶数分别与伸根期、旺长期和移栽后至打项目这一时段≥10 ℃有效积温、累积降水量、累积日照时数、30 cm深土壤平均温度和30 cm深土壤平均相对湿度等气象因子作散点图，并计算二者之间的相关系数，可知云烟87有效叶数与一些气象因子存在紧密的关系（图4-15和表4-16）：有效叶数与伸根期≥10 ℃有效积温、30 cm深土壤平均温度，旺长期累积日照时数和30 cm深土壤平均相对湿度，以及移栽后至打顶日累积日照时数呈显著或极显著的相关关系（$P<0.05$或$P<0.01$或$P<0.001$），其中有效叶数与旺长期累积日照时数和30 cm深土壤平均相对湿度，以及移栽后至打顶日累积日照时数呈正相关关系，因此旺长期较多日照时数、较高的土壤湿度以及移栽后至打顶日较多的日照时数促进云烟87有效叶数的增加，而有效叶数与伸根期≥10 ℃有效积温、30 cm深土壤平均温度呈负相关关系，因此伸根期较高气温、较高的土壤温度抑制云烟87有效叶数的增加。

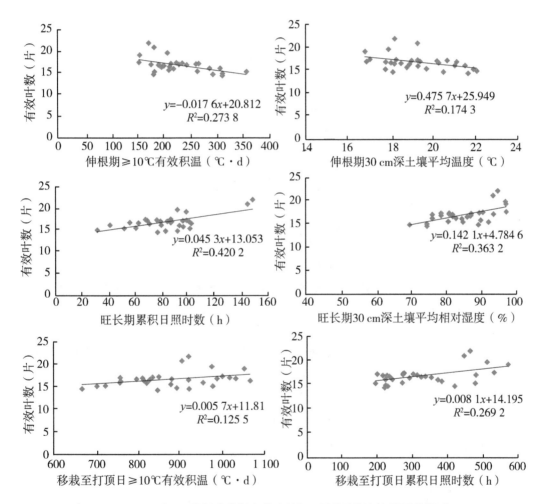

图4-15 云烟87烤烟成熟期有效叶数与不同发育期气象因子的关系

表 4-16　云烟 87 烤烟成熟期有效叶数与气象因子的相关系数（$n=30$）

时段	气象因子	与成熟期有效叶数相关系数
伸根期	≥10 ℃有效积温	-0.52^{**}
	累积降水量	-0.35
	累积日照时数	0.07
	30 cm 深土壤平均温度	-0.42^{*}
	30 cm 深土壤平均相对湿度	0.23
旺长期	≥10 ℃有效积温	0.35
	累积降水量	0.09
	累积日照时数	0.65^{***}
	30 cm 深土壤平均温度	-0.31
	30 cm 深土壤平均相对湿度	0.60^{***}
移栽后至打顶日	≥10 ℃有效积温	0.35
	累积降水量	0.00
	累积日照时数	0.52^{**}
	30 cm 深土壤平均温度	-0.17
	30 cm 深土壤平均相对湿度	0.30

将随机选择的 24 个云烟 87 成熟期有效叶数样本，与有效叶数关系紧密的气象因子进行逐步回归分析，得到有效叶数与气象因子的关系模型：

$$y=0.046S+0.021RH+12.46 \quad (R^2=0.48,\ P<0.001) \tag{4.9}$$

式中：y 为有效叶数（片），S 为旺长期累积日照时数（h），RH 为旺长期 30 cm 深土壤平均相对湿度（%），该方程决定系数为 0.48，F 值为 18.55，通过了 0.01 水平显著性检验。

将剩余的 6 个云烟 87 成熟期有效叶数和相应气象统计资料作为独立样本，检验上述模型，计算得到模拟值，并与实测值进行对比分析。

结果表明，云烟 87 成熟期有效叶数的模拟值与实测值之间基于 1∶1 线的决定系数（R^2）为 0.81，$RMSE$ 为 1.8 片，说明模型模拟效果较好（图 4-16）。

4.4.3　K326

将不同海拔高度 K326 烤烟成熟期有效叶数分别与伸根期、旺长期和移栽后至打顶日这一时段≥10 ℃有效积温、累积降水量、累积日照时数、30 cm 深土壤平均温度和30 cm 深土壤平均相对湿度等气象因子作散点图，并计算二者之间的相关系数，可知K326 有效叶数与一些气象因子存在紧密的关系（图 4-17 和表 4-17）：有效叶数与伸根期 30 cm 深土壤平均温度、30 cm 深土壤平均相对湿度呈显著或极显著的相关关系

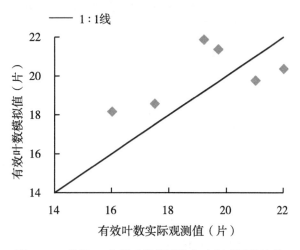

图4-16　云烟87有效叶数模拟值与实际观测值比较

（$P<0.05$ 或 $P<0.01$），其中伸根期30 cm深土壤平均温度与有效叶数呈负相关，因此伸根期较大土壤温度抑制K326有效叶数增加，而伸根期30 cm深土壤平均相对湿度与有效叶数呈正相关，因此伸根期较大土壤湿度促进K326有效叶数增加。

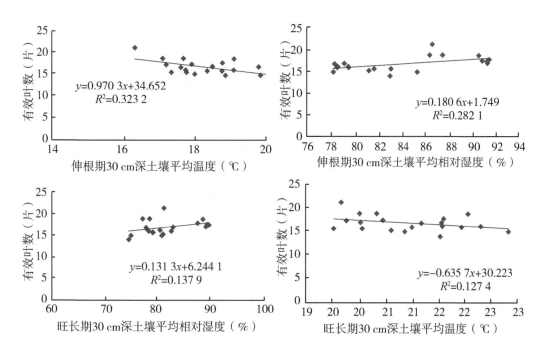

图4-17　K326烤烟成熟期有效叶数与不同发育期气象因子的关系

表4-17　K326烤烟成熟期有效叶数与气象因子的相关系数（$n=20$）

时段	气象因子	与成熟期有效叶数相关系数
伸根期	≥10 ℃有效积温	−0.43
	累积降水量	0.15
	累积日照时数	−0.04
	30 cm深土壤平均温度	−0.57**
	30 cm深土壤平均相对湿度	0.53*
旺长期	≥10 ℃有效积温	−0.10
	累积降水量	0.28
	累积日照时数	−0.20
	30 cm深土壤平均温度	−0.35
	30 cm深土壤平均相对湿度	0.37
移栽后至打顶日	≥10 ℃有效积温	−0.04
	累积降水量	0.20
	累积日照时数	0.14
	30 cm深土壤平均温度	−0.36
	30 cm深土壤平均相对湿度	0.36

将随机选择的16个K326成熟期有效叶数样本，与有效叶数关系紧密的气象因子进行逐步回归分析，得到有效叶数与气象因子的关系模型：

$$y=-0.94T+0.018RH+34.98 \quad (R^2=0.36,\ P<0.01) \quad (4.10)$$

式中：y为有效叶数（片），T为伸根期30 cm深土壤平均温度（℃），RH为30 cm深土壤平均相对湿度（%），该方程决定系数为0.36，F值为16.46，通过了0.01水平显著性检验。

将剩余的4个K326成熟期有效叶数和相应气象统计资料作为独立样本，检验上述模型，计算得到模拟值，并与实测值进行对比分析。

结果表明，K326成熟期有效叶数的模拟值与实测值之间基于1∶1线的决定系数（R^2）为0.75，$RMSE$为1.59片，说明模型模拟效果较好（图4-18）。

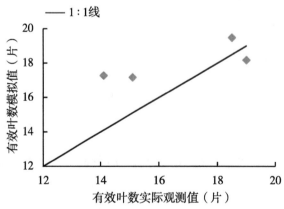

图4-18　K326有效叶数模拟值与实际观测值比较

4.5　气象因子对烤烟中部叶长的影响及其模拟模型

4.5.1　湘烟 7 号

将不同海拔高度湘烟 7 号烤烟成熟期中部叶长分别与伸根期、旺长期和移栽后至成熟期中部叶长观测日这一时段≥10 ℃有效积温、累积降水量、累积日照时数、30 cm 深土壤平均温度和 30 cm 深土壤平均相对湿度等气象因子作散点图，并计算二者之间的相关系数，可知湘烟 7 号中部叶长与一些气象因子存在密切的关系（图 4-19 和表 4-18）：中部叶长与旺长期累积降水量、移栽后至成熟期中部叶长观测日累积降水量存在显著或极显著的正相关关系（$P<0.05$ 或 $P<0.001$），因此旺长期较多的降水量、移栽后至成熟较多的降水量促进中部叶长的增大。

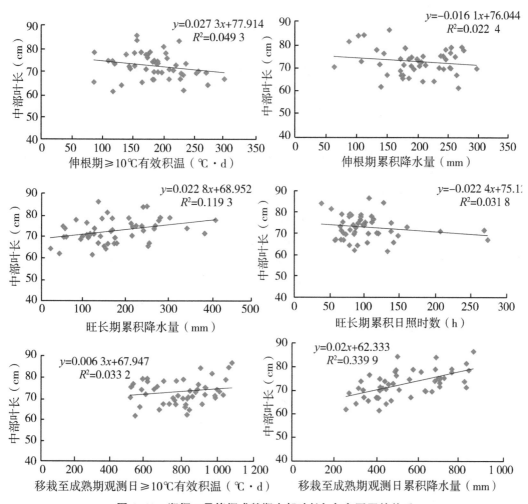

图 4-19　湘烟 7 号烤烟成熟期中部叶长与气象因子的关系

表 4-18　湘烟 7 号烤烟成熟期中部叶长与气象因子的相关系数（$n=50$）

时段	气象因子	与成熟期中部叶长相关系数
伸根期	≥10 ℃有效积温	-0.22
	累积降水量	-0.15
	累积日照时数	0.00
	30 cm 深土壤平均温度	-0.04
	30 cm 深土壤平均相对湿度	-0.19
旺长期	≥10 ℃有效积温	-0.09
	累积降水量	0.35*
	累积日照时数	-0.18
	30 cm 深土壤平均温度	-0.17
	30 cm 深土壤平均相对湿度	0.11
移栽后至成熟期中部叶长观测日	≥10 ℃有效积温	0.18
	累积降水量	0.58***
	累积日照时数	-0.11
	30 cm 深土壤平均温度	-0.05
	30 cm 深土壤平均相对湿度	-0.01

　　将随机选择的 40 个湘烟 7 号成熟期中部叶长样本，与中部叶长关系紧密的气象因子进行逐步回归分析，得到中部叶长与气象因子的关系模型：

$$y=0.01R_1+0.02R_2+58.75 \quad (R^2=0.42, \ P<0.001) \tag{4.11}$$

　　式中：y 为中部叶长（cm），R_1 为旺长期累积降水量（mm），R_2 为移栽后至成熟期观测日累积降水量（mm）。该方程决定系数为 0.42，F 值为 17.25，通过了 0.001 水平显著性检验。

　　将剩余的 10 个湘烟 7 号中部叶长和相应气象统计资料作为独立样本，检验上述模型，计算得到模拟值，并与实测值进行对比分析。

　　结果表明，湘烟 7 号成熟期中部叶长的模拟值与实测值之间基于 1∶1 线的决定系数（R^2）为 0.78，$RMSE$ 为 3.4 cm，说明模型模拟效果较好（图 4-20）。

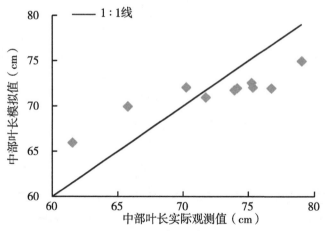

图 4-20　湘烟 7 号烤烟中部叶长模拟值与实际值比较

4.5.2 云烟87

将不同海拔高度云烟87烤烟成熟期中部叶长分别与伸根期、旺长期和移栽后至成熟期中部叶长观测日这一时段≥10℃有效积温、累积降水量、累积日照时数、30 cm深土壤平均温度和30 cm深土壤平均相对湿度等气象因子作散点图，并计算二者之间的相关系数，可知云烟87中部叶长与一些气象因子存在密切的关系（图4-21和表4-19）：中部叶长与移栽后至成熟期中部叶长观测日≥10℃有效积温存在显著的正相关关系（$P<0.05$），因此移栽后至成熟期较高的气温促进中部叶长的增大。

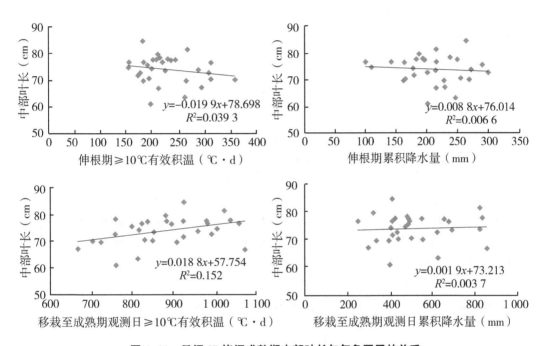

图 4-21 云烟 87 烤烟成熟期中部叶长与气象因子的关系

表 4-19 云烟 87 烤烟成熟期中部叶长与气象因子的相关系数 （$n=30$）

时段	气象因子	与成熟期中部叶长相关系数
	≥10 ℃有效积温	−0.20
	累积降水量	−0.08
伸根期	累积日照时数	−0.05
	30 cm 深土壤平均温度	−0.12
	30 cm 深土壤平均相对湿度	−0.04

（续表）

时段	气象因子	与成熟期中部叶长相关系数
旺长期	≥10 ℃有效积温	−0.06
	累积降水量	−0.02
	累积日照时数	0.00
	30 cm深土壤平均温度	−0.11
	30 cm深土壤平均相对湿度	0.09
移栽后至成熟期中部叶长观测日	≥10 ℃有效积温	0.39*
	累积降水量	0.06
	累积日照时数	0.18
	30 cm深土壤平均温度	0.00
	30 cm深土壤平均相对湿度	0.06

将随机选择的 24 个云烟 87 成熟期中部叶长样本，与中部叶长关系紧密的气象因子进行逐步回归分析，得到中部叶长与气象因子的关系模型：

$$y=0.021\sum T+57.85 \quad (R^2=0.21,\ P<0.05) \tag{4.12}$$

式中：y 为中部叶长（cm），$\sum T$ 为移栽后至成熟期观测日 ≥10 ℃有效积温（℃·d），该方程决定系数为 0.21，F 值为 12.68，通过了 0.05 水平显著性检验。

将剩余的 6 个云烟 87 成熟期中部叶长和相应气象统计资料作为独立样本，检验上述模型，计算得到模拟值，并与实测值进行对比分析。

结果表明，云烟 87 成熟期中部叶长的模拟值与实测值之间基于 1∶1 线的决定系数（R^2）为 0.73，$RMSE$ 为 4.68 cm，说明模型模拟效果较好（图 4-22）。

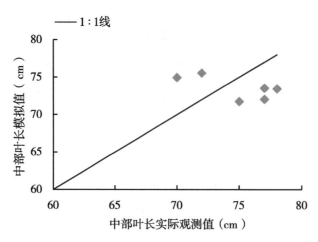

图 4-22 云烟 87 中部叶长模拟值与实际观测值比较

4.5.3 K326

将不同海拔高度 K326 烤烟成熟期中部叶长分别与伸根期、旺长期和移栽后至成熟期中部叶长观测日这一时段≥10 ℃有效积温、累积降水量、累积日照时数、30 cm 深土壤平均温度和 30 cm 深土壤平均相对湿度等气象因子作散点图，并计算二者之间的相关系数，可知 K326 号中部叶长与一些气象因子存在密切的关系（图 4-23 和表 4-20）：中部叶长与伸根期 30 cm 深土壤平均温度，旺长期 30 cm 深土壤平均温度和 30 cm 深土壤平均相对湿度，移栽后至成熟期中部叶长观测日累积降水量、30 cm 深土壤平均温度和 30 cm 深土壤平均相对湿度存在显著或极显著的相关关系（$P<0.05$ 或 $P<0.05$ 或 $P<0.001$），其中旺长期 30 cm 深土壤平均相对湿度、移栽后至成熟期中部叶长观测日累积降水量和 30 cm 深土壤平均相对湿度呈正相关，因此旺长期较大土壤湿

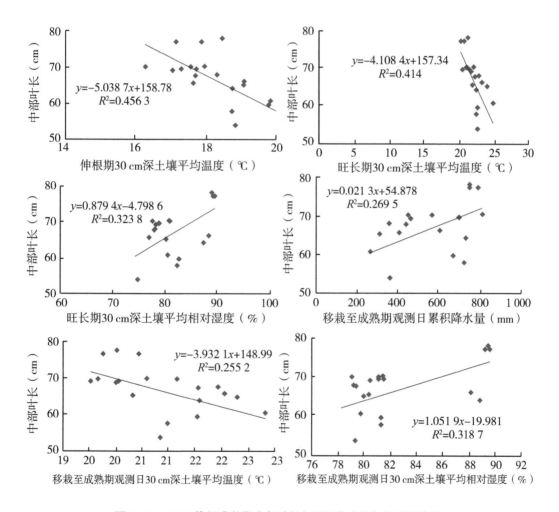

图 4-23 K326 烤烟成熟期中部叶长与不同发育期气象因子的关系

度、移栽后至成熟期较大降水量、较大土壤湿度促进 K326 中部叶长增大；而伸根期 30 cm 深土壤平均温度，旺长期 30 cm 深土壤平均温度以及移栽后至成熟期观测日 30 cm 深土壤平均温度与中部叶长呈负相关，因此较大的土壤温度抑制移栽后 K326 中部叶长增大。

表 4-20　K326 烤烟成熟期中部叶长与气象因子的相关系数 （$n = 20$)

时段	气象因子	与成熟期中部叶长相关系数
伸根期	≥10 ℃有效积温	-0.34
	累积降水量	0.26
	累积日照时数	-0.25
	30 cm 深土壤平均温度	-0.68**
	30 cm 深土壤平均相对湿度	0.40
旺长期	≥10 ℃有效积温	-0.34
	累积降水量	0.29
	累积日照时数	-0.42
	30 cm 深土壤平均温度	-0.64**
	30 cm 深土壤平均相对湿度	0.57**
移栽后至成熟期中部叶长观测日	≥10 ℃有效积温	0.18
	累积降水量	0.52*
	累积日照时数	-0.11
	30 cm 深土壤平均温度	-0.51*
	30 cm 深土壤平均相对湿度	0.56**

将随机选择的 16 个 K326 成熟期中部叶长样本，与中部叶长关系紧密的气象因子进行逐步回归分析，得到中部叶长与气象因子的关系模型：

$$y = -0.13T + 0.022R + 52.16 \quad (R^2 = 0.29, \ P < 0.05) \tag{4.13}$$

式中：y 为中部叶长 （cm)，T 为旺长期 30 cm 深土壤平均温度 （℃)，R 为烤烟移栽后至成熟期观测日累积降水量 （mm)，该方程决定系数为 0.29，F 值为 14.46，通过了 0.05 水平显著性检验。

将剩余的 4 个 K326 成熟期中部叶长和相应气象统计资料作为独立样本，检验上述模型，计算得到模拟值，并与实测值进行对比分析。

结果表明，K326 成熟期中部叶长的模拟值与实测值之间基于 1 ∶ 1 线的决定系数 （R^2) 为 0.73，$RMSE$ 为 5.68 cm （图 4-24)。

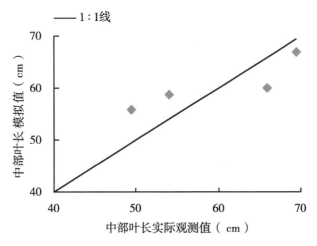

图 4-24 K326 中部叶长模拟值与实际观测值比较

4.6 气象因子对烤烟中部叶面积的影响及其模拟模型

4.6.1 湘烟 7 号

将不同海拔高度湘烟 7 号烤烟成熟期中部叶面积分别与伸根期、旺长期和移栽后至成熟期中部叶面积观测日这一时段 ≥10 ℃有效积温、累积降水量、累积日照时数、30 cm 深土壤平均温度和 30 cm 深土壤平均相对湿度等气象因子作散点图，并计算二者之间的相关系数，可知湘烟 7 号中部叶面积与一些气象因子存在密切的关系（图 4-25 和表 4-21）：中部叶面积与伸根期 ≥10 ℃有效积温、旺长期累积降水量、移栽后至成熟期中部叶面积观测日累积降水量存在显著的相关关系（$P<0.05$），其中中部叶面积与伸根期 ≥10 ℃有效积温呈负相关，因此伸根期较高温度不利于中部叶面积增大，旺长期累积降水量和移栽后至成熟期降水量与中部叶面积呈正相关，因此旺长期较多的降水量、移栽后至成熟期较多的降水量有利于中部叶面积增大。

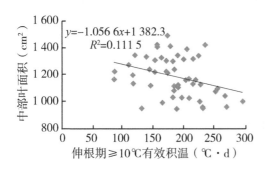

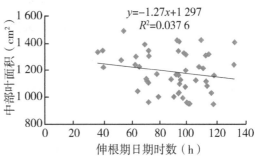

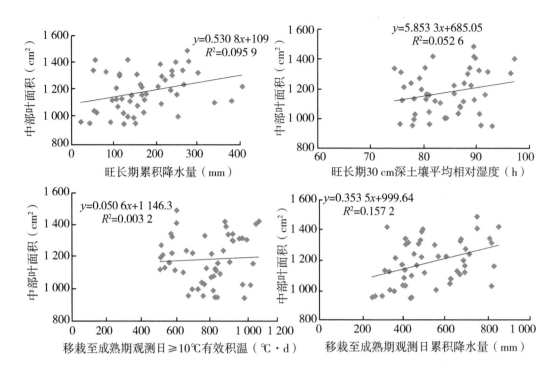

图 4-25　湘烟 7 号烤烟成熟期中部叶面积与气象因子的关系

表 4-21　湘烟 7 号烤烟成熟期中部叶面积与气象因子的相关系数 (n=50)

时段	气象因子	与成熟期中部叶面积相关系数
伸根期	≥10 ℃有效积温	-0.33*
	累积降水量	-0.02
	累积日照时数	-0.19
	30 cm 深土壤平均温度	-0.23
	30 cm 深土壤平均相对湿度	0.14
旺长期	≥10 ℃有效积温	0.14
	累积降水量	0.31*
	累积日照时数	0.13
	30 cm 深土壤平均温度	-0.20
	30 cm 深土壤平均相对湿度	0.23

（续表）

时段	气象因子	与成熟期中部叶面积相关系数
移栽后至成熟期 中部叶面积观测日	≥10 ℃有效积温	0.06
	累积降水量	0.40**
	累积日照时数	−0.02
	30 cm 深土壤平均温度	−0.23
	30 cm 深土壤平均相对湿度	0.22

将随机选择的 40 个湘烟 7 号成熟期中部叶面积样本，与中部叶面积关系紧密的气象因子进行逐步回归分析，得到中部叶面积与气象因子的关系模型：

$$y = 0.63R_1 + 0.36R_2 + 920 \quad (R^2 = 0.21, \ P < 0.01) \tag{4.14}$$

式中：y 为中部叶面积（cm²），R_1 为旺长期累积降水量（mm），R_2 为移栽后至成熟期观测日累积降水量（mm）。该方程决定系数为 0.21，F 值为 15.74，通过了 0.01 水平显著性检验。

将剩余的 10 个湘烟 7 号中部叶面积和相应气象统计资料作为独立样本，检验上述模型，计算得到模拟值，并与实测值进行对比分析。

结果表明，湘烟 7 号成熟期中部叶面积的模拟值与实测值之间基于 1∶1 线的决定系数（R^2）为 0.75，$RMSE$ 为 78 cm²，说明模型模拟效果较好（图 4-26）。

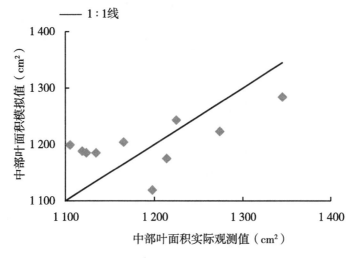

图 4-26　湘烟 7 号中部叶面积模拟值与实际观测值比较

4.6.2 云烟87

将不同海拔高度云烟 87 烤烟成熟期中部叶面积分别与伸根期、旺长期和移栽后至成熟期中部叶面积观测日这一时段≥10 ℃有效积温、累积降水量、累积日照时数、30 cm 深土壤平均温度和 30 cm 深土壤平均相对湿度等气象因子作散点图,并计算二者之间的相关系数,可知云烟 87 中部叶面积与生态因子相关关系不显著(图 4-27 和表 4-22),因此各气象因子对云烟 87 烤烟中部叶面积无明显影响。

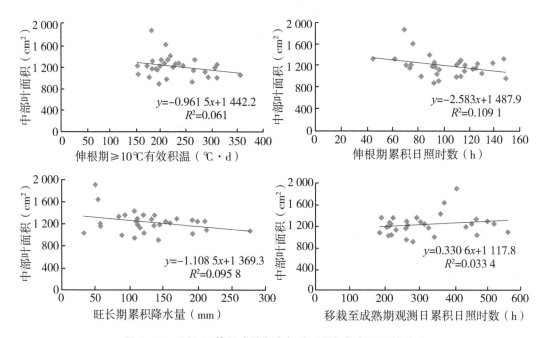

图 4-27 云烟 87 烤烟成熟期中部叶面积与气象因子的关系

表 4-22 云烟 87 烤烟成熟期中部叶面积与气象因子的相关系数 ($n=30$)

时段	气象因子	与成熟期中部叶面积相关系数
伸根期	≥10 ℃有效积温	−0.25
	累积降水量	0.03
	累积日照时数	−0.33
	30 cm 深土壤平均温度	−0.13
	30 cm 深土壤平均相对湿度	0.14
旺长期	≥10 ℃有效积温	−0.08
	累积降水量	−0.31
	累积日照时数	0.13
	30 cm 深土壤平均温度	−0.03
	30 cm 深土壤平均相对湿度	0.15

（续表）

时段	气象因子	与成熟期中部叶面积相关系数
移栽后至成熟期 中部叶面积观测日	≥10 ℃有效积温	0.17
	累积降水量	−0.18
	累积日照时数	0.18
	30 cm 深土壤平均温度	−0.10
	30 cm 深土壤平均相对湿度	0.19

4.6.3 K326

将不同海拔高度 K326 烤烟成熟期中部叶面积分别与伸根期、旺长期和移栽后至成熟期中部叶面积观测日这一时段≥10 ℃有效积温、累积降水量、累积日照时数、30 cm 深土壤平均温度和 30 cm 深土壤平均相对湿度等气象因子作散点图，并计算二者之间的相关系数，可知 K326 中部叶面积与一些气象因子存在密切的关系（图4-28 和表4-23）：中部叶面积与旺长期 30 cm 深土壤平均相对湿度、移栽后至成熟期中部叶面积观测日≥10 ℃有效积温、30 cm 深土壤平均相对湿度存在显著或极显著的正相关关系（$P<0.05$ 或 $P<0.01$），因此旺长期较大土壤湿度和移栽后至成熟期较高气温、较大土壤湿度有利于中部叶面积增大。

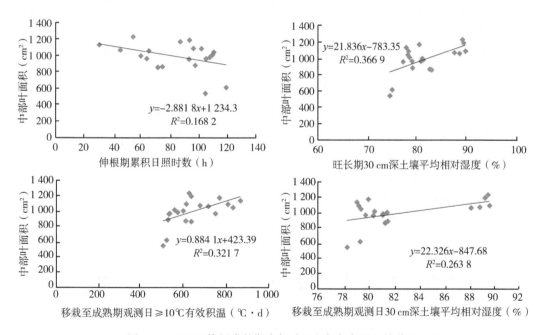

图4-28 K326 烤烟成熟期中部叶面积与气象因子的关系

表 4-23　K326 烤烟成熟期中部叶面积与气象因子的相关系数（n = 20）

时段	气象因子	与成熟期中部叶面积相关系数
伸根期	≥10 ℃有效积温	0.13
	累积降水量	0.04
	累积日照时数	0.41
	30 cm 深土壤平均温度	0.36
	30 cm 深土壤平均相对湿度	0.23
旺长期	≥10 ℃有效积温	0.08
	累积降水量	0.23
	累积日照时数	0.32
	30 cm 深土壤平均温度	0.22
	30 cm 深土壤平均相对湿度	0.61 **
移栽后至成熟期中部叶面积观测日	≥10 ℃有效积温	0.57 **
	累积降水量	0.29
	累积日照时数	0.04
	30 cm 深土壤平均温度	0.03
	30 cm 深土壤平均相对湿度	0.51 *

　　将随机选择的 16 个 K326 成熟期中部叶面积样本，与中部叶面积关系紧密的气象因子进行逐步回归分析，得到中部叶面积与气象因子的关系模型：

$$y = 0.26RH + 0.89 \sum T + 189.16 \ (R^2 = 0.36, \ P < 0.01) \quad (4.15)$$

　　式中：y 为中部叶面积（cm），RH 为旺长期 30 cm 深土壤平均相对湿度（%），$\sum T$ 为烤烟移栽后至成熟期观测日 ≥10 ℃有效积温，该方程决定系数为 0.36，F 值为 17.38，通过了 0.01 水平显著性检验。

　　将剩余的 4 个 K326 成熟期中部叶面积和相应气象统计资料作为独立样本，检验上述模型，计算得到模拟值，并与实测值进行对比分析。

　　结果表明，K326 成熟期中部叶面积的模拟值与实测值之间基于 1∶1 线的决定系数（R^2）为 0.62，$RMSE$ 为 85 cm²，模型预测效果一般（图 4-29）。

4.7　气象因子对烤烟上部叶长的影响及其模拟模型

4.7.1　湘烟 7 号

　　将不同海拔高度湘烟 7 号烤烟成熟期上部叶长分别与伸根期、旺长期和移栽后至成熟期上部叶长观测日这一时段 ≥10 ℃有效积温、累积降水量、累积日照时数、30 cm 深

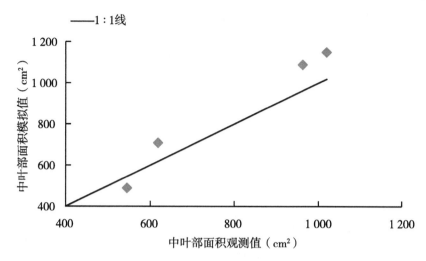

图4-29　K326中部叶面积模拟值与实际观测值比较

土壤平均温度和30 cm深土壤平均相对湿度等气象因子作散点图，并计算二者之间的相关系数，可知湘烟7号上部叶长与一些气象因子存在密切的关系（图4-30和表4-24）：上部叶长与旺长期≥10 ℃有效积温、累积日照时数，以及移栽后至成熟期上部叶长观测日≥10 ℃有效积温、累积日照时数存在显著或极显著的正相关关系（$P<0.05$ 或 $P<0.01$ 或 $P<0.001$），说明旺长期较高气温、较充足的日照，以及移栽后至成熟期较高的气温和充足的光照均促进上部叶长增大。

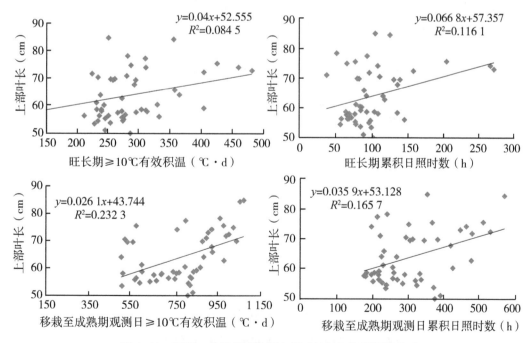

图4-30　湘烟7号烤烟成熟期上部叶长与气象因子的关系

表 4-24　湘烟 7 号烤烟成熟期上部叶长与气象因子的相关系数 （n = 50）

时段	气象因子	与成熟期上部叶长相关系数
伸根期	≥10 ℃有效积温	-0.18
	累积降水量	-0.20
	累积日照时数	0.15
	30 cm 深土壤平均温度	-0.09
	30 cm 深土壤平均相对湿度	0.01
旺长期	≥10 ℃有效积温	0.29*
	累积降水量	-0.17
	累积日照时数	0.34*
	30 cm 深土壤平均温度	0.08
	30 cm 深土壤平均相对湿度	0.14
移栽后至成熟期 上部叶长观测日	≥10 ℃有效积温	0.48***
	累积降水量	0.11
	累积日照时数	0.41**
	30 cm 深土壤平均温度	0.18
	30 cm 深土壤平均相对湿度	-0.05

将随机选择的 40 个湘烟 7 号成熟期上部叶长样本，与上部叶长关系紧密的气象因子进行逐步回归分析，得到上部叶长与气象因子的关系模型：

$$y = 0.03 \sum T_1 + 0.04S + 23.67 \quad (R^2 = 0.47, \ P < 0.001) \quad (4.16)$$

式中：y 为上部叶长 （cm）， $\sum T_1$ 为旺长期 ≥10 ℃有效积温（℃·d）， S 为旺长期累积日照时数 （h）， $\sum T_2$ 为移栽后至成熟期观测日 ≥10 ℃有效积温 （℃·d）。该方程决定系数为 0.47， F 值为 33.82，通过了 0.001 水平显著性检验。

将剩余的 10 个湘烟 7 号上部叶长和相应气象统计资料作为独立样本，检验上述模型，计算得到模拟值，并与实测值进行对比分析。

结果表明，湘烟 7 号成熟期上部叶长的模拟值与实测值之间基于 1：1 线的决定系数 （R^2） 为 0.80， RMSE 为 3.6 cm，说明模型模拟效果较好 （图 4-31）。

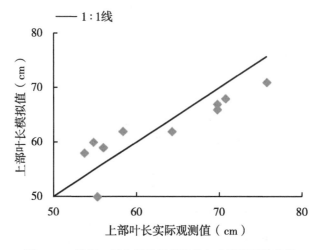

图 4-31　湘烟 7 号上部叶长模拟值与实际观测值比较

4.7.2 云烟 87

将不同海拔高度云烟 87 烤烟成熟期上部叶长分别与伸根期、旺长期和移栽后至成熟期上部叶长观测日这一时段 ≥10℃有效积温、累积降水量、累积日照时数、30 cm 深土壤平均温度和 30 cm 深土壤平均相对湿度等气象因子作散点图，并计算二者之间的相关系数，可知云烟 87 上部叶长与一些气象因子存在密切的关系（图 4-32 和表 4-25）：上部叶长与旺长期 30 cm 深土壤平均相对湿度，以及移栽后至成熟期上部叶长观测日 ≥

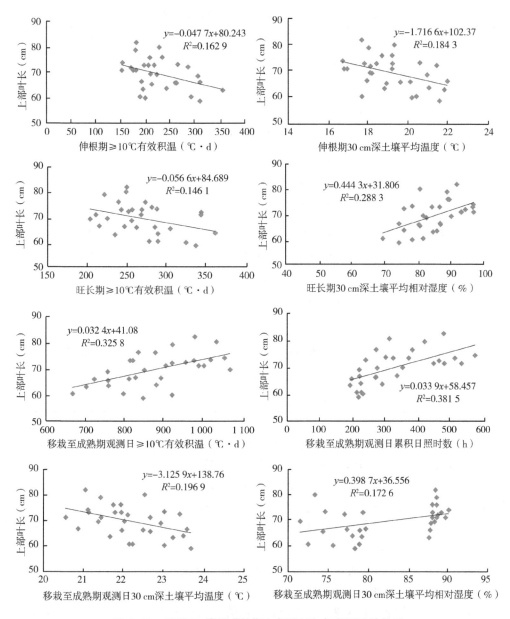

图 4-32 云烟 87 烤烟成熟期上部叶长与气象因子的关系

10 ℃有效积温、累积日照时数、30 cm 深土壤平均相对湿度存在显著或极显著的正相关关系（$P<0.05$ 或 $P<0.01$ 或 $P<0.001$），说明旺长期较大的土壤湿度、移栽后至成熟期较高的气温、充足的日照时数、较大的土壤湿度促进云烟 87 烤烟上部叶长增大；而伸根期≥10 ℃有效积温、30 cm 深土壤平均温度，旺长期≥10 ℃有效积温、30 cm 深土壤平均温度，移栽后至成熟期 30 cm 深土壤平均温度均与上部叶长呈显著的负相关（$P<0.05$ 或 $P<0.01$），因此伸根期较高的气温、较大的土壤温度，旺长期较高的气温、较大的土壤温度，移栽后至成熟期较高的土壤温度抑制云烟 87 上部叶长增大。

表 4-25　云烟 87 烤烟成熟期上部叶长与气象因子的相关系数（$n=30$）

时段	气象因子	与成熟期上部叶长相关系数
伸根期	≥10 ℃有效积温	-0.40*
	累积降水量	-0.27
	累积日照时数	0.21
	30 cm 深土壤平均温度	-0.43*
	30 cm 深土壤平均相对湿度	0.32
旺长期	≥10 ℃有效积温	-0.38*
	累积降水量	-0.24
	累积日照时数	0.18
	30 cm 深土壤平均温度	-0.49**
	30 cm 深土壤平均相对湿度	0.54**
移栽后至成熟期 上部叶长观测日	≥10 ℃有效积温	0.57***
	累积降水量	0.12
	累积日照时数	0.62***
	30 cm 深土壤平均温度	-0.44*
	30 cm 深土壤平均相对湿度	0.42*

将随机选择的 24 个云烟 87 成熟期上部叶长样本，与上部叶长关系紧密的气象因子进行逐步回归分析，得到上部叶长与气象因子的关系模型：

$$y = 0.03\sum T 0.056S + 32.69 \quad (R^2 = 0.49, \ P<0.001) \quad (4.17)$$

式中：y 为上部叶长（cm），$\sum T$ 为移栽后至成熟期观测日≥10 ℃有效积温（℃·d），S 为移栽后至成熟期观测日累积日照时数（h），该方程决定系数为 0.49，F 值为 20.87，通过了 0.001 水平显著性检验。

将剩余的 6 个云烟 87 成熟期上部叶长和相应气象统计资料作为独立样本，检验上述模型，计算得到模拟值，并与实测值进行对比分析。

结果表明，云烟 87 成熟期上部叶长的模拟值与实测值之间基于 1∶1 线的决定系数（R^2）为 0.71，$RMSE$ 为 7.21 cm，说明模型模拟效果一般（图 4-33）。

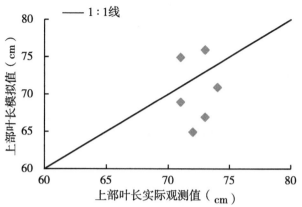

图4-33 云烟87上部叶长模拟值与实际观测值比较

4.7.3 K326

将不同海拔高度K326烤烟成熟期上部叶长分别与伸根期、旺长期和移栽后至成熟期上部叶长观测日这一时段≥10 ℃有效积温、累积降水量、累积日照时数、30 cm深土壤平均温度和30 cm深土壤平均相对湿度等气象因子作散点图，并计算二者之间的相关系数，可知K326上部叶长与一些气象因子存在密切的关系（图4-34和表4-26）：

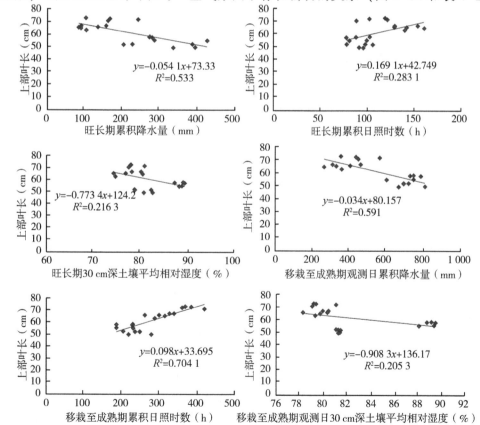

图4-34 K326烤烟成熟期上部叶长与气象因子的关系

上部叶长与旺长期累积降水量、累积日照时数、30 cm 深土壤平均相对湿度，以及移栽后至成熟期上部叶长观测日累积降水量、累积日照时数、30 cm 深土壤平均相对湿度存在显著或极显著的相关关系（$P<0.05$ 或 $P<0.001$），其中上部叶长与旺长期累积日照时数、移栽后至成熟期累积日照时数呈正相关，因此，烤烟进入旺长期后较多的日照时数促进 K326 上部叶长增加；上部叶长与旺长期累积降水量、30 cm 深土壤平均相对湿度，移栽后至成熟期累积降水量、30 cm 深土壤平均相对湿度呈负相关，因此，移栽后较多的降水量、较大的土壤湿度抑制 K326 上部叶长增大。

表 4-26　K326 烤烟成熟期上部叶长与气象因子的相关系数（$n=20$）

时段	气象因子	与成熟期上部叶长相关系数
伸根期	≥10 ℃有效积温	-0.04
	累积降水量	0.02
	累积日照时数	0.42
	30 cm 深土壤平均温度	-0.20
	30 cm 深土壤平均相对湿度	-0.22
旺长期	≥10 ℃有效积温	0.21
	累积降水量	-0.73***
	累积日照时数	0.53*
	30 cm 深土壤平均温度	0.18
	30 cm 深土壤平均相对湿度	-0.47*
移栽后至成熟期 上部叶长观测日	≥10 ℃有效积温	0.43
	累积降水量	-0.77***
	累积日照时数	0.84***
	30 cm 深土壤平均温度	0.24
	30 cm 深土壤平均相对湿度	-0.45*

将随机选择的 16 个 K326 成熟期上部叶长样本，与上部叶长关系紧密的气象因子进行逐步回归分析，得到上部叶长与气象因子的关系模型：

$$y=-0.08R+0.097S+59.12 \quad (R^2=0.73,\ P<0.001) \tag{4.18}$$

式中：y 为上部叶长（cm），R 为旺长期累积降水量（mm），S 为烤烟移栽后至成熟期≥10 ℃有效积温（℃·d），该方程决定系数为 0.73，F 值为 25.38，通过了 0.001 水平显著性检验。

将剩余的 4 个 K326 成熟期上部叶长和相应气象统计资料作为独立样本，检验上述模型，计算得到模拟值，并与实测值进行对比分析。

结果表明，K326 成熟期上部叶长的模拟值与实测值之间基于 1：1 线的决定系数（R^2）为 0.76，$RMSE$ 为 4.82 cm，模型预测效果较好（图 4-35）。

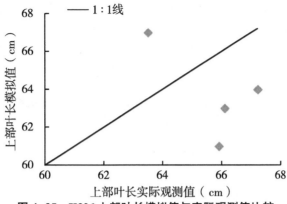

图 4-35　K326 上部叶长模拟值与实际观测值比较

4.8　气象因子对烤烟上部叶面积的影响及其模拟模型

4.8.1　湘烟 7 号

将不同海拔高度湘烟 7 号烤烟成熟期上部叶面积分别与伸根期、旺长期和移栽后至成熟期上部叶面积观测日这一时段 ≥10 ℃有效积温、累积降水量、累积日照时数、30 cm 深土壤平均温度和 30 cm 深土壤平均相对湿度等气象因子作散点图，并计算二者之间的相关系数，可知湘烟 7 号上部叶面积与一些气象因子存在密切的关系（图 4-36

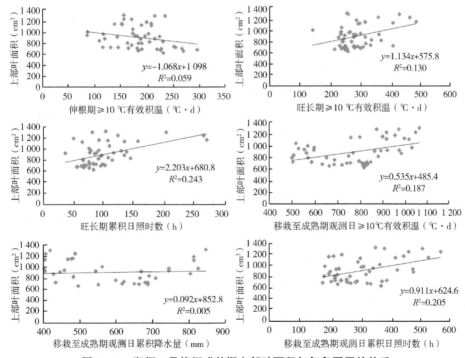

图 4-36　湘烟 7 号烤烟成熟期上部叶面积与气象因子的关系

和表4-27）：上部叶面积与旺长期≥10 ℃有效积温、累积日照时数，以及移栽后至成熟期上部叶面积观测日≥10 ℃有效积温、累积日照时数存在显著或极显著的正相关关系（$P<0.05$ 或 $P<0.01$ 或 $P<0.001$），说明旺长期较高气温、较大的降水量，以及移栽后至成熟期较高的气温和充足的光照均促进上部叶面积增大。

表4-27　湘烟7号烤烟成熟期上部叶面积与气象因子的相关系数（$n=50$）

时段	气象因子	与成熟期上部叶面积相关系数
伸根期	≥10 ℃有效积温	-0.24
	累积降水量	-0.10
	累积日照时数	0.03
	30 cm深土壤平均温度	-0.18
	30 cm深土壤平均相对湿度	0.07
旺长期	≥10 ℃有效积温	0.36*
	累积降水量	-0.17
	累积日照时数	0.49***
	30 cm深土壤平均温度	0.07
	30 cm深土壤平均相对湿度	0.16
移栽后至成熟期上部叶面积观测日	≥10 ℃有效积温	0.43**
	累积降水量	0.07
	累积日照时数	0.45***
	30 cm深土壤平均温度	0.10
	30 cm深土壤平均相对湿度	0.05

将随机选择的40个湘烟7号成熟期上部叶面积样本，与上部叶面积关系紧密的气象因子进行逐步回归分析，得到上部叶面积与气象因子的关系模型：

$$y=0.12S_1+0.54\sum T+0.065S_2+454.61 \quad (R^2=0.21，P<0.01) \qquad (4.19)$$

式中：y 为上部叶面积（cm^2），S_1 为旺长期累积日照时数（h），$\sum T$ 为移栽后至成熟期观测日≥10 ℃有效积温（℃·d），S_2 为移栽后至成熟期观测日≥10 ℃有效积温（℃·d）。该方程决定系数为0.21，F 值为21.54，通过了0.01水平显著性检验。

将剩余的10个湘烟7号上部叶面积和相应气象统计资料作为独立样本，检验上述模型，计算得到模拟值，并与实测值进行对比分析。

结果表明，湘烟7号成熟期上部叶面积的模拟值与实测值之间基于1∶1线的决定系数（R^2）为0.76，$RMSE$ 为54 cm^2，说明模型模拟效果较好（图4-37）。

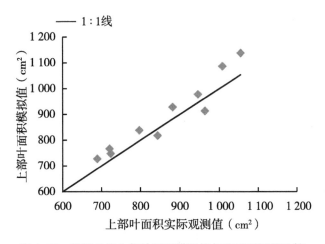

图 4-37　湘烟 7 号上部叶面积模拟值与实际观测值比较

4.8.2　云烟 87

将不同海拔高度云烟 87 烤烟成熟期上部叶面积分别与伸根期、旺长期和移栽后至成熟期上部叶面积观测日这一时段 ≥10 ℃有效积温、累积降水量、累积日照时数、30 cm 深土壤平均温度和 30 cm 深土壤平均相对湿度等气象因子作散点图，并计算二者之间的相关系数，可知云烟 87 上部叶面积与一些气象因子存在密切的关系（图 4-38 和表 4-28）：上部叶面积与伸根期 30 cm 深土壤平均相对湿度，旺长期 30 cm 深土壤平均相对湿度，移栽后至成熟期上部叶面积观测日累积日照时数、30 cm 深土壤平均相对湿度呈显著的正相关关系期 ≥10 ℃有效积温、累积降水量，以及移栽后至成熟期上部叶面积观测日累积日照时数、30 cm 深土壤平均相对湿度呈显著的正相关关系（$P<0.05$ 或 $P<0.01$），因此，伸根期较大土壤湿度、旺长期较大土壤湿度，移栽后至成熟期较多的日照时数、较大土壤湿度促进云烟 87 上部叶面积增大；而伸根期 30 cm 深土壤平均温度，旺长期 ≥10 ℃有效积温、累积降水量，移栽后至成熟期 30 cm 深土壤平均温度与上部叶面积呈显著的负相关关系（$P<0.05$ 或 $P<0.01$），因此，伸期较高的土壤温度，旺长期较高的气温、较多的降水量，移栽后至成熟期较高的土壤温度抑制云烟 87 上部叶面积增长。

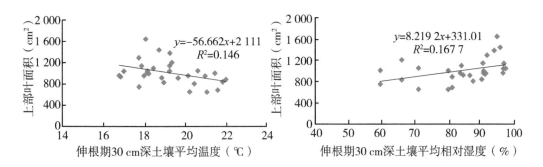

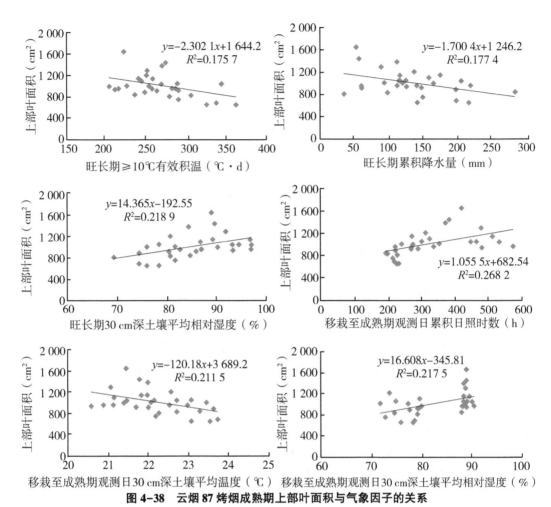

图 4-38 云烟 87 烤烟成熟期上部叶面积与气象因子的关系

表 4-28 云烟 87 烤烟成熟期上部叶面积与气象因子的相关系数（n = 30）

时段	气象因子	与成熟期上部叶面积相关系数
伸根期	≥10 ℃有效积温	−0.34
	累积降水量	−0.15
	累积日照时数	0.00
	30 cm 深土壤平均温度	−0.38*
	30 cm 深土壤平均相对湿度	0.41*
旺长期	≥10 ℃有效积温	−0.42*
	累积降水量	−0.42*
	累积日照时数	0.18
	30 cm 深土壤平均温度	−0.33
	30 cm 深土壤平均相对湿度	0.47**

（续表）

时段	气象因子	与成熟期上部叶面积相关系数
移栽后至成熟期上部 叶面积观测日	≥10 ℃有效积温	0.29
	累积降水量	-0.13
	累积日照时数	0.52**
	30 cm 深土壤平均温度	-0.46**
	30 cm 深土壤平均相对湿度	0.47**

将随机选择的 24 个云烟 87 成熟期上部叶面积样本，与上部叶面积关系紧密的气象因子进行逐步回归分析，得到上部叶面积与气象因子的关系模型：

$$y = 0.31RH + 1.06S + 661.52 \quad (R^2 = 0.31, \ P < 0.01) \tag{4.20}$$

式中：y 为上部叶面积（cm），RH 为旺长期 30 cm 深土壤平均相对湿度，S 为移栽后至成熟期观测日累积日照时数（h），该方程决定系数为 0.31，F 值为 18.54，通过了 0.01 水平显著性检验。

将剩余的 6 个云烟 87 成熟期上部叶面积和相应气象统计资料作为独立样本，检验上述模型，计算得到模拟值，并与实测值进行对比分析。

结果表明，云烟 87 成熟期上部叶面积的模拟值与实测值之间基于 1∶1 线的决定系数（R^2）为 0.81，$RMSE$ 为 76 cm^2，说明模型模拟效果较好（图 4-39）。

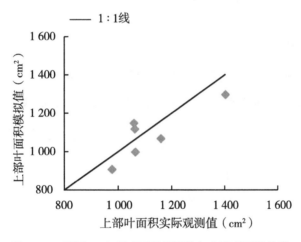

图 4-39 云烟 87 上部叶面积模拟值与实际观测值比较

4.8.3 K326

将不同海拔高度 K326 烤烟成熟期上部叶面积分别与伸根期、旺长期和移栽后至成熟期上部叶面积观测日这一时段 ≥10 ℃有效积温、累积降水量、累积日照时数、30 cm 深土壤平均温度和 30 cm 深土壤平均相对湿度等气象因子作散点图，并计算二者之间的相关系数，可知 K326 上部叶面积与一些气象因子存在密切的关系（图 4-40 和表 4-

29）：上部叶面积与旺长期累积降水量，移栽后至成熟期上部叶面积观测日≥10 ℃有效积温、累积降水量、累积日照时数呈极显著的相关关系（$P<0.01$ 或 $P<0.001$），其中上部叶面积与移栽后至成熟期上部叶面积观测日≥10 ℃有效积温、累积日照时数呈正相关，说明移栽后至成熟期较高气温、较多的日照时数促进 K326 上部叶面积增大；上部叶面积与旺长期降水量、移栽后至成熟期上部叶面积观测日累积降水量呈负相关，说明进入旺长期后较多的降水量抑制 K326 叶面积增大。

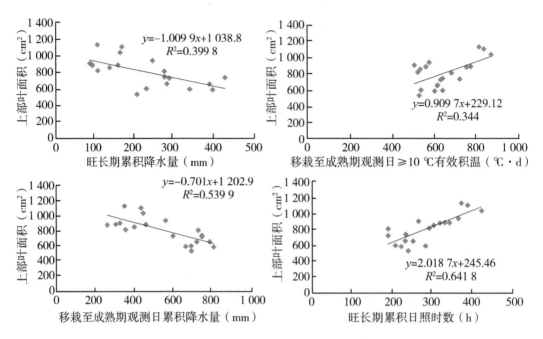

图 4-40　K326 烤烟成熟期上部叶面积与气象因子的关系

表 4-29　K326 烤烟成熟期上部叶面积与气象因子的相关系数（$n=20$）

时段	气象因子	与成熟期上部叶面积相关系数
伸根期	≥10 ℃有效积温	0.03
	累积降水量	−0.11
	累积日照时数	0.28
	30 cm 深土壤平均温度	−0.05
	30 cm 深土壤平均相对湿度	−0.26
旺长期	≥10 ℃有效积温	0.32
	累积降水量	−0.63**
	累积日照时数	0.41
	30 cm 深土壤平均温度	0.28
	30 cm 深土壤平均相对湿度	−0.40

（续表）

时段	气象因子	与成熟期上部叶面积相关系数
移栽后至成熟期 上部叶面积观测日	≥10 ℃有效积温	0.59**
	累积降水量	-0.73***
	累积日照时数	0.80***
	30 cm深土壤平均温度	0.42
	30 cm深土壤平均相对湿度	-0.40

将随机选择的 16 个 K326 成熟期上部叶面积样本，与上部叶面积关系紧密的气象因子进行逐步回归分析，得到上部叶面积与气象因子的关系模型：

$$y=0.24\sum T+2.02S+108.12 \quad (R^2=0.71,\ P<0.001) \tag{4.21}$$

式中：y 为上部叶面积（cm），$\sum T$ 为烤烟移栽后至成熟期观测日≥10 ℃有效积温（℃·d），S 为烤烟移栽后至成熟期观测日累积日照时数（h），该方程决定系数为 0.71，F 值为 24.67，通过了 0.001 水平显著性检验。

将剩余的 4 个 K326 成熟期上部叶面积和相应气象统计资料作为独立样本，检验上述模型，计算得到模拟值，并与实测值进行对比分析。

结果表明，K326 成熟期上部叶面积的模拟值与实测值之间基于 1∶1 线的决定系数（R^2）为 0.73，$RMSE$ 为 74 cm²，模型预测效果较好（图 4-41）。

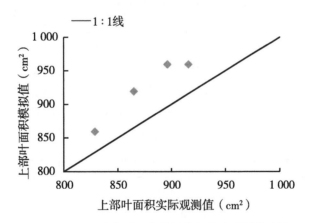

图 4-41　K326 上部叶面积模拟值与实际观测值比较

5 气象因子对烤烟化学成分的影响

研究表明，烤烟叶片的化学成分（总糖、还原糖、烟碱、总氮、氯、糖碱比、氮碱比等）与气象因子存在密切的关系（刘逊，2014）。郭月清（1992）指出，在烤烟生长期间当气温高于 35 ℃时，烟碱含量会不成比例地增加，影响品质。戴冕（2000）认为，降水量与烟碱积累呈正相关关系，成熟期积温对烟叶还原糖也有重要影响。烤烟成熟期日平均气温大于 25 ℃的延续天数在 30d 以上，较为理想（中国农业科学院，1999）。本章分析湘西州烤烟不同发育期气象因子与烟叶化学成分的数量关系，讨论气象因子对不同品种烤烟化学成分的影响，确定影响烟叶各化学成分的主要气象因子。

5.1 气象因子对烟叶总糖的影响

5.1.1 湘烟 7 号

分析湘烟 7 号上部叶总糖与气象因子的数量关系，计算二者的相关系数并进行显著性检验（表 5-1 和图 5-1），可知：湘烟 7 号上部叶总糖与伸根期≥10 ℃有效积温、伸根期及成熟期≥30 cm 深土壤平均温度、伸根期及旺长期≥30 cm 深土壤平均相对湿度均呈显著或极显著负相关关系（$P<0.05$ 或 $P<0.01$ 或 $P<0.001$）。因此伸根期较高积温、30 cm 深土壤较高温度、30 cm 深土壤较高相对湿度，旺长期 30 cm 深土壤较高相对湿度及成熟期 30 cm 深土壤较高温度均不利于上部叶总糖累积。其他气象因子与上部叶总糖关系不显著，因此对上部叶总糖影响不大。

表 5-1　湘烟 7 号上部叶总糖与不同发育期气象因子的相关系数（$n=45$）

发育期	气象因子	与上部叶总糖相关系数
伸根期	≥10 ℃有效积温	-0.58***
	累积降水量	-0.24
	累积日照时数	0.08
	30 cm 深土壤平均温度	-0.32*
	30 cm 深土壤平均相对湿度	-0.58***

（续表）

发育期	气象因子	与上部叶总糖相关系数
旺长期	≥10 ℃有效积温	−0.05
	累积降水量	−0.06
	累积日照时数	0.08
	30 cm深土壤平均温度	−0.24
	30 cm深土壤平均相对湿度	−0.36*
成熟期	≥10 ℃有效积温	−0.28
	累积降水量	−0.12
	累积日照时数	0.003
	30 cm深土壤平均温度	−0.44**
	30 cm深土壤平均相对湿度	0.04
	日最高气温≥35 ℃天数	−0.04
	日平均气温≥25 ℃天数	−0.21
大田生长期	累积日照时数	0.05

注：*、**和***分别表示通过0.05、0.01和0.001水平显著性检验（下同）。

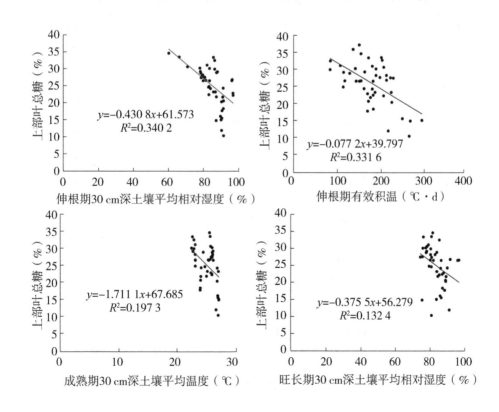

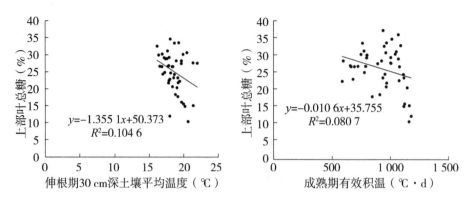

图5-1 湘烟7号上部叶总糖与不同发育期气象因子的关系

分析湘烟7号中部叶总糖与气象因子的数量系数，计算二者的相关系数并进行显著性检验（表5-2和图5-2）：湘烟7号中部叶总糖与伸根期≥10 ℃有效积温、伸根期30 cm深土壤平均相对湿度、成熟期30 cm深土壤平均温度均呈显著或极显著负相关关系（$P<0.05$ 或 $P<0.01$ 或 $P<0.001$）。因此，伸根期较高积温、30 cm深土壤较高相对湿度及成熟期30 cm深土壤较高温度均不利于中部叶总糖累积。其他气象因子与中部叶总糖关系不显著，对中部叶总糖影响不大。

表5-2 湘烟7号中部叶总糖与不同发育期气象因子的相关系数 （$n=45$）

发育期	气象因子	与中部叶总糖相关系数
伸根期	≥10 ℃有效积温	-0.48***
	累积降水量	-0.26
	累积日照时数	0.03
	30 cm深土壤平均温度	-0.27
	30 cm深土壤平均相对湿度	-0.37*
旺长期	≥10 ℃有效积温	0.05
	累积降水量	0.07
	累积日照时数	0.08
	30 cm深土壤平均温度	-0.13
	30 cm深土壤平均相对湿度	-0.24
成熟期	≥10 ℃有效积温	-0.27
	累积降水量	-0.03
	累积日照时数	-0.02
	30 cm深土壤平均温度	-0.44**
	30 cm深土壤平均相对湿度	0.17
	日最高气温≥35 ℃天数	-0.02
	日平均气温≥25 ℃天数	-0.18
大田生长期	累积日照时数	0.02

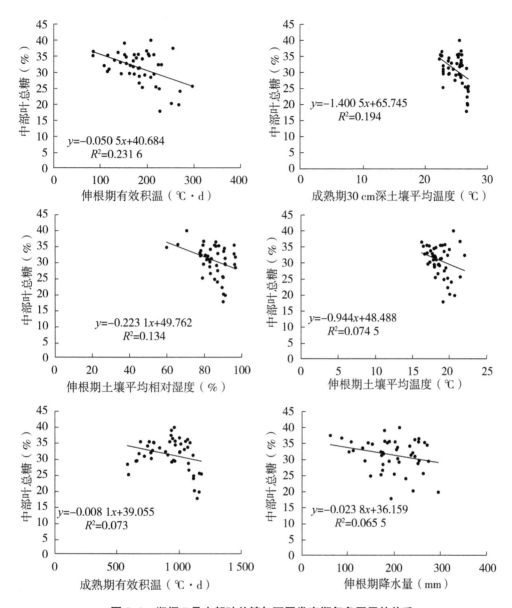

图 5-2　湘烟 7 号中部叶总糖与不同发育期气象因子的关系

5.1.2　云烟 87

　　分析云烟 87 上部叶总糖与气象因子的数量关系，计算二者的相关系数并进行显著性检验（表 5-3 和图 5-3），可知：云烟 87 上部叶总糖与伸根期 ≥10 ℃有效积温、伸根期、旺长期及成熟期 30 cm 深土壤平均温度、成熟期日最高气温 ≥35 ℃天数呈显著或极显著负相关关系（$P<0.05$ 或 $P<0.01$）。因此，伸根期较高积温、伸根至成熟期 30 cm 深土壤较高温度、成熟期较多高温日数均不利于上部叶总糖累积。其他气象因子

与上部叶总糖关系不显著，对上部叶总糖影响不大。

表5-3 云烟87上部叶总糖与不同发育期气象因子的相关系数（n=30）

发育期	气象因子	与上部叶总糖相关系数
伸根期	≥10℃有效积温	-0.55**
	累积降水量	-0.05
	累积日照时数	0.15
	30 cm深土壤平均温度	-0.46*
	30 cm深土壤平均相对湿度	-0.08
旺长期	≥10℃有效积温	-0.07
	累积降水量	-0.11
	累积日照时数	0.10
	30 cm深土壤平均温度	-0.56**
	30 cm深土壤平均相对湿度	0.19
成熟期	≥10℃有效积温	0.05
	累积降水量	-0.13
	累积日照时数	0.01
	30 cm深土壤平均温度	-0.50*
	30 cm深土壤平均相对湿度	0.15
	日最高气温≥35℃天数	-0.37*
	日平均气温≥25℃天数	-0.02
大田生长期	累积日照时数	0.08

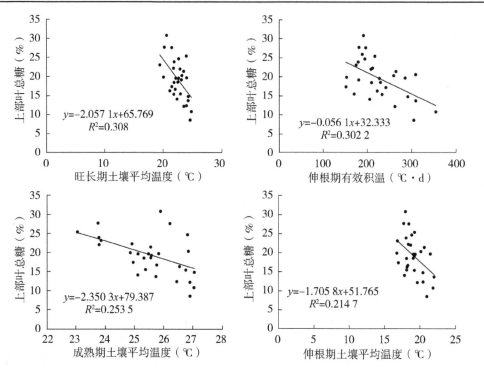

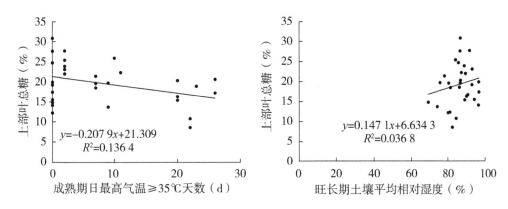

图5-3 云烟87上部叶总糖与不同发育期气象因子的关系

分析云烟87中部叶总糖与气象因子的数量关系，计算二者的相关系数并进行显著性检验（表5-4和图5-4），可知：云烟87中部叶总糖与伸根期≥10 ℃有效积温和成熟期30 cm深土壤平均温度、日最高气温≥35 ℃天数均呈显著或极显著负相关关系（$P<0.05$ 或 $P<0.01$ 或 $P<0.001$）。因此，伸根期较高积温和成熟期30 cm深土壤较高温度、成熟期较多高温日数均不利于中部叶总糖累积。其他气象因子与中部叶总糖关系不显著，对中部叶总糖影响不大。

表5-4 云烟87中部叶总糖与不同发育期气象因子的相关系数（$n=30$）

发育期	气象因子	与中部叶总糖相关系数
伸根期	≥10 ℃有效积温	−0.50**
	累积降水量	−0.21
	累积日照时数	0.19
	30 cm深土壤平均温度	−0.39
	30 cm深土壤平均相对湿度	−0.29
旺长期	≥10 ℃有效积温	0.18
	累积降水量	−0.05
	累积日照时数	0.23
	30 cm深土壤平均温度	−0.33
	30 cm深土壤平均相对湿度	0.09
成熟期	≥10 ℃有效积温	−0.34
	累积降水量	−0.04
	累积日照时数	−0.23
	30 cm深土壤平均温度	−0.61***
	30 cm深土壤平均相对湿度	0.26
	日最高气温≥35 ℃天数	−0.45*
	日平均气温≥25 ℃天数	−0.20
大田生长期	累积日照时数	−0.12

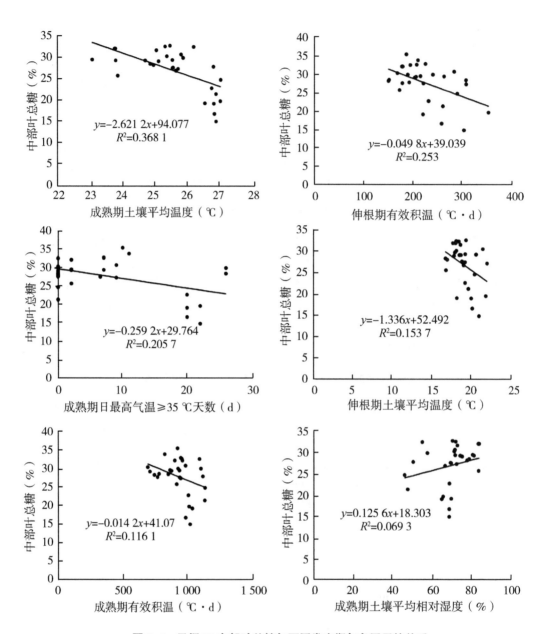

图 5-4　云烟 87 中部叶总糖与不同发育期气象因子的关系

5.1.3　K326

分析 K326 上部叶总糖与气象因子的数量关系，计算二者的相关系数并进行显著性检验（表 5-5 和图 5-5），可知：K326 上部叶总糖与旺长及成熟期累积降水量、伸根至成熟期 ≥30 cm 深土壤平均相对湿度呈显著或极显著负相关关系（$P<0.05$ 或 $P<0.01$ 或 $P<0.001$），与大田生长期、旺长期及成熟期累积日照时数呈显著正相关（$P<0.05$ 或

$P<0.01$）。因此，伸根期至成熟期较多降水、30 cm 深土壤较高相对湿度均不利于上部叶总糖累积，而大田生长期较多的日照有利于总糖累积。其他气象因子与上部叶总糖关系不显著，对上部叶总糖影响不大。

表 5-5　K326 上部叶总糖与不同发育期气象因子的相关系数 $(n=20)$

发育期	气象因子	与上部叶总糖相关系数
伸根期	≥10 ℃有效积温	0.01
	累积降水量	−0.25
	累积日照时数	0.36
	30 cm 深土壤平均温度	0.10
	30 cm 深土壤平均相对湿度	−0.85***
旺长期	≥10 ℃有效积温	0.09
	累积降水量	−0.52*
	累积日照时数	0.54*
	30 cm 深土壤平均温度	0.37
	30 cm 深土壤平均相对湿度	−0.83***
成熟期	≥10 ℃有效积温	−0.42
	累积降水量	−0.68**
	累积日照时数	0.49*
	30 cm 深土壤平均温度	0.15
	30 cm 深土壤平均相对湿度	−0.66**
	日最高气温≥35 ℃天数	0.27
	日平均气温≥25 ℃天数	−0.08
大田生长期	累积日照时数	0.58**

　　分析 K326 中部叶总糖与气象因子的数量关系，计算二者的相关系数并进行显著性检验（表 5-6 和图 5-6），可知：K326 中部叶总糖与旺长及成熟期累积降水量、伸根至成熟期≥30 cm 深土壤平均相对湿度呈显著或极显著负相关关系（$P<0.01$ 或 $P<0.001$），与大田生长期、伸根期至成熟期累积日照时数呈显著正相关（$P<0.05$ 或 $P<0.01$）。因此，旺长期至成熟期较多降水、30 cm 深土壤较高相对湿度均不利于上部叶总糖累积，而较多的日照有利于总糖累积。其他气象因子与中部叶总糖关系不显著，对中部叶总糖影响不大。

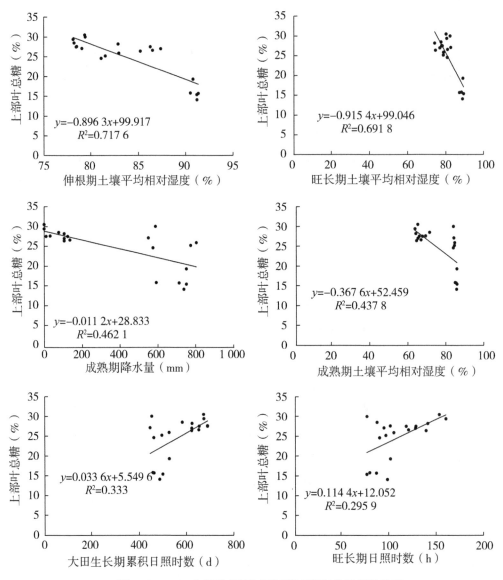

图 5-5　K326 上部叶总糖与不同发育期气象因子的关系

表 5-6　K326 中部叶总糖与不同生育期生态因子的相关系数（$n=20$）

发育期	气象因子	与中部叶总糖相关系数
	≥10 ℃有效积温	-0.04
	累积降水量	-0.18
伸根期	累积日照时数	0.51*
	30 cm 深土壤平均温度	0.02
	30 cm 深土壤平均相对湿度	-0.59**

（续表）

发育期	气象因子	与中部叶总糖相关系数
旺长期	≥10 ℃有效积温	0.05
	累积降水量	−0.61**
	累积日照时数	0.63**
	30 cm深土壤平均温度	0.26
	30 cm深土壤平均相对湿度	−0.75***
成熟期	≥10 ℃有效积温	−0.34
	累积降水量	−0.72***
	累积日照时数	0.53*
	30 cm深土壤平均温度	0.09
	30 cm深土壤平均相对湿度	−0.75***
	日最高气温≥35 ℃天数	0.19
	日平均气温≥25 ℃天数	−0.06
大田生长期	累积日照时数	0.67**

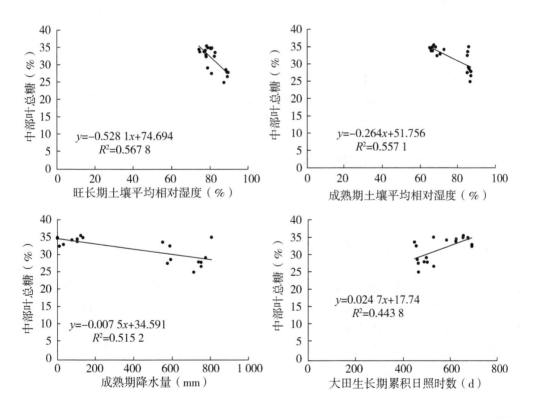

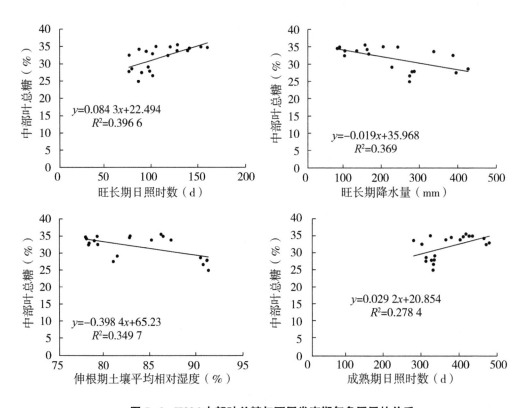

图 5-6 K326 中部叶总糖与不同发育期气象因子的关系

综上所述,成熟期与伸根期较高的积温和较高的土壤温度不利于湘烟 7 号与云烟 87 烟叶总糖的累积,而 K326 烟叶总糖受伸根期至成熟期土壤较高湿度的不利影响更明显,同时较多日照和较少降水更有利于总糖累积。

5.2 气象因子对烟叶还原糖的影响

5.2.1 湘烟 7 号

分析湘烟 7 号上部叶还原糖与气象因子的数量关系,计算二者的相关系数并进行显著性检验(表 5-7 和图 5-7),可知:湘烟 7 号上部叶还原糖与伸根期≥10 ℃有效积温及 30 cm 深土壤平均相对湿度、旺长期 30 cm 深土壤平均相对湿度、成熟期累积日照时数及 30 cm 深土壤平均温度呈显著或极显著负相关关系($P<0.05$ 或 $P<0.001$)。因此,伸根至旺长期较低土壤湿度有利于上部叶还原糖累积;成熟期较多日照及较高土壤温度、伸根期较高积温不利于上部叶还原糖累积。其他气象因子与上部还原糖关系不显著,对上部叶还原糖影响不大。

表 5-7　湘烟 7 号上部叶还原糖与不同发育期气象因子的相关系数（$n=45$）

发育期	气象因子	与上部叶还原糖相关系数
伸根期	≥10 ℃有效积温	−0.48***
	累积降水量	−0.23
	累积日照时数	−0.14
	30 cm 深土壤平均温度	−0.14
	30 cm 深土壤平均相对湿度	−0.63***
旺长期	≥10 ℃有效积温	−0.05
	累积降水量	0.11
	累积日照时数	−0.06
	30 cm 深土壤平均温度	−0.20
	30 cm 深土壤平均相对湿度	−0.34*
成熟期	≥10 ℃有效积温	−0.25
	累积降水量	0.22
	累积日照时数	−0.33*
	30 cm 深土壤平均温度	−0.51***
	30 cm 深土壤平均相对湿度	0.30
	日最高气温≥35 ℃天数	−0.05
	日平均气温≥25 ℃天数	−0.22
大田生长期	累积日照时数	−0.31

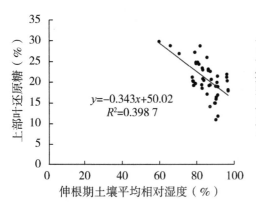

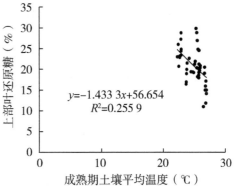

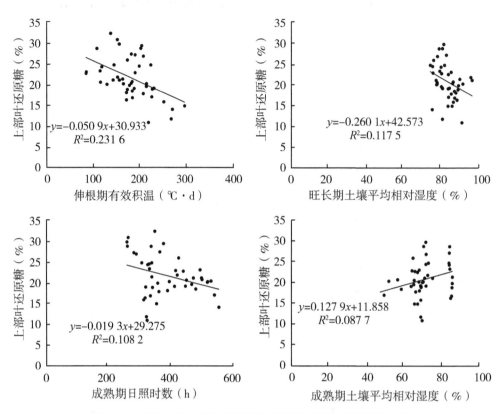

图5-7 湘烟7号上部叶还原糖与不同发育期气象因子的关系

分析湘烟7号中部叶还原糖与气象因子的数量关系，计算二者的相关系数并进行显著性检验（表5-8和图5-8），可知：湘烟7号中部叶还原糖与伸根期≥10℃有效积温、累积降水量和30 cm深土壤平均相对湿度呈显著或极显著负相关关系（$P<0.05$或$P<0.01$或$P<0.001$）。因此，伸根期较高积温、较多降水、较大土壤湿度均不利于中部叶还原糖累积。其他气象因子与中部还原糖关系不显著，对中部叶还原糖影响不大。

表5-8 湘烟7号中部叶还原糖与不同发育期气象因子的相关系数（$n=45$）

发育期	气象因子	与中部叶还原糖相关系数
	≥10℃有效积温	−0.33*
	累积降水量	−0.41**
伸根期	累积日照时数	−0.08
	30 cm深土壤平均温度	−0.10
	30 cm深土壤平均相对湿度	−0.54***

（续表）

发育期	气象因子	与中部叶还原糖相关系数
旺长期	≥10 ℃有效积温	0.15
	累积降水量	0.03
	累积日照时数	−0.03
	30 cm深土壤平均温度	−0.05
	30 cm深土壤平均相对湿度	−0.26
成熟期	≥10 ℃有效积温	−0.14
	累积降水量	0.14
	累积日照时数	−0.26
	30 cm深土壤平均温度	−0.26
	30 cm深土壤平均相对湿度	0.18
	日最高气温≥35 ℃天数	0.04
	日平均气温≥25 ℃天数	0.03
大田生长期	累积日照时数	−0.23

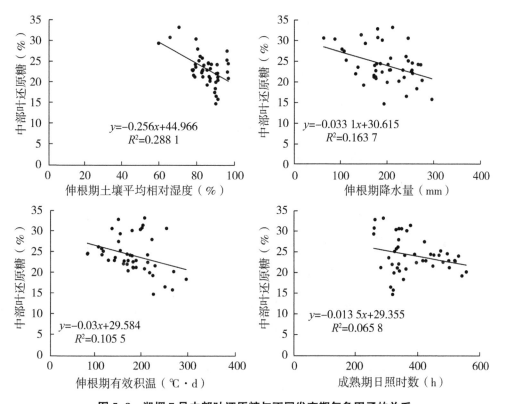

图 5-8 湘烟 7 号中部叶还原糖与不同发育期气象因子的关系

5.2.2 云烟87

分析云烟87上部叶还原糖与气象因子的数量关系，计算二者的相关系数并进行显著性检验（表5-9和图5-9），可知：云烟87上部叶还原糖与伸根期≥10 ℃有效积温及30 cm深土壤平均相对湿度、旺长期30 cm深土壤平均温度、成熟期30 cm深土壤平均温度呈显著或极显著负相关关系（$P<0.05$ 或 $P<0.01$）。因此，伸根至成熟期较高土壤温度、伸根期较多积温不利于上部叶还原糖累积。其他气象因子与上部还原糖关系不显著，对上部叶还原糖影响不大。

表5-9 云烟87上部叶还原糖与不同发育期气象因子的相关系数（$n=30$）

发育期	气象因子	与上部叶还原糖相关系数
伸根期	≥10 ℃有效积温	−0.51**
	累积降水量	−0.02
	累积日照时数	0.22
	30 cm深土壤平均温度	−0.41*
	30 cm深土壤平均相对湿度	−0.15
旺长期	≥10 ℃有效积温	−0.09
	累积降水量	−0.09
	累积日照时数	0.08
	30 cm深土壤平均温度	−0.52**
	30 cm深土壤平均相对湿度	0.14
成熟期	≥10 ℃有效积温	−0.02
	累积降水量	0.003
	累积日照时数	−0.12
	30 cm深土壤平均温度	−0.57**
	30 cm深土壤平均相对湿度	0.25
	日最高气温≥35 ℃天数	−0.36
	日平均气温≥25 ℃天数	−0.11
大田生长期	累积日照时数	−0.03

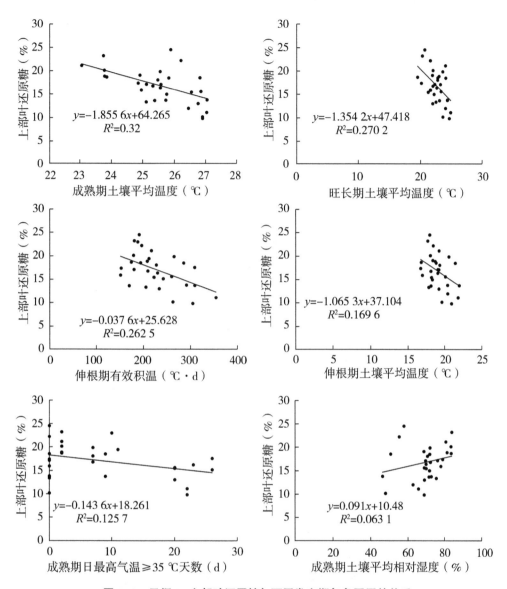

图 5-9　云烟 87 上部叶还原糖与不同发育期气象因子的关系

分析云烟 87 中部叶还原糖与气象因子的数量关系，计算二者的相关系数并进行显著性检验（表 5-10 和图 5-10），可知：云烟 87 中部叶还原糖与伸根期≥10 ℃有效积温、成熟期≥10 ℃有效积温及成熟期 30 cm 深土壤平均温度呈显著或极显著负相关关系（$P<0.05$ 或 $P<0.001$）。因此，伸根期较高气温，成熟期较高气温、较大土壤湿度均不利于中部叶还原糖累积。其他气象因子与中部叶还原糖关系不显著，对中部叶还原糖影响不大。

表 5-10　云烟 87 中部叶还原糖与不同发育期气象因子的相关系数（$n=30$）

发育期	气象因子	与中部叶还原糖相关系数
伸根期	≥10 ℃有效积温	−0.44*
	累积降水量	−0.21
	累积日照时数	0.28
	30 cm 深土壤平均温度	−0.32
	30 cm 深土壤平均相对湿度	−0.38
旺长期	≥10 ℃有效积温	0.17
	累积降水量	0.00
	累积日照时数	0.22
	30 cm 深土壤平均温度	−0.28
	30 cm 深土壤平均相对湿度	0.06
成熟期	≥10 ℃有效积温	−0.42*
	累积降水量	0.17
	累积日照时数	−0.41*
	30 cm 深土壤平均温度	−0.61***
	30 cm 深土壤平均相对湿度	0.39
	日最高气温≥35 ℃天数	−0.35
	日平均气温≥25 ℃天数	−0.31
大田生长期	累积日照时数	−0.29

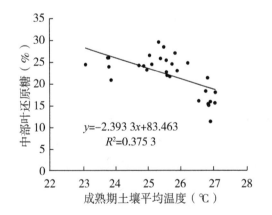

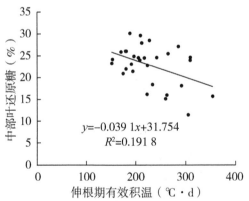

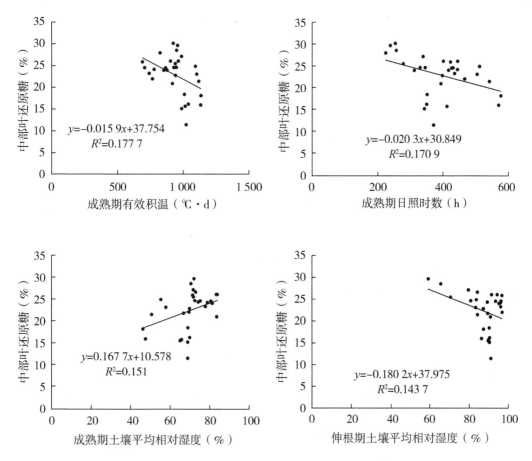

图 5-10　云烟 87 中部叶还原糖与不同发育期气象因子的关系

5.2.3　K326

分析 K326 上部叶还原糖与气象因子的数量关系，计算二者的相关系数并进行显著性检验（表 5-11 和图 5-11），可知：K326 上部叶还原糖与伸根期 30 cm 深土壤平均相对湿度、旺长期 30 cm 深土壤平均相对湿度、成熟期 ≥10 ℃有效积温呈显著或极显著负相关关系。因此，伸根期至旺长期较高土壤湿度、成熟期较多积温及降水不利于上部叶还原糖累积。其他气象因子与上部还原糖关系不显著，对上部还原糖影响不大。

表 5-11　K326 上部叶还原糖与不同发育期气象因子的相关系数（$n = 20$）

发育期	气象因子	与上部叶还原糖相关系数
	≥10 ℃有效积温	−0.04
	累积降水量	−0.27
伸根期	累积日照时数	0.23
	30 cm 深土壤平均温度	0.12
	30 cm 深土壤平均相对湿度	−0.84 ***

（续表）

发育期	气象因子	与上部叶还原糖相关系数
旺长期	≥10 ℃有效积温	−0.02
	累积降水量	−0.26
	累积日照时数	0.34
	30 cm深土壤平均温度	0.29
	30 cm深土壤平均相对湿度	−0.73***
成熟期	≥10 ℃有效积温	−0.60**
	累积降水量	−0.45*
	累积日照时数	0.22
	30 cm深土壤平均温度	−0.04
	30 cm深土壤平均相对湿度	−0.42
	日最高气温≥35 ℃天数	0.07
	日平均气温≥25 ℃天数	−0.29
大田生长期	累积日照时数	0.30

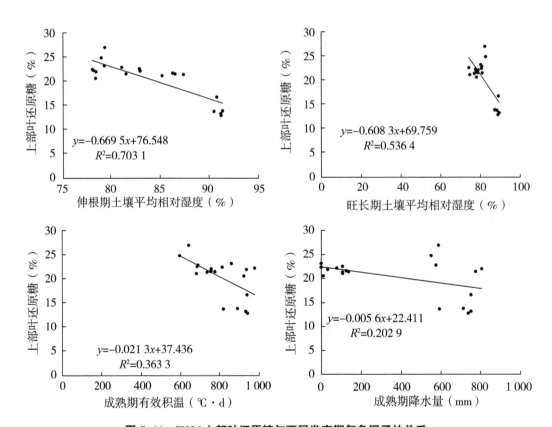

图 5-11 K326 上部叶还原糖与不同发育期气象因子的关系

　　分析 K326 中部叶还原糖与气象因子的数量关系，计算二者的相关系数并进行显著性检验（表5-12和图5-12），可知：K326 中部叶还原糖与伸根期 30 cm 深土壤平均相对湿度、旺长期 30 cm 深土壤平均相对湿度呈显著或极显著负相关关系（$P<0.05$ 或 $P<0.001$）。因此，伸根至旺长期较高土壤湿度不利于中部叶还原糖累积。其他气象因子与中部还原糖关系不显著，对中部还原糖影响不大。

表 5-12　K326 中部叶还原糖与不同发育期气象因子的相关系数（$n=20$）

发育期	气象因子	与中部叶还原糖相关系数
伸根期	≥10 ℃有效积温	-0.07
	累积降水量	-0.38
	累积日照时数	0.16
	30 cm 深土壤平均温度	0.07
	30 cm 深土壤平均相对湿度	-0.75***
旺长期	≥10 ℃有效积温	0.00
	累积降水量	-0.10
	累积日照时数	0.20
	30 cm 深土壤平均温度	0.18
	30 cm 深土壤平均相对湿度	-0.45*
成熟期	≥10 ℃有效积温	-0.43
	累积降水量	-0.24
	累积日照时数	0.11
	30 cm 深土壤平均温度	0.08
	30 cm 深土壤平均相对湿度	-0.20
	日最高气温≥35 ℃天数	0.15
	日平均气温≥25 ℃天数	-0.19
大田生长期	累积日照时数	0.17

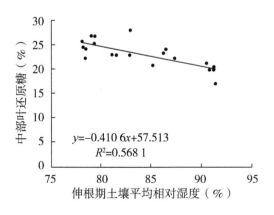
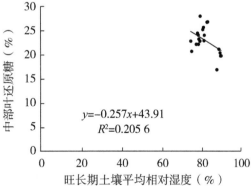

图 5-12　K326 中部叶还原糖与不同发育期气象因子的关系

综上所述，对于不同品种烤烟（尤其是 K326），伸根至旺长期较高土壤湿度对还原糖累积有显著不利影响，而成熟期、伸根期较多积温叶不利于还原糖累积。

5.3 气象因子对烟叶烟碱的影响

5.3.1 湘烟 7 号

分析湘烟 7 号上部叶烟碱与气象因子的数量关系，计算二者的相关系数并进行显著性检验（表 5-13 和图 5-13），可知：湘烟 7 号上部叶烟碱与伸根期 ≥ 10 ℃有效积温及 30 cm 深土壤平均相对湿度，旺长期 30 cm 深土壤平均相对湿度，成熟期 30 cm 深土壤平均温度、日平均气温 ≥ 25 ℃天数呈显著或极显著正相关关系（$P<0.05$ 或 $P<0.001$），与成熟期 30 cm 深土壤平均相对湿度呈显著负相关（$P<0.05$）。因此，成熟期较低土壤湿度、伸根至旺长期较高土壤湿度、伸根期较高积温、成熟期较高土壤温度、较多高温日数均有利于上部叶烟碱累积。其他气象因子与上部叶烟碱关系不显著，对上部叶烟碱影响不大。

表 5-13　湘烟 7 号烟叶上部叶烟碱与不同发育期气象因子的相关系数（$n=45$）

发育期	气象因子	与上部叶烟碱相关系数
伸根期	≥ 10 ℃有效积温	0.53 ***
	累积降水量	0.08
	累积日照时数	0.13
	30 cm 深土壤平均温度	0.26
	30 cm 深土壤平均相对湿度	0.59 ***
旺长期	≥ 10 ℃有效积温	0.20
	累积降水量	−0.20
	累积日照时数	0.12
	30 cm 深土壤平均温度	0.26
	30 cm 深土壤平均相对湿度	0.38 *
成熟期	≥ 10 ℃有效积温	0.26
	累积降水量	−0.15
	累积日照时数	0.14
	30 cm 深土壤平均温度	0.52 ***
	30 cm 深土壤平均相对湿度	−0.33 *
	日最高气温 ≥ 35 ℃天数	−0.06
	日平均气温 ≥ 25 ℃天数	0.36 *

（续表）

发育期	气象因子	与上部叶烟碱相关系数
大田生长期	累积日照时数	0.19

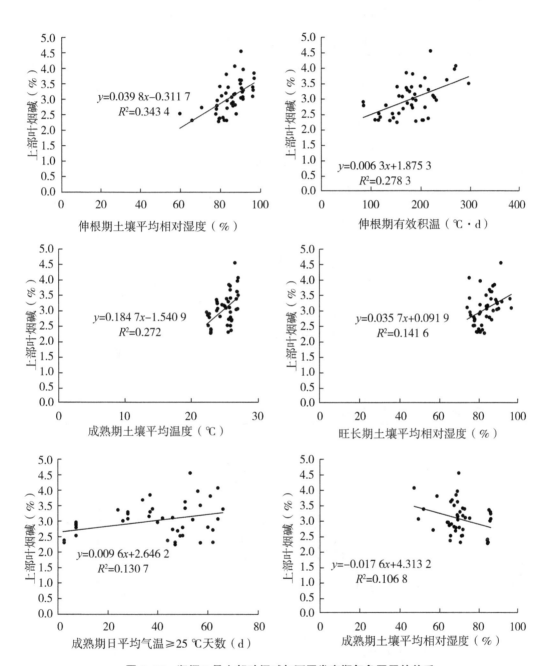

图 5-13 湘烟 7 号上部叶烟碱与不同发育期气象因子的关系

分析湘烟 7 号中部叶烟碱与气象因子的数量关系，计算二者的相关系数并进行显著性检验（表5-14和图5-14），可知：湘烟7号中部叶烟碱与伸根期≥10 ℃有效积温及30 cm深土壤平均相对湿度，成熟期30 cm深土壤平均温度呈显著或极显著正相关关系（P<0.05或P<0.001）；与成熟期30 cm深土壤平均相对湿度呈显著负相关（P<0.05）。因此，成熟期较低土壤湿度、伸根较高土壤湿度、伸根期较高积温、成熟期较高土壤温度均有利于中部叶烟碱累积。其他气象因子与中部烟碱关系不显著，对中部叶烟碱影响不大。

表5-14　湘烟7号中部叶烟碱与不同发育期气象因子的相关系数（n=45）

发育期	气象因子	与中部叶烟碱相关系数
伸根期	≥10 ℃有效积温	0.35*
	累积降水量	0.05
	累积日照时数	0.13
	30 cm深土壤平均温度	0.13
	30 cm深土壤平均相对湿度	0.54***
旺长期	≥10 ℃有效积温	0.27
	累积降水量	−0.24
	累积日照时数	0.29
	30 cm深土壤平均温度	0.17
	30 cm深土壤平均相对湿度	0.31
成熟期	≥10 ℃有效积温	0.01
	累积降水量	−0.29
	累积日照时数	0.22
	30 cm深土壤平均温度	0.37*
	30 cm深土壤平均相对湿度	−0.39*
	日最高气温≥35 ℃天数	−0.25
	日平均气温≥25 ℃天数	0.24
大田生长期	累积日照时数	0.33

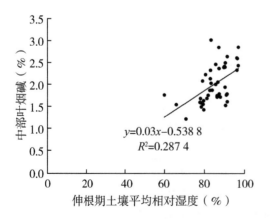
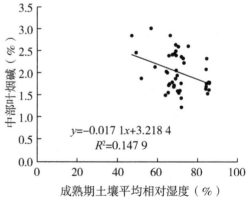

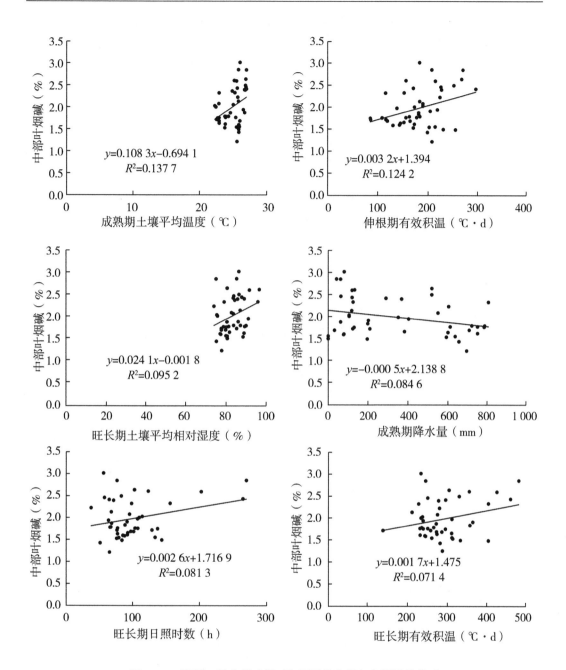

图 5-14 湘烟 7 号中部叶烟碱与不同发育期气象因子的关系

5.3.2 云烟 87

分析云烟 87 上部叶烟碱与气象因子的数量关系，计算二者的相关系数并进行显著性检验（表 5-15 和图 5-15），可知：云烟 87 上部叶烟碱与成熟期 ≥10 ℃ 有效积温呈显著负相关关系（$P<0.05$）。因此，成熟期较高积温不利于上部叶烟碱累积。其他气象因子与上部烟碱关系不显著，对上部叶烟碱影响不大。

表 5-15　云烟 87 上部叶烟碱与不同发育期气象因子的相关系数 ($n=30$)

发育期	气象因子	与上部叶烟碱相关系数
伸根期	≥10 ℃有效积温	−0.01
	累积降水量	−0.29
	累积日照时数	0.27
	30 cm 深土壤平均温度	0.05
	30 cm 深土壤平均相对湿度	−0.21
旺长期	≥10 ℃有效积温	0.05
	累积降水量	0.08
	累积日照时数	0.11
	30 cm 深土壤平均温度	0.21
	30 cm 深土壤平均相对湿度	0.03
成熟期	≥10 ℃有效积温	−0.42*
	累积降水量	0.16
	累积日照时数	−0.11
	30 cm 深土壤平均温度	0.06
	30 cm 深土壤平均相对湿度	0.07
	日最高气温≥35 ℃天数	−0.23
	日平均气温≥25 ℃天数	−0.26
大田生长期	累积日照时数	0.02

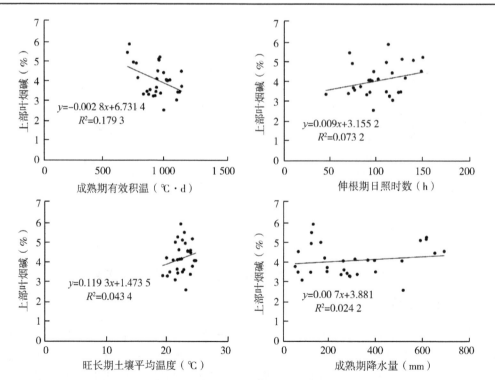

图 5-15　云烟 87 上部叶烟碱与不同发育期气象因子的关系

分析云烟 87 中部叶烟碱与气象因子的数量关系，计算二者的相关系数并进行显著性检验（表 5-16 和图 5-16），可知：云烟 87 中部叶烟碱与气象因子的关系均不显著。

表 5-16 云烟 87 中部叶烟碱与不同发育期气象因子的相关系数（$n=30$）

发育期	气象因子	与中部叶烟碱相关系数
伸根期	≥10 ℃有效积温	0.23
	累积降水量	0.02
	累积日照时数	0.09
	30 cm 深土壤平均温度	0.25
	30 cm 深土壤平均相对湿度	0.33
旺长期	≥10 ℃有效积温	−0.25
	累积降水量	−0.07
	累积日照时数	−0.21
	30 cm 深土壤平均温度	0.24
	30 cm 深土壤平均相对湿度	0.08
成熟期	≥10 ℃有效积温	0.13
	累积降水量	0.07
	累积日照时数	0.31
	30 cm 深土壤平均温度	0.16
	30 cm 深土壤平均相对湿度	0.02
	日最高气温≥35 ℃天数	0.01
	日平均气温≥25 ℃天数	−0.07
大田生长期	累积日照时数	0.28

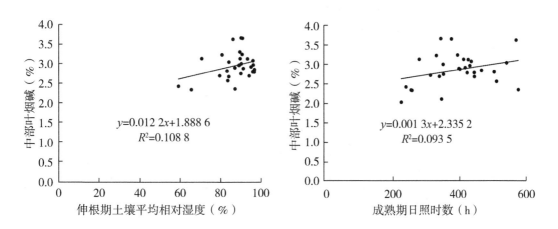

图 5-16 云烟 87 中部叶烟碱与不同发育期气象因子的关系

5.3.3 K326

分析 K326 上部叶烟碱与气象因子的数量关系，计算二者的相关系数并进行显著性检验（表 5-17 和图 5-17），可知：K326 上部叶烟碱与伸根期和成熟期累积降水量及伸根期 30 cm 深土壤平均相对湿度呈显著或极显著正相关关系（$P<0.05$ 或 $P<0.001$）；与旺长期 30 cm 深土壤平均温度、成熟期累积日照时数、成熟期日最高气温≥35 ℃天数、日平均气温≥25 ℃天数呈显著负相关关系（$P<0.05$ 或 $P<0.001$）。因此伸根期较高土壤湿度、伸根期及成熟期较多降水均有利于上部叶烟碱累积，旺长期较高土壤温度、成熟期较多日照、较高土温、较多高温日数不利于累积。其他气象因子与上部叶烟碱关系不显著，对上部叶烟碱影响不大。

表 5-17　K326 上部叶烟碱与不同发育期气象因子的相关系数（$n=20$）

发育期	气象因子	与上部叶烟碱相关系数
伸根期	≥10 ℃有效积温	−0.10
	累积降水量	0.50*
	累积日照时数	0.07
	30 cm 深土壤平均温度	−0.19
	30 cm 深土壤平均相对湿度	0.88***
旺长期	≥10 ℃有效积温	−0.42
	累积降水量	0.32
	累积日照时数	−0.27
	30 cm 深土壤平均温度	−0.50*
	30 cm 深土壤平均相对湿度	0.40
成熟期	≥10 ℃有效积温	−0.08
	累积降水量	0.53*
	累积日照时数	−0.54*
	30 cm 深土壤平均温度	−0.71***
	30 cm 深土壤平均相对湿度	0.38
	日最高气温≥35 ℃天数	−0.77***
	日平均气温≥25 ℃天数	−0.46*
大田生长期	累积日照时数	−0.42

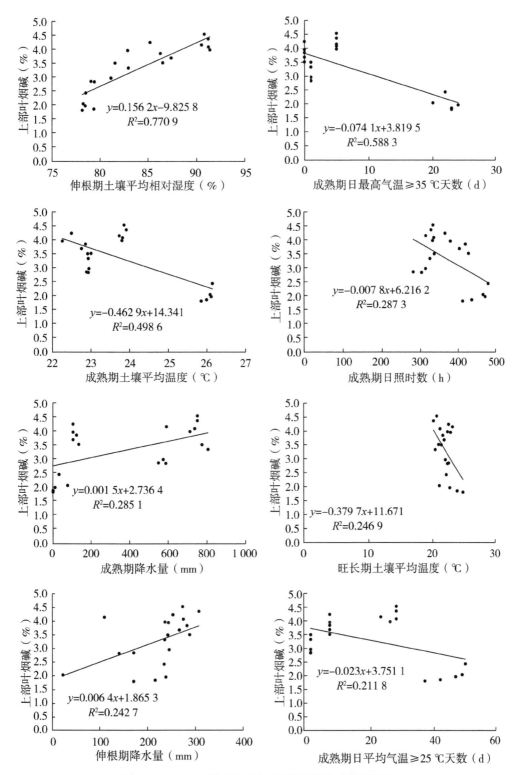

图 5-17 K326 上部叶烟碱与不同发育期气象因子的关系

分析 K326 中部叶烟碱与气象因子的数量关系，计算二者的相关系数并进行显著性检验（表 5-18 和图 5-18），可知：K326 中部叶烟碱与气象因子的关系不显著。

表 5-18 K326 中部叶烟碱与不同发育期气象因子的相关系数 （n=20）

发育期	气象因子	与中部叶烟碱相关系数
伸根期	≥10 ℃有效积温	-0.23
	累积降水量	-0.27
	累积日照时数	-0.21
	30 cm 深土壤平均温度	0.00
	30 cm 深土壤平均相对湿度	-0.11
旺长期	≥10 ℃有效积温	-0.18
	累积降水量	-0.27
	累积日照时数	-0.06
	30 cm 深土壤平均温度	-0.10
	30 cm 深土壤平均相对湿度	-0.19
成熟期	≥10 ℃有效积温	0.30
	累积降水量	-0.02
	累积日照时数	0.25
	30 cm 深土壤平均温度	0.20
	30 cm 深土壤平均相对湿度	-0.02
	日最高气温≥35 ℃天数	0.19
	日平均气温≥25 ℃天数	0.25
大田生长期	累积日照时数	0.09

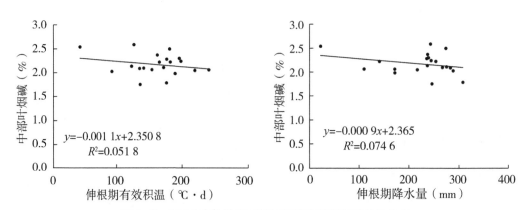

图 5-18 K326 中部叶烟碱与不同发育期气象因子的关系

综上所述，不同品种烤烟中部叶烟碱受气象因子的影响，相对上部叶小；而上部叶烟碱主要受土壤湿度和成熟期积温影响。

5.4　气象因子对烟叶总氮的影响

5.4.1　湘烟7号

分析湘烟7号上部叶总氮与气象因子的数量关系，计算二者的相关系数并进行显著性检验（表5-19和图5-19），可知：湘烟7号上部叶总氮与伸根期≥10 ℃有效积温及30 cm深土壤平均相对湿度、旺长期30 cm深土壤平均相对湿度、成熟期30 cm深土壤平均温度呈显著或极显著正相关关系（$P<0.05$ 或 $P<0.001$）。因此，成熟期较高土壤温度、伸根至旺长期较高土壤湿度、伸根期较高积温有利于上部叶总氮累积。其他气象因子与上部总氮关系不显著，对上部叶总氮影响不大。

表5-19　湘烟7号上部叶总氮与不同发育期气象因子的相关系数（$n=45$）

发育期	气象因子	与上部叶总氮相关系数
伸根期	≥10 ℃有效积温	0.57***
	累积降水量	0.20
	累积日照时数	−0.05
	30 cm深土壤平均温度	0.25
	30 cm深土壤平均相对湿度	0.74***
旺长期	≥10 ℃有效积温	0.19
	累积降水量	0.05
	累积日照时数	0.05
	30 cm深土壤平均温度	0.22
	30 cm深土壤平均相对湿度	0.49***
成熟期	≥10 ℃有效积温	0.19
	累积降水量	0.01
	累积日照时数	0.03
	30 cm深土壤平均温度	0.39*
	30 cm深土壤平均相对湿度	−0.05
	日最高气温≥35 ℃天数	0.00
	日平均气温≥25 ℃天数	0.21
大田生长期	累积日照时数	0.04

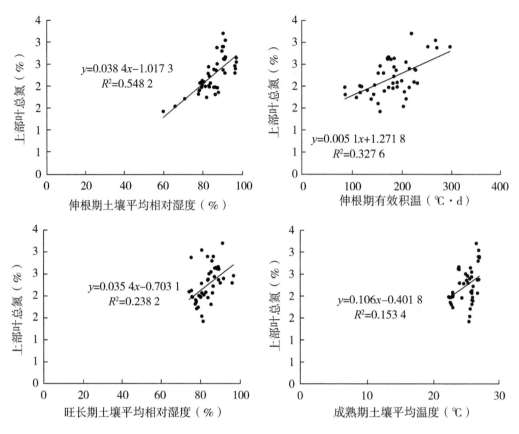

图 5-19　湘烟 7 号上部叶总氮与不同发育期气象因子的关系

　　分析湘烟 7 号中部叶总氮与气象因子的数量关系，计算二者的相关系数并进行显著性检验（表 5-20 和图 5-20），可知：湘烟 7 号中部叶总氮与伸根期 ≥10 ℃有效积温及 30 cm 深土壤平均相对湿度、旺长期 30 cm 深土壤平均相对湿度、成熟期 30 cm 深土壤平均温度、日平均气温 ≥25 ℃天数呈显著或极显著正相关关系（$P<0.05$ 或 $P<0.001$）。因此，成熟期较高土壤温度、较多温和日数、伸根至旺长期较高土壤湿度、伸根期较高积温有利于中部叶总氮累积。其他气象因子与中部总氮关系不显著，对中部叶总氮影响不大。

表 5-20　湘烟 7 号中部叶总氮与不同发育期气象因子的相关系数（$n=45$）

发育期	气象因子	与中部叶总氮相关系数
	≥10 ℃有效积温	0.50 ***
	累积降水量	0.08
伸根期	累积日照时数	−0.06
	30 cm 深土壤平均温度	0.24
	30 cm 深土壤平均相对湿度	0.45 **

（续表）

发育期	气象因子	与中部叶总氮相关系数
旺长期	≥10 ℃有效积温	0.23
	累积降水量	−0.11
	累积日照时数	0.09
	30 cm深土壤平均温度	0.19
	30 cm深土壤平均相对湿度	0.37*
成熟期	≥10 ℃有效积温	0.23
	累积降水量	−0.09
	累积日照时数	0.04
	30 cm深土壤平均温度	0.56***
	30 cm深土壤平均相对湿度	−0.21
	日最高气温≥35 ℃天数	0.06
	日平均气温≥25 ℃天数	0.37*
大田生长期	累积日照时数	0.06

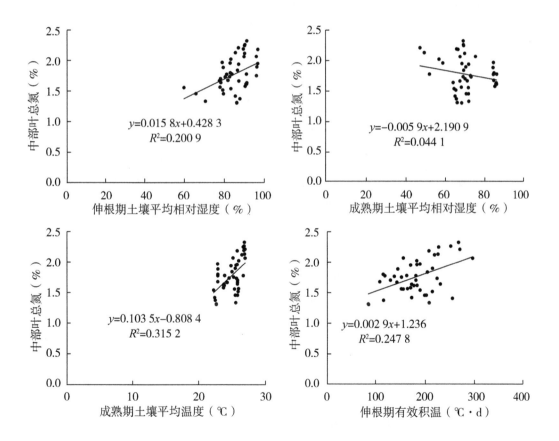

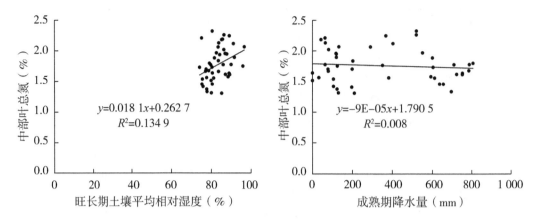

图5-20 湘烟7号中部叶总氮与不同发育期气象因子的关系

5.4.2 云烟87

分析云烟87上部叶总氮与气象因子的数量关系，计算二者的相关系数并进行显著性检验（表5-21和图5-21），可知：云烟87上部叶总氮与伸根期≥10 ℃有效积温及30 cm深土壤平均温度、旺长期30 cm深土壤平均温度、成熟期30 cm深土壤平均温度、日最高气温≥35 ℃天数呈极显著正相关（$P<0.01$ 或 $P<0.001$）；与旺长期30 cm深土壤平均相对湿度呈显著负相关关系（$P<0.05$）。因此，大田生长期较高土壤温度、成熟期较多高温日数、旺长期较低土壤湿度、伸根期较高积温有利于上部叶总氮累积。其他气象因子与上部总氮关系不显著，对上部叶总氮影响不大。

表5-21 云烟87上部叶总氮与不同发育期气象因子的相关系数（$n=30$）

发育期	气象因子	与上部叶总氮相关系数
伸根期	≥10 ℃有效积温	0.66***
	累积降水量	0.16
	累积日照时数	0.10
	30 cm深土壤平均温度	0.58**
	30 cm深土壤平均相对湿度	−0.29
旺长期	≥10 ℃有效积温	−0.10
	累积降水量	0.17
	累积日照时数	−0.37
	30 cm深土壤平均温度	0.55**
	30 cm深土壤平均相对湿度	−0.42*

（续表）

发育期	气象因子	与上部叶总氮相关系数
	≥10 ℃有效积温	0.20
	累积降水量	0.35
	累积日照时数	−0.17
成熟期	30 cm深土壤平均温度	0.61***
	30 cm深土壤平均相对湿度	−0.26
	日最高气温≥35 ℃天数	0.48**
	日平均气温≥25 ℃天数	0.21
大田生长期	累积日照时数	−0.26

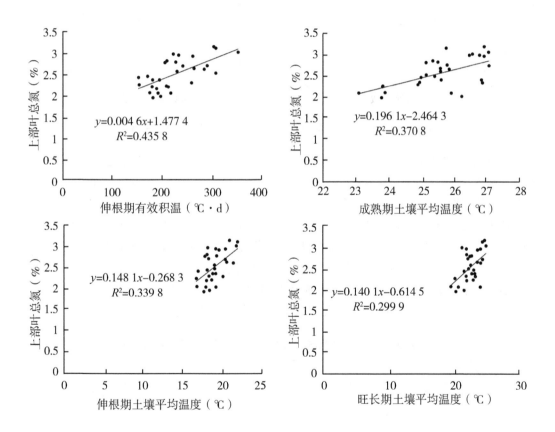

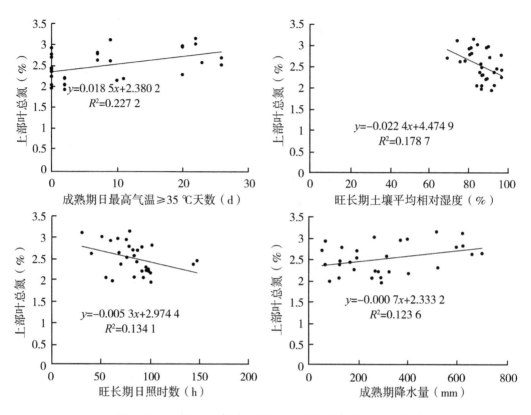

图5-21 云烟87上部叶总氮与不同发育期气象因子的关系

分析云烟87中部叶总氮与气象因子的数量关系，计算二者的相关系数并进行显著性检验（表5-22和图5-22），可知：云烟87中部叶总氮与伸根期≥10℃有效积温及30 cm深土壤平均温度、成熟期≥10℃有效积温、日最高气温≥35℃天数、日平均气温≥25℃天数及30 cm深土壤平均温度呈显著或极显著正相关关系（$P<0.05$ 或 $P<0.01$ 或 $P<0.001$）；与旺长期累积日照时数、成熟期30 cm深土壤平均相对湿度呈显著或极显著负相关关系（$P<0.05$ 或 $P<0.01$）。因此，成熟期和伸根期较高土壤温度、旺长期较少日照、成熟期较低土壤湿度和较多高温日数、成熟期和伸根期较高积温有利于中部叶总氮累积。其他气象因子与中部叶总氮关系不显著，对中部叶总氮影响不大。

表5-22 云烟87中部叶总氮与不同发育期气象因子的相关系数（$n=30$）

发育期	气象因子	与中部叶总氮相关系数
	≥10℃有效积温	0.58**
	累积降水量	0.25
伸根期	累积日照时数	−0.05
	30 cm深土壤平均温度	0.47*
	30 cm深土壤平均相对湿度	0.10

（续表）

发育期	气象因子	与中部叶总氮相关系数
	≥10 ℃有效积温	−0.23
	累积降水量	0.15
旺长期	累积日照时数	−0.41*
	30 cm 深土壤平均温度	0.36
	30 cm 深土壤平均相对湿度	−0.24
	≥10 ℃有效积温	0.55**
	累积降水量	−0.01
	累积日照时数	0.29
成熟期	30 cm 深土壤平均温度	0.77***
	30 cm 深土壤平均相对湿度	−0.51**
	日最高气温≥35 ℃天数	0.45*
	日平均气温≥25 ℃天数	0.43*
大田生长期	累积日照时数	0.17

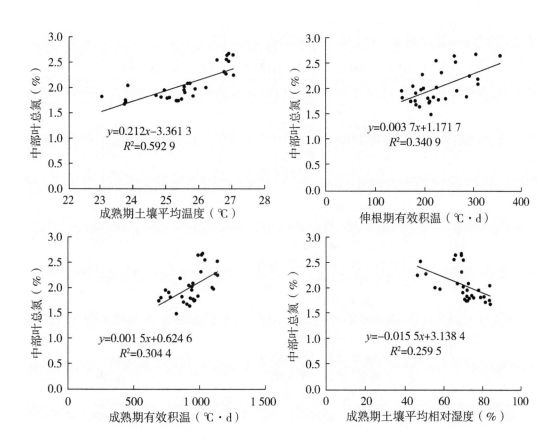

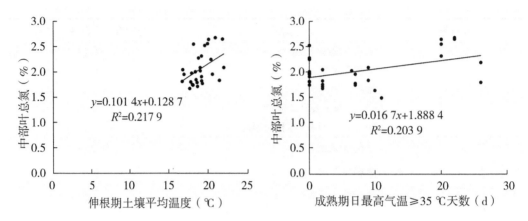

图 5-22　云烟 87 中部叶总氮与不同发育期气象因子的关系

5.4.3　K326

分析 K326 上部叶总氮与气象因子的数量关系，计算二者的相关系数并进行显著性检验（表 5-23 和图 5-23），可知：K326 上部叶总氮与伸根期及旺长期 30 cm 深土壤平均相对湿度、成熟期 ≥10 ℃有效积温呈极显著正相关关系（$P<0.01$ 或 $P<0.001$）。因此，伸根至旺长期较高土壤湿度、成熟期较高积温有利于上部叶总氮累积。其他气象因子与上部总氮关系不显著，对上部叶总氮影响不大。

表 5-23　K326 上部叶总氮与不同发育期气象因子的相关系数（$n=20$）

发育期	气象因子	与上部叶总氮相关系数
伸根期	≥10 ℃有效积温	0.02
	累积降水量	0.30
	累积日照时数	−0.13
	30 cm 深土壤平均温度	−0.19
	30 cm 深土壤平均相对湿度	0.83***
旺长期	≥10 ℃有效积温	0.04
	累积降水量	0.18
	累积日照时数	−0.23
	30 cm 深土壤平均温度	−0.30
	30 cm 深土壤平均相对湿度	0.68***
成熟期	≥10 ℃有效积温	0.67**
	累积降水量	0.29
	累积日照时数	−0.06
	30 cm 深土壤平均温度	0.11
	30 cm 深土壤平均相对湿度	0.27
	日最高气温 ≥35 ℃天数	−0.01
	日平均气温 ≥25 ℃天数	0.37
大田生长期	累积日照时数	−0.14

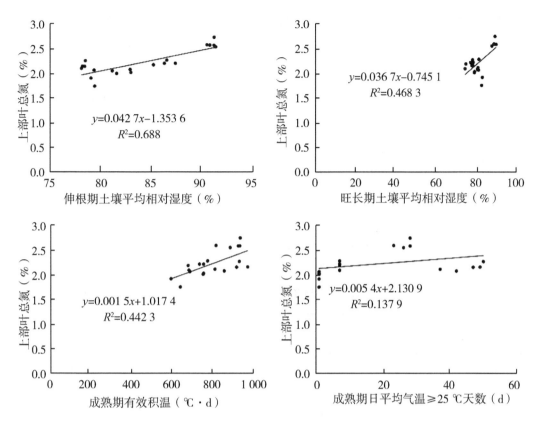

图 5-23　K326 上部叶总氮与不同发育期气象因子的关系

分析 K326 中部叶总氮与气象因子的数量关系，计算二者的相关系数并进行显著性检验（表 5-24 和图 5-24），可知：K326 中部叶总氮与伸根期、旺长期、成熟期累积日照时数呈显著或极显著负相关关系（ $P<0.05$ 或 $P<0.01$ 或 $P<0.001$ ）；与旺长期和成熟期累积降水量、30 cm 深土壤平均相对湿度呈显著或极显著正相关关系（ $P<0.05$ 或 $P<0.01$ 或 $P<0.001$ ）。因此，较少日照、旺长至成熟期较高土壤湿度和降水有利于中部叶总氮累积。其他气象因子与中部总氮关系不显著，对中部叶总氮影响不大。

表 5-24　K326 中部叶总氮与不同发育期气象因子的相关系数（ $n=20$ ）

发育期	气象因子	与中部叶总氮相关系数
	≥10 ℃有效积温	−0.17
	累积降水量	−0.11
伸根期	累积日照时数	−0.67**
	30 cm 深土壤平均温度	−0.01
	30 cm 深土壤平均相对湿度	0.26

（续表）

发育期	气象因子	与中部叶总氮相关系数
旺长期	≥10 ℃有效积温	−0.21
	累积降水量	0.56**
	累积日照时数	−0.69***
	30 cm深土壤平均温度	−0.34
	30 cm深土壤平均相对湿度	0.53*
成熟期	≥10 ℃有效积温	0.26
	累积降水量	0.74***
	累积日照时数	−0.53*
	30 cm深土壤平均温度	−0.03
	30 cm深土壤平均相对湿度	0.79***
	日最高气温≥35 ℃天数	−0.12
	日平均气温≥25 ℃天数	0.03
大田生长期	累积日照时数	−0.73***

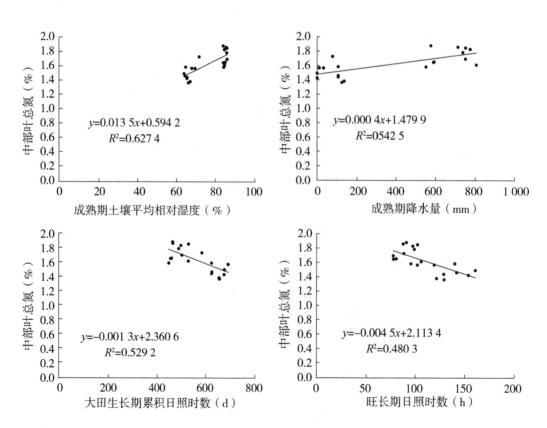

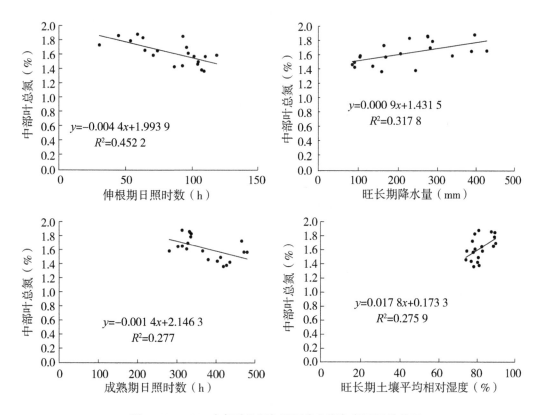

$y=-0.004\ 4x+1.993\ 9$
$R^2=0.452\ 2$

$y=0.000\ 9x+1.431\ 5$
$R^2=0.317\ 8$

$y=-0.001\ 4x+2.146\ 3$
$R^2=0.277$

$y=0.017\ 8x+0.173\ 3$
$R^2=0.275\ 9$

图 5-24 K326 中部叶总氮与不同发育期气象因子的关系

综上所述，伸根期、成熟期积温对云烟 87 和湘烟 7 号烟叶总氮有显著影响，对 K326 影响不大；伸根至成熟期土壤温度偏高利于云烟 87 和湘烟 7 号总氮积累，而土壤湿度偏高有利于 K326 与湘烟 7 号总氮积累。

5.5 气象因子对烟叶氯的影响

5.5.1 湘烟 7 号

分析湘烟 7 号上部叶氯与气象因子的数量关系，计算二者的相关系数并进行显著性检验（表 5-25 和图 5-25），可知：湘烟 7 号上部叶氯与成熟期降水量、成熟期 30 cm 深土壤平均相对湿度呈显著或极显著负相关关系（$P<0.05$），与旺长期 $\geqslant 10\ ^{\circ}\text{C}$ 有效积温、旺长至成熟期 30 cm 深土壤平均温度、成熟期日最高气温 $\geqslant 35\ ^{\circ}\text{C}$ 天数、日平均气温 $\geqslant 25\ ^{\circ}\text{C}$ 天数呈极显著正相关（$P<0.01$ 或 $P<0.001$）。因此，成熟期较少降水、旺长至成熟期较高土壤温度、成熟期较低土壤湿度、成熟期较多高温日数均有利于上部叶氯累积。其他气象因子与上部氯关系不显著，对上部叶氯影响不大。

表 5-25　湘烟 7 号上部叶氯与不同发育期气象因子的相关系数（n=45）

发育期	气象因子	与上部叶氯相关系数
伸根期	≥10 ℃有效积温	0.21
	累积降水量	−0.23
	累积日照时数	−0.25
	30 cm 深土壤平均温度	0.20
	30 cm 深土壤平均相对湿度	0.24
旺长期	≥10 ℃有效积温	0.52***
	累积降水量	−0.28
	累积日照时数	0.19
	30 cm 深土壤平均温度	0.48**
	30 cm 深土壤平均相对湿度	0.03
成熟期	≥10 ℃有效积温	0.18
	累积降水量	−0.35*
	累积日照时数	0.03
	30 cm 深土壤平均温度	0.52***
	30 cm 深土壤平均相对湿度	−0.35*
	日最高气温≥35 ℃天数	0.56***
	日平均气温≥25 ℃天数	0.43**
大田生长期	累积日照时数	0.05

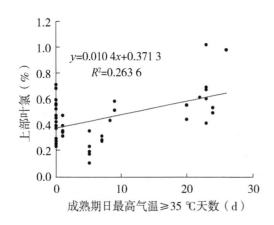

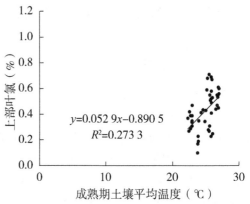

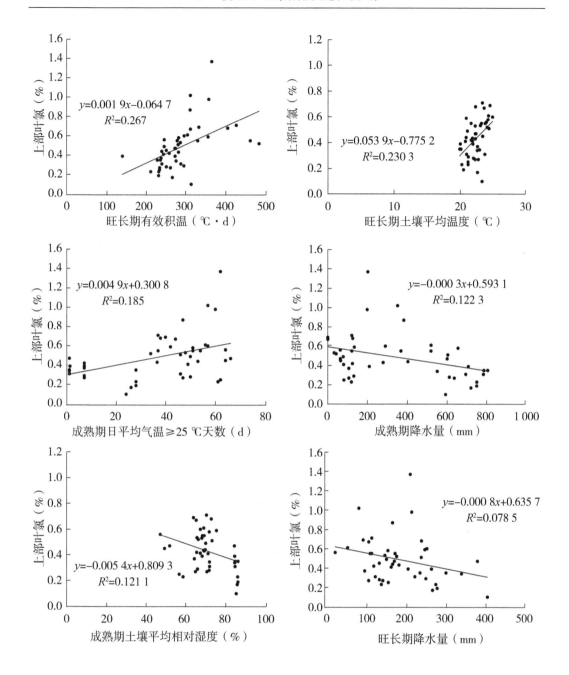

图 5-25　湘烟 7 号上部叶氯与不同发育期气象因子的关系

分析湘烟 7 号中部叶氯与气象因子的数量关系，计算二者的相关系数并进行显著性检验（表 5-26 和图 5-26），可知：湘烟 7 号中部叶氯与旺长期≥10 ℃有效积温（成熟期日最高气温≥35 ℃天数、日平均气温≥25 ℃天数）呈显著正相关关系（$P<0.05$ 或 $P<0.01$）；与伸根期累积日照时数呈显著负相关关系（$P<0.01$）；因此，旺长期较高积温、伸根期较少日照、成熟期较多高温日数有利于中部叶氯累积。其他气象因子与中

部氯关系不显著，对中部叶氯影响不大。

表 5-26　湘烟 7 号中部叶氯与不同发育期气象因子的相关系数（$n=45$）

发育期	气象因子	与中部叶氯相关系数
伸根期	≥10 ℃有效积温	0.04
	累积降水量	−0.17
	累积日照时数	−0.39**
	30 cm 深土壤平均温度	0.08
	30 cm 深土壤平均相对湿度	−0.09
旺长期	≥10 ℃有效积温	0.33*
	累积降水量	−0.09
	累积日照时数	0.06
	30 cm 深土壤平均温度	0.17
	30 cm 深土壤平均相对湿度	−0.12
成熟期	≥10 ℃有效积温	0.10
	累积降水量	−0.19
	累积日照时数	−0.03
	30 cm 深土壤平均温度	0.20
	30 cm 深土壤平均相对湿度	−0.14
	日最高气温≥35 ℃天数	0.41**
	日平均气温≥25 ℃天数	0.31*
大田生长期	累积日照时数	−0.08

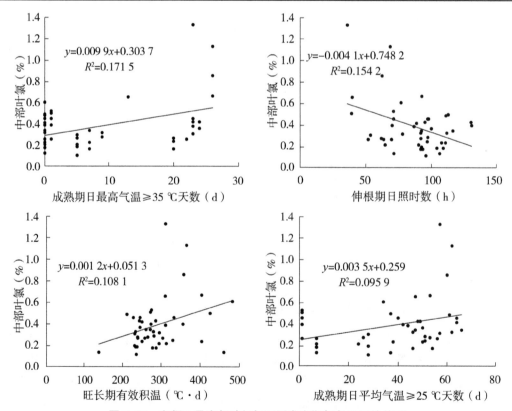

图 5-26　湘烟 7 号中部叶氯与不同发育期气象因子的关系

5.5.2 云烟87

分析云烟87上部叶氯与气象因子的数量关系，计算二者的相关系数并进行显著性检验（表5-27和图5-27），可知：云烟87上部叶氯与成熟期30 cm深土壤平均温度、成熟期日最高气温≥35 ℃天数、日平均气温≥25 ℃天数呈显著正相关关系（$P<0.05$）；与旺长期30 cm深土壤平均相对湿度呈显著负相关关系（$P<0.05$），因此，旺长期较低土壤湿度、成熟期较高土壤温度、较多高温日数有利于上部叶氯累积。其他气象因子与上部氯关系不显著，对上部叶氯影响不大。

表5-27　云烟87上部叶氯与不同发育期气象因子的相关系数（$n=30$）

发育期	气象因子	与上部叶氯相关系数
伸根期	≥10 ℃有效积温	0.31
	累积降水量	0.21
	累积日照时数	0.05
	30 cm深土壤平均温度	0.26
	30 cm深土壤平均相对湿度	−0.33
旺长期	≥10 ℃有效积温	0.10
	累积降水量	0.08
	累积日照时数	−0.20
	30 cm深土壤平均温度	0.24
	30 cm深土壤平均相对湿度	−0.43*
成熟期	≥10 ℃有效积温	0.26
	累积降水量	0.13
	累积日照时数	−0.21
	30 cm深土壤平均温度	0.42*
	30 cm深土壤平均相对湿度	−0.32
	日最高气温≥35 ℃天数	0.40*
	日平均气温≥25 ℃天数	0.39*
大田生长期	累积日照时数	−0.25

分析云烟87中部叶氯与气象因子的数量关系，计算二者的相关系数并进行显著性检验（表5-28和图5-28），可知：云烟87中部叶氯与气象因子关系不显著，因此，气象因子对中部叶氯影响不大。

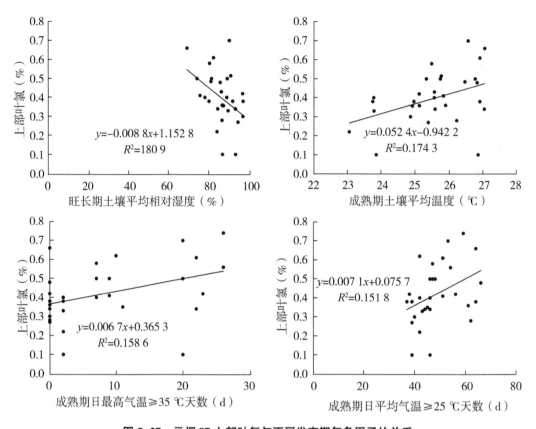

图 5-27　云烟 87 上部叶氯与不同发育期气象因子的关系

表 5-28　云烟 87 中部叶氯与不同发育期气象因子的相关系数 （$n=30$）

发育期	气象因子	与中部叶氯相关系数
伸根期	≥10 ℃有效积温	0.04
	累积降水量	0.31
	累积日照时数	0.09
	30 cm 深土壤平均温度	0.03
	30 cm 深土壤平均相对湿度	−0.31
旺长期	≥10 ℃有效积温	0.09
	累积降水量	−0.31
	累积日照时数	−0.02
	30 cm 深土壤平均温度	−0.05
	30 cm 深土壤平均相对湿度	−0.31

(续表)

发育期	气象因子	与中部叶氯相关系数
	≥10 ℃有效积温	0.15
	累积降水量	0.14
	累积日照时数	−0.27
成熟期	30 cm 深土壤平均温度	−0.24
	30 cm 深土壤平均相对湿度	0.03
	日最高气温≥35 ℃天数	0.05
	日平均气温≥25 ℃天数	0.07
大田生长期	累积日照时数	−0.26

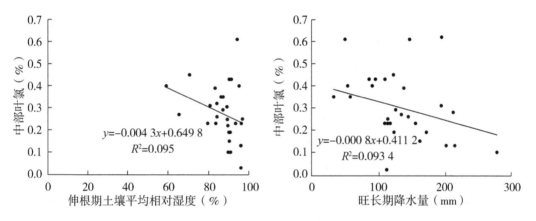

图 5-28　云烟 87 中部叶氯与不同发育期气象因子的关系

5.5.3　K326

分析 K326 上部叶氯与气象因子的数量关系，计算二者的相关系数并进行显著性检验（表 5-29 和图 5-29），可知：K326 上部叶氯与伸根期累积降水量、成熟期累计降水量和 30 cm 深土壤平均相对湿度呈显著或极显著正相关关系（$P<0.05$ 或 $P<0.01$）；与旺长期≥10 ℃有效积温、30 cm 深土壤平均温度，成熟期累积日照时数、30 cm 深土壤平均温度、成熟期日最高气温≥35 ℃天数、日平均气温≥25 ℃天数呈显著或极显著负相关关系（$P<0.05$ 或 $P<0.01$）。因此，伸根期较多降水、旺长期较低积温和较低土壤温度、成熟期较多降水、较少日照、较少高温、较低土壤温度、较高土壤湿度有利于上部叶氯累积。其他气象因子与上部氯关系不显著，对上部叶氯影响不大。

表 5-29　K326 上部叶氯与不同发育期气象因子的相关系数（$n=20$）

发育期	气象因子	与上部叶氯相关系数
伸根期	≥10 ℃有效积温	0.07
	累积降水量	0.50*
	累积日照时数	0.21
	30 cm 深土壤平均温度	−0.11
	30 cm 深土壤平均相对湿度	0.30
旺长期	≥10 ℃有效积温	−0.55*
	累积降水量	0.33
	累积日照时数	−0.30
	30 cm 深土壤平均温度	−0.48*
	30 cm 深土壤平均相对湿度	0.17
成熟期	≥10 ℃有效积温	−0.37
	累积降水量	0.66**
	累积日照时数	−0.66**
	30 cm 深土壤平均温度	−0.66**
	30 cm 深土壤平均相对湿度	0.54*
	日最高气温≥35 ℃天数	−0.66**
	日平均气温≥25 ℃天数	−0.62**
大田生长期	累积日照时数	−0.47*

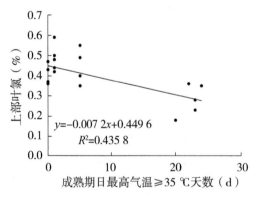

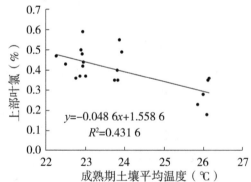

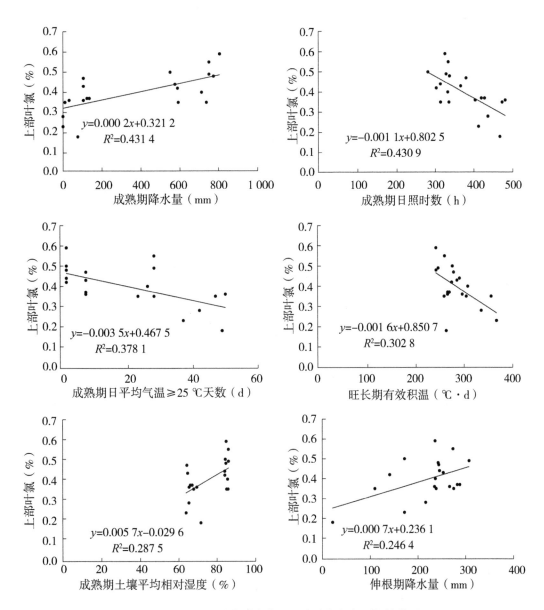

图 5-29　K326 上部叶氯与不同发育期气象因子的关系

　　分析 K326 中部叶氯与气象因子的数量关系，计算二者的相关系数并进行显著性检验（表 5-30 和图 5-30），可知：K326 中部叶氯仅与伸根期 30 cm 深土壤平均相对湿度呈极显著负相关关系（$P<0.001$）。因此，伸根期较低土壤湿度有利于中部叶氯累积。其他气象因子与中部氯关系不显著，对中部叶氯影响不大。

表 5-30　K326 中部叶氯与不同发育期气象因子的相关系数（$n=20$）

发育期	气象因子	与中部叶氯相关系数
伸根期	≥10 ℃有效积温	0.06
	累积降水量	−0.19
	累积日照时数	−0.14
	30 cm 深土壤平均温度	0.14
	30 cm 深土壤平均相对湿度	−0.68***
旺长期	≥10 ℃有效积温	−0.02
	累积降水量	0.31
	累积日照时数	−0.22
	30 cm 深土壤平均温度	0.15
	30 cm 深土壤平均相对湿度	−0.17
成熟期	≥10 ℃有效积温	−0.42
	累积降水量	0.11
	累积日照时数	−0.20
	30 cm 深土壤平均温度	0.03
	30 cm 深土壤平均相对湿度	0.23
	日最高气温≥35 ℃天数	0.07
	日平均气温≥25 ℃天数	−0.22
大田生长期	累积日照时数	−0.23

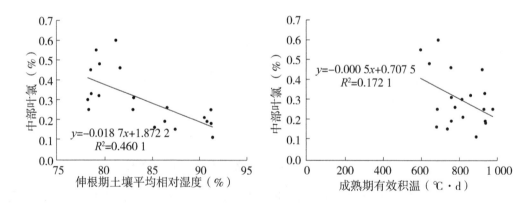

图 5-30　K326 中部叶氯与不同发育期气象因子的关系

综上所述，不同品种烤烟烟叶氯含量与气象因子的关系不同，旺长至成熟期土壤温度偏高时，对 K326 上部烟叶氯累积不利，而对湘烟 7 号上部烟叶氯累积有利。上部烟叶氯含量受气象因子影响较中部叶显著。

5.6 气象因子对烟叶糖碱比的影响

5.6.1 湘烟 7 号

分析湘烟 7 号上部叶糖碱比与气象因子的数量关系，计算二者的相关系数并进行显著性检验（表 5-31 和图 5-31），可知：湘烟 7 号上部叶糖碱比与伸根期≥10 ℃有效积温、成熟期 30 cm 深土壤平均温度、伸根期及旺长期 30 cm 深土壤平均相对湿度均呈极显著负相关关系（$P<0.01$ 或 $P<0.001$）。因此，伸根期较高积温、成熟期 30 cm 深土壤较高温度、伸根至旺长期 30 cm 深土壤较高相对湿度均不利于上部叶糖碱比增加。其他气象因子与上部叶糖碱比关系不显著，对上部叶糖碱比影响不大。

表 5-31　湘烟 7 号上部叶糖碱比与不同发育期气象因子的相关系数（$n=45$）

发育期	气象因子	与上部叶糖碱比相关系数
伸根期	≥10 ℃有效积温	−0.56***
	累积降水量	−0.15
	累积日照时数	−0.08
	30 cm 深土壤平均温度	−0.31
	30 cm 深土壤平均相对湿度	−0.68***
旺长期	≥10 ℃有效积温	−0.13
	累积降水量	0.00
	累积日照时数	−0.02
	30 cm 深土壤平均温度	−0.27
	30 cm 深土壤平均相对湿度	−0.43**
成熟期	≥10 ℃有效积温	−0.24
	累积降水量	0.02
	累积日照时数	−0.12
	30 cm 深土壤平均温度	−0.50***
	30 cm 深土壤平均相对湿度	0.17
	日最高气温≥35 ℃天数	0.06
	日平均气温≥25 ℃天数	−0.25
大田生长期	累积日照时数	−0.12

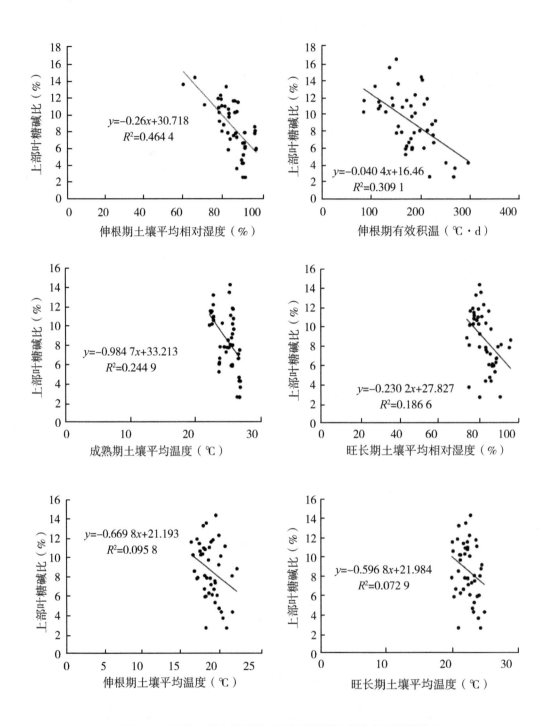

图5-31 湘烟7号上部叶糖碱比与不同发育期气象因子的关系

分析湘烟7号中部叶糖碱比与气象因子的数量关系，计算二者的相关系数并进行显著性检验（表5-32和图5-32），可知：湘烟7号中部叶糖碱比与伸根期≥10 ℃有效积温、成熟期30 cm深土壤平均温度、伸根期及旺长期≥30 cm深土壤平均相对湿度均呈显著或极显著负相关关系（$P<0.01$ 或 $P<0.001$）。因此，伸根期较高积温、成熟期30 cm深土壤较高温度、伸根至旺长期30 cm深土壤较高相对湿度均不利于中部叶糖碱比增加。其他气象因子与中部叶糖碱比关系不显著，对中部叶糖碱比影响不大。

表5-32　湘烟7号中部叶糖碱比与不同发育期气象因子的相关系数（$n=45$）

发育期	气象因子	与中部叶糖碱比相关系数
伸根期	≥10 ℃有效积温	−0.35*
	累积降水量	−0.17
	累积日照时数	−0.05
	30 cm深土壤平均温度	−0.11
	30 cm深土壤平均相对湿度	−0.55***
旺长期	≥10 ℃有效积温	−0.11
	累积降水量	0.11
	累积日照时数	−0.16
	30 cm深土壤平均温度	−0.07
	30 cm深土壤平均相对湿度	−0.35*
成熟期	≥10 ℃有效积温	−0.09
	累积降水量	0.17
	累积日照时数	−0.16
	30 cm深土壤平均温度	−0.34*
	30 cm深土壤平均相对湿度	0.26
	日最高气温≥35 ℃天数	0.16
	日平均气温≥25 ℃天数	−0.16
大田生长期	累积日照时数	−0.21

5.6.2　云烟87

分析云烟87上部叶糖碱比与气象因子的数量关系，计算二者的相关系数并进行显著性检验（表5-33和图5-33），可知：云烟87上部叶糖碱比与伸根期≥10 ℃有效积温、旺长期30 cm深土壤平均温度均呈显著负相关关系（$P<0.05$）。因此，伸根期较高积温、旺长期30 cm深土壤较高温度均不利于上部叶糖碱比增加。其他气象因子与上部叶糖碱比关系不显著，对上部叶糖碱比影响不大。

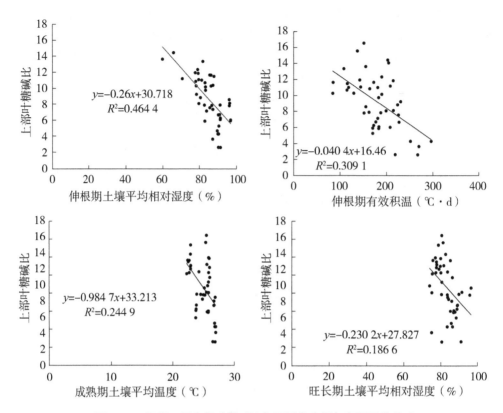

图 5-32 湘烟 7 号中部叶糖碱比与不同发育期气象因子的关系

表 5-33 云烟 87 上部叶糖碱比与不同发育期气象因子的相关系数（$n=30$）

发育期	气象因子	与上部叶糖碱比相关系数
伸根期	≥10 ℃有效积温	-0.39*
	累积降水量	0.09
	累积日照时数	-0.02
	30 cm 深土壤平均温度	-0.35
	30 cm 深土壤平均相对湿度	0.06
旺长期	≥10 ℃有效积温	-0.09
	累积降水量	-0.13
	累积日照时数	0.03
	30 cm 深土壤平均温度	-0.47*
	30 cm 深土壤平均相对湿度	0.15

（续表）

发育期	气象因子	与上部叶糖碱比相关系数
	≥10 ℃有效积温	0.19
	累积降水量	-0.17
	累积日照时数	0.07
成熟期	30 cm深土壤平均温度	-0.37
	30 cm深土壤平均相对湿度	0.07
	日最高气温≥35 ℃天数	-0.18
	日平均气温≥25 ℃天数	0.08
大田生长期	累积日照时数	0.07

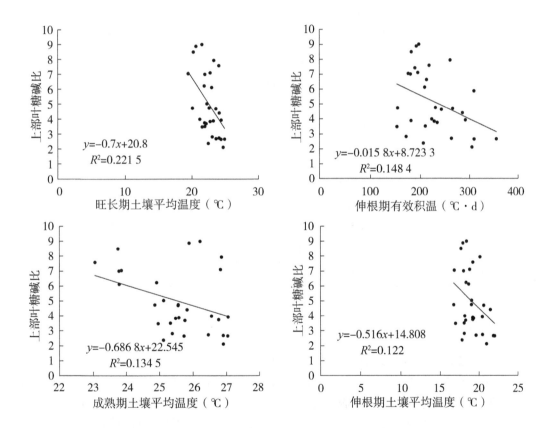

图5-33　云烟87上部叶糖碱比与不同发育期气象因子的关系

分析云烟87中部叶糖碱比与气象因子的数量关系，计算二者的相关系数并进行显著性检验（表5-34和图5-34），可知：云烟87中部叶糖碱比与伸根期≥10 ℃有效积温及30 cm深土壤平均相对湿度、成熟期累积日照时数、30 cm深土壤平均温度均呈显著负相关关系（P<0.05）。因此，伸根期较高积温和较高土壤湿度、成熟期较多日照和较高土壤温度均不利于中部叶糖碱比增加。其他生态因子与中部叶糖碱比关系不显著，对中部叶糖碱比影响不大。

表 5-34 云烟 87 中部叶糖碱比与不同发育期气象因子的相关系数（n=30）

发育期	气象因子	与中部叶糖碱比相关系数
伸根期	≥10 ℃有效积温	-0.37*
	累积降水量	-0.05
	累积日照时数	0.02
	30 cm 深土壤平均温度	-0.34
	30 cm 深土壤平均相对湿度	-0.40*
旺长期	≥10 ℃有效积温	0.26
	累积降水量	-0.03
	累积日照时数	0.25
	30 cm 深土壤平均温度	-0.29
	30 cm 深土壤平均相对湿度	-0.03
成熟期	≥10 ℃有效积温	-0.24
	累积降水量	-0.01
	累积日照时数	-0.36
	30 cm 深土壤平均温度	-0.43*
	30 cm 深土壤平均相对湿度	0.13
	日最高气温≥35 ℃天数	-0.20
	日平均气温≥25 ℃天数	-0.06
大田生长期	累积日照时数	-0.29

5.6.3 K326

分析 K326 上部叶糖碱比与气象因子的数量关系，计算二者的相关系数并进行显著性检验（表 5-35 和图 5-35），可知：K326 上部叶糖碱比与伸根至成熟期累积降水量和30 cm 深土壤平均相对湿度呈显著或极显著负相关关系（P<0.05 或 P<0.01 或 P<0.001）；与旺长至成熟期累积日照时数和 30 cm 深土壤平均温度、成熟期日最高气温≥35 ℃天数、大田生长期累积日照均呈显著或极显著正相关关系（P<0.05 或 P<0.01）。因此，伸根至成熟期较多降水和较高土壤湿度均不利于上部叶糖碱比增加，旺长至成熟期较多日照和较高土壤温度、成熟期较多高温有利于糖碱比增加。其他气象因子与上部叶糖碱比关系不显著，对上部叶糖碱比影响不大。

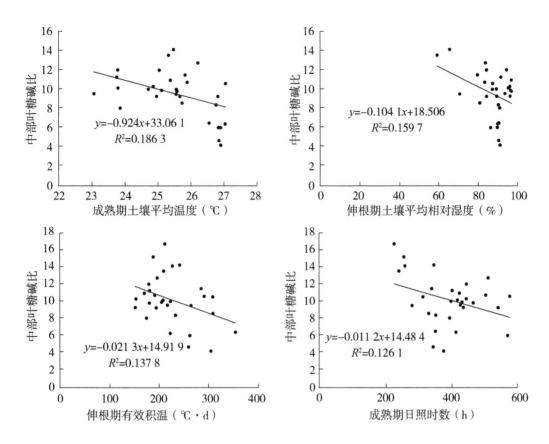

图 5-34 云烟 87 中部叶糖碱比与不同发育期气象因子的关系

表 5-35 K326 上部叶糖碱比与不同发育期气象因子的相关系数（$n=20$）

发育期	气象因子	与上部叶糖碱比相关系数
伸根期	≥10 ℃有效积温	0.18
	累积降水量	−0.45*
	累积日照时数	0.10
	30 cm 深土壤平均温度	0.23
	30 cm 深土壤平均相对湿度	−0.88***
旺长期	≥10 ℃有效积温	0.43
	累积降水量	−0.49*
	累积日照时数	0.46*
	30 cm 深土壤平均温度	0.55*
	30 cm 深土壤平均相对湿度	−0.51*

（续表）

发育期	气象因子	与上部叶糖碱比相关系数
成熟期	≥10 ℃有效积温	0.04
	累积降水量	−0.66**
	累积日照时数	0.61**
	30 cm深土壤平均温度	0.67**
	30 cm深土壤平均相对湿度	−0.55*
	日最高气温≥35 ℃天数	0.76***
	日平均气温≥25 ℃天数	0.44
大田生长期	累积日照时数	0.56*

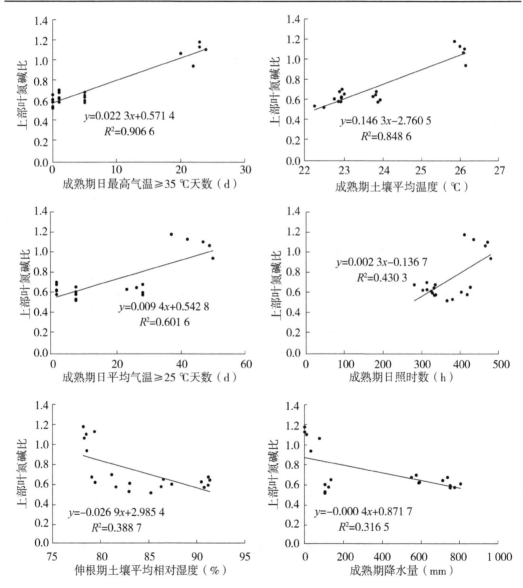

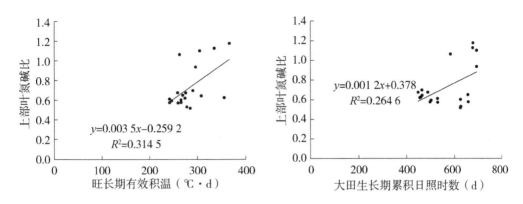

图 5-35　K326 上部叶糖碱比与不同发育期气象因子的关系

分析 K326 中部叶糖碱比与气象因子的数量关系，计算二者的相关系数并进行显著性检验（表 5-36 和图 5-36），可知：K326 中部叶糖碱比与伸根期和旺长期累积日照时数呈显著正相关关系（$P<0.05$）；与成熟期 ≥10 ℃ 有效积温、累积降水量及 30 cm 深土壤平均相对湿度均呈显著负相关关系（$P<0.05$）。因此，伸根至旺长期较多日照、成熟期较低土壤湿度、成熟期较少积温、较少降水量均利于中部叶糖碱比增加。其他气象因子与中部叶糖碱比关系不显著，对中部叶糖碱比影响不大。

表 5-36　K326 中部叶糖碱比与不同发育期气象因子的相关系数（$n=20$）

发育期	气象因子	与中部叶糖碱比相关系数
伸根期	≥10 ℃ 有效积温	0.12
	累积降水量	0.07
	累积日照时数	0.50*
	30 cm 深土壤平均温度	0.00
	30 cm 深土壤平均相对湿度	−0.35
旺长期	≥10 ℃ 有效积温	0.14
	累积降水量	−0.25
	累积日照时数	0.49*
	30 cm 深土壤平均温度	0.24
	30 cm 深土壤平均相对湿度	−0.41
成熟期	≥10 ℃ 有效积温	−0.45*
	累积降水量	−0.49*
	累积日照时数	0.20
	30 cm 深土壤平均温度	−0.08
	30 cm 深土壤平均相对湿度	−0.51*
	日最高气温 ≥35 ℃ 天数	0.00
	日平均气温 ≥25 ℃ 天数	−0.22
大田生长期	累积日照时数	0.41

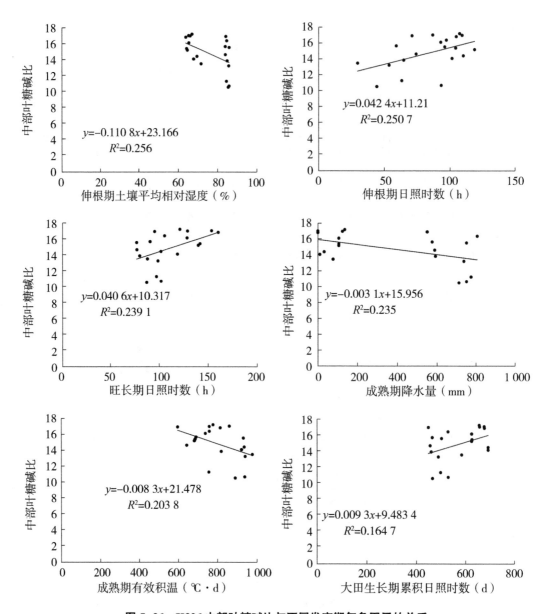

图 5-36 K326 中部叶糖碱比与不同发育期气象因子的关系

综上所述，云烟 87 与湘烟 7 号烟叶糖碱比均与伸根期积温和土壤湿度呈显著负相关，成熟期土壤温度与云烟 87 和湘烟 7 号糖碱比呈负相关，而与 K326 糖碱比呈正相关。

5.7 气象因子对烟叶氮碱比的影响

5.7.1 湘烟7号

分析湘烟 7 号上部叶氮碱比与气象因子的数量关系，计算二者的相关系数并进行显著性检验（表 5-37 和图 5-37），可知：湘烟 7 号上部叶氮碱比与伸根期累积日照时数呈显著负相关关系（$P<0.05$），与伸根期 30 cm 深土壤平均相对湿度、旺长期累积降水量及 30 cm 深土壤平均相对湿度呈显著或极显著正相关关系（$P<0.05$ 或 $P<0.01$）。因此，伸根期较少日照及较高土壤湿度、旺长期较多降水、成熟期较高土壤湿度有利于上部叶氮碱比增加。其他气象因子与上部氮碱比关系不显著，对上部叶氮碱比影响不大。

表 5-37 湘烟 7 号上部叶氮碱比与不同发育期气象因子的相关系数（$n=45$）

发育期	气象因子	与上部叶氮碱比相关系数
伸根期	≥10 ℃有效积温	0.09
	累积降水量	0.18
	累积日照时数	-0.34*
	30 cm 深土壤平均温度	0.00
	30 cm 深土壤平均相对湿度	0.33*
旺长期	≥10 ℃有效积温	-0.01
	累积降水量	0.46**
	累积日照时数	-0.10
	30 cm 深土壤平均温度	-0.07
	30 cm 深土壤平均相对湿度	0.22
成熟期	≥10 ℃有效积温	-0.15
	累积降水量	0.27
	累积日照时数	-0.17
	30 cm 深土壤平均温度	-0.22
	30 cm 深土壤平均相对湿度	0.46**
	日最高气温≥35 ℃天数	0.06
	日平均气温≥25 ℃天数	-0.28
大田生长期	累积日照时数	-0.25

分析湘烟 7 号中部叶氮碱比与气象因子的数量关系，计算二者的相关系数并进行显著性检验（表 5-38 和图 5-38），可知：湘烟 7 号中部叶氮碱比与伸根期 30 cm 深土壤

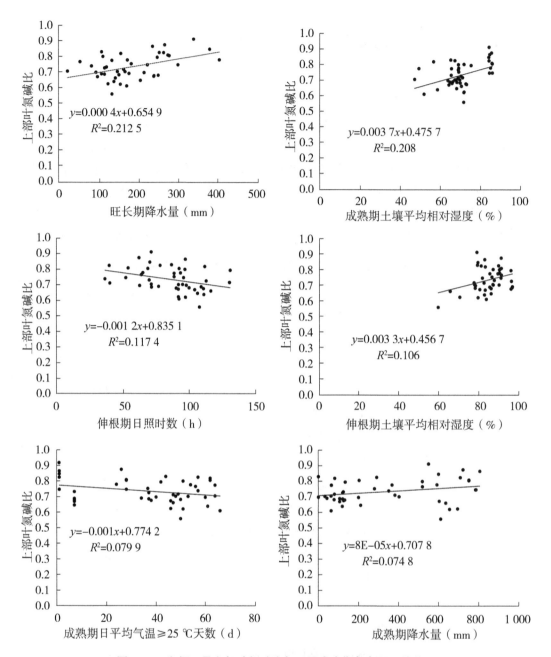

图 5-37　湘烟 7 号上部叶氮碱比与不同发育期气象因子的关系

平均相对湿度、旺长期累积日照时数呈显著负相关关系（$P<0.05$），与成熟期累积降水量、成熟期 30 cm 深土壤平均相对湿度、成熟期日最高气温≥35 ℃天数呈显著或极显著正相关关系（$P<0.05$ 或 $P<0.01$）。因此，伸根期较低土壤湿度、旺长期较少日照、成熟期较多降水、较多高温日数及较高土壤湿度有利于中部叶氮碱比增加。其他气象因子与中部氮碱比关系不显著，对中部叶氮碱比影响不大。

表 5-38　湘烟 7 号中部叶氮碱比与不同生育期气象因子的相关系数 (n=45)

发育期	气象因子	与中部叶氮碱比相关系数
伸根期	≥10 ℃有效积温	0.04
	累积降水量	-0.05
	累积日照时数	-0.25
	30 cm 深土壤平均温度	0.10
	30 cm 深土壤平均相对湿度	-0.36*
旺长期	≥10 ℃有效积温	-0.13
	累积降水量	0.26
	累积日照时数	-0.34*
	30 cm 深土壤平均温度	-0.01
	30 cm 深土壤平均相对湿度	-0.08
成熟期	≥10 ℃有效积温	0.22
	累积降水量	0.35*
	累积日照时数	-0.29
	30 cm 深土壤平均温度	0.10
	30 cm 深土壤平均相对湿度	0.36*
	日最高气温≥35 ℃天数	0.44**
	日平均气温≥25 ℃天数	0.08
大田生长期	累积日照时数	-0.43

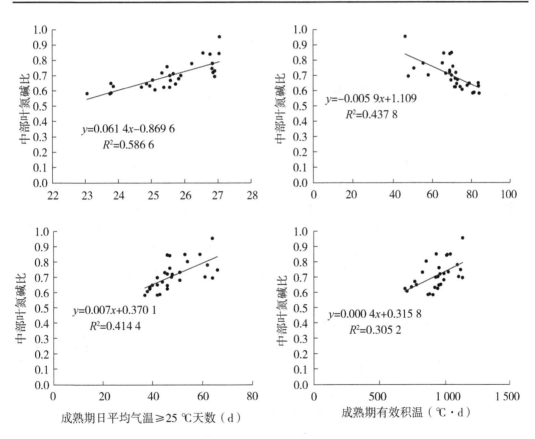

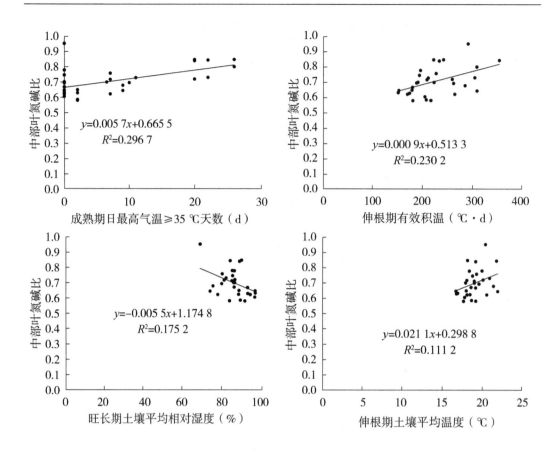

图 5-38 湘烟 7 号中部叶氮碱比与不同发育期气象因子的关系

5.7.2 云烟 87

分析云烟 87 上部叶氮碱比与气象因子的数量关系，计算二者的相关系数并进行显著性检验（表 5-39 和图 5-39），可知：云烟 87 上部叶氮碱比与伸根期及成熟期 ≥10 ℃ 有效积温和 30 cm 深土壤平均温度、成熟期日最高气温 ≥35 ℃ 天数、日平均气温 ≥25 ℃ 天数呈显著或极显著正相关关系（$P<0.05$ 或 $P<0.01$ 或 $P<0.001$）。因此，伸根期较少日照、伸根期和成熟期较多积温和较高土壤温度、成熟期较多高温日数有利于上部叶氮碱比增加。其他气象因子与上部氮碱比关系不显著，对上部叶氮碱比影响不大。

表 5-39 云烟 87 上部叶氮碱比与不同发育期气象因子的相关系数（$n=30$）

发育期	气象因子	与上部叶氮碱比相关系数
伸根期	≥10 ℃ 有效积温	0.56**
	累积降水量	0.47*
	累积日照时数	-0.27
	30 cm 深土壤平均温度	0.43*
	30 cm 深土壤平均相对湿度	0.04

（续表）

发育期	气象因子	与上部叶氮碱比相关系数
旺长期	≥10 ℃有效积温	-0.08
	累积降水量	0.04
	累积日照时数	-0.36
	30 cm深土壤平均温度	0.25
	30 cm深土壤平均相对湿度	-0.34
成熟期	≥10 ℃有效积温	0.60**
	累积降水量	0.12
	累积日照时数	-0.04
	30 cm深土壤平均温度	0.49*
	30 cm深土壤平均相对湿度	-0.31
	日最高气温≥35 ℃天数	0.70***
	日平均气温≥25 ℃天数	0.44*
大田生长期	累积日照时数	-0.24

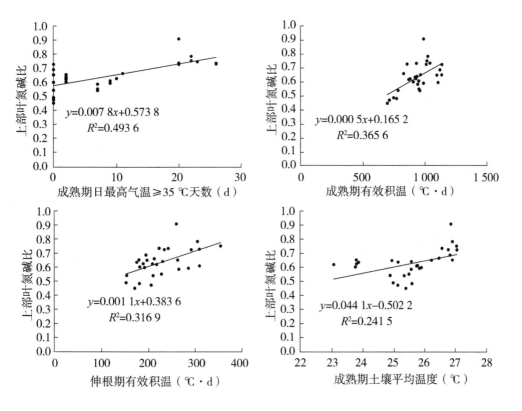

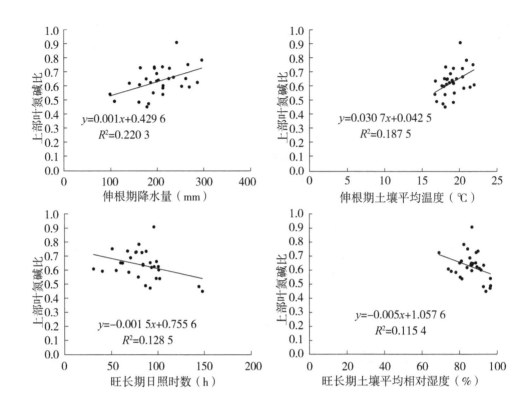

图 5-39 云烟 87 上部叶氮碱比与不同发育期气象因子的关系

分析云烟 87 中部叶氮碱比与气象因子的数量关系, 计算二者的相关系数并进行显著性检验 (表 5-40 和图 5-40), 可知: 云烟 87 中部叶氮碱比与伸根期及成熟期≥10 ℃有效积温、成熟期 30 cm 深土壤平均温度、成熟期日最高气温≥35 ℃天数、日平均气温≥25 ℃天数呈极显著正相关关系 ($P<0.01$ 或 $P<0.001$), 与旺长期和成熟期30 cm 深土壤平均相对湿度呈显著或极显著负相关关系 ($P<0.05$ 或 $P<0.001$)。因此, 伸根期和成熟期较多积温、成熟期较高土壤温度、旺长至成熟期较低土壤湿度、成熟期较多高温日数有利于中部叶氮碱比增加。其他气象因子与中部氮碱比关系不显著, 对中部叶氮碱比影响不大。

表 5-40 云烟 87 中部叶氮碱比与不同发育期气象因子的相关系数 ($n=30$)

发育期	气象因子	与中部叶氮碱比相关系数
	≥10 ℃有效积温	0.48**
	累积降水量	0.26
伸根期	累积日照时数	-0.17
	30 cm 深土壤平均温度	0.33
	30 cm 深土壤平均相对湿度	-0.21

（续表）

发育期	气象因子	与中部叶氮碱比相关系数
	≥10 ℃有效积温	0.03
	累积降水量	0.25
旺长期	累积日照时数	−0.28
	30 cm深土壤平均温度	0.21
	30 cm深土壤平均相对湿度	−0.42*
	≥10 ℃有效积温	0.55**
	累积降水量	−0.11
	累积日照时数	0.04
成熟期	30 cm深土壤平均温度	0.77***
	30 cm深土壤平均相对湿度	−0.66***
	日最高气温≥35 ℃天数	0.55**
	日平均气温≥25 ℃天数	0.64***
大田生长期	累积日照时数	−0.09

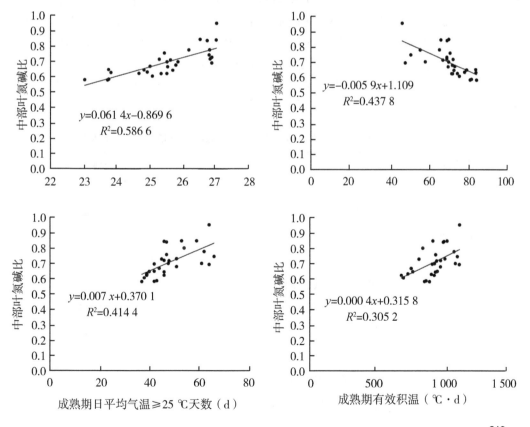

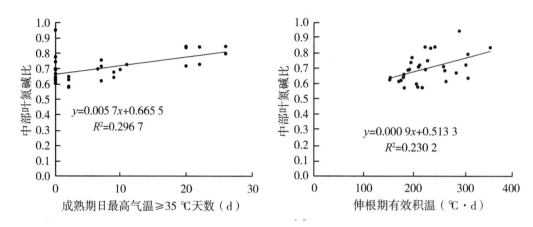

图 5-40　云烟 87 中部叶氮碱比与不同发育期气象因子的关系

5.7.3　K326

分析 K326 上部叶氮碱比与气象因子的数量关系，计算二者的相关系数并进行显著性检验（表 5-41 和图 5-41），可知：K326 上部叶氮碱比与旺长期及成熟期≥10 ℃有效积温和 30 cm 深土壤平均温度、成熟期累积日照时数、成熟期日最高气温≥35 ℃天数、日平均气温≥25 ℃天数、大田生长期累积日照呈显著或极显著正相关关系（$P<0.05$ 或 $P<0.01$ 或 $P<0.001$），与成熟期累积降水量、伸根期 30 cm 深土壤平均相对湿度呈极显著负相关关系（$P<0.01$）。因此，成熟期较少降水、旺长期和成熟期较多积温和较高土壤温度、伸根期较低土壤湿度、成熟期较多高温、大田生长期较多日照有利于上部叶氮碱比增加。其他气象因子与上部氮碱比关系不显著，对上部氮碱比影响不大。

表 5-41　K326 上部叶氮碱比与不同发育期气象因子的相关系数（$n=20$）

发育期	气象因子	与上部叶氮碱比相关系数
	≥10 ℃有效积温	0.21
	累积降水量	−0.42
伸根期	累积日照时数	−0.06
	30 cm 深土壤平均温度	0.19
	30 cm 深土壤平均相对湿度	−0.62**
	≥10 ℃有效积温	0.56*
	累积降水量	−0.42
旺长期	累积日照时数	0.33
	30 cm 深土壤平均温度	0.50*
	30 cm 深土壤平均相对湿度	−0.18

（续表）

发育期	气象因子	与上部叶氮碱比相关系数
	≥10 ℃有效积温	0.45*
	累积降水量	−0.56**
	累积日照时数	0.66**
成熟期	30 cm深土壤平均温度	0.92***
	30 cm深土壤平均相对湿度	−0.41
	日最高气温≥35 ℃天数	0.95***
	日平均气温≥25 ℃天数	0.78***
大田生长期	累积日照时数	0.51*

分析 K326 中部叶氮碱比与气象因子的数量关系，计算二者的相关系数并进行显著性检验（表 5-42 和图 5-42），可知：K326 中部叶氮碱比与旺长期及成熟期≥10 ℃有效积温和 30 cm 深土壤平均相对湿度呈显著或极显著正相关关系（$P<0.05$ 或 $P<0.01$），与旺长至成熟期、大田生长期累积日照时数呈显著或极显著负相关关系（$P<0.05$ 或 $P<0.01$）。因此，旺长至成熟期较多降水、较少日照和较高土壤温度有利于中部叶氮碱比增加。其他气象因子与中部氮碱比关系不显著，对中部叶氮碱比影响不大。

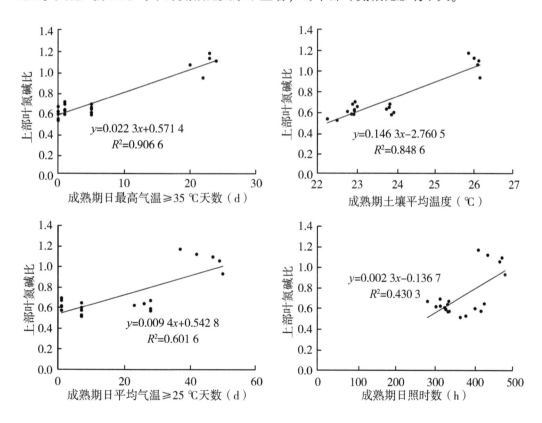

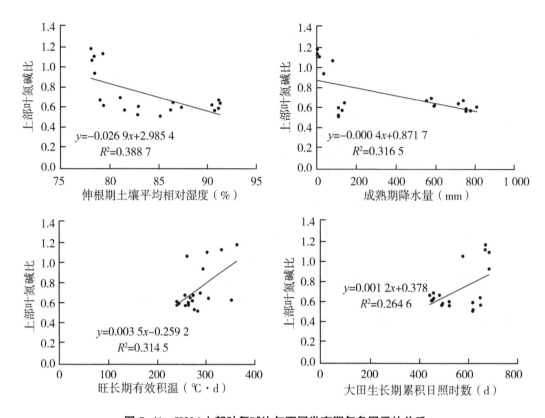

图 5-41 K326 上部叶氮碱比与不同发育期气象因子的关系

表 5-42 K326 中部叶氮碱比与不同发育期气象因子的相关系数 （n=20）

发育期	气象因子	与中部叶氮碱比相关系数
伸根期	≥10 ℃有效积温	0.02
	累积降水量	0.13
	累积日照时数	−0.37
	30 cm 深土壤平均温度	−0.03
	30 cm 深土壤平均相对湿度	0.26
旺长期	≥10 ℃有效积温	−0.04
	累积降水量	0.67**
	累积日照时数	−0.52*
	30 cm 深土壤平均温度	−0.21
	30 cm 深土壤平均相对湿度	0.54*

（续表）

发育期	气象因子	与中部叶氮碱比相关系数
	≥10 ℃有效积温	-0.04
	累积降水量	0.59**
	累积日照时数	-0.60**
成熟期	30 cm深土壤平均温度	-0.18
	30 cm深土壤平均相对湿度	0.64**
	日最高气温≥35 ℃天数	-0.24
	日平均气温≥25 ℃天数	-0.17
大田生长期	累积日照时数	-0.65**

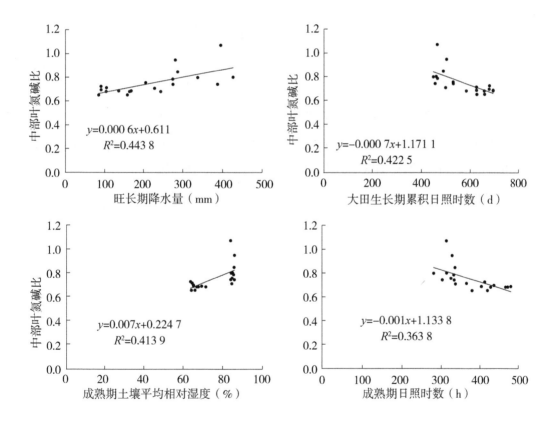

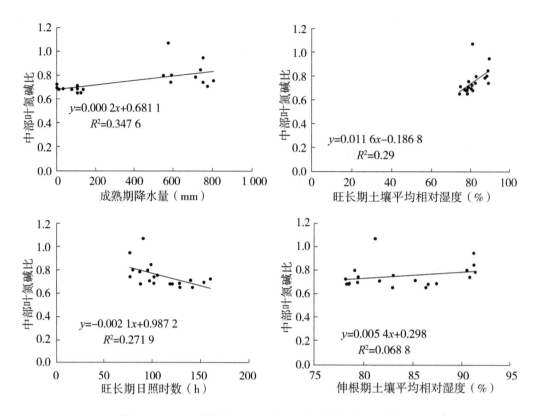

图 5-42　K326 中部叶氮碱比与不同发育期气象因子的关系

综上所述,烤烟烟叶氮碱比主要受≥10 ℃有效积温、日照及土壤湿度影响,其中中部叶主要受旺长至成熟期气象因子影响,上部叶主要受伸根期气象因子影响。

6 气象因子对烤烟经济性状的影响及其模拟模型

烤烟作为一种露天作物，气象条件与其生长发育存在紧密的关系，因而影响其产量、产值、上等烟比例等经济性状。气候年景好的年份，气象灾害少，适宜烤烟生长发育，烤烟产值大、上等烟比例高；而遇到天气不好的年份，气象灾害多，烤烟生长缓慢、长势差，因而导致烤烟产值小、上等烟比例低。本章分析气象因子对湘西州不同品种烤烟亩产值、上等烟比例、均价等经济性状的影响，并构建基于气象因子的烤烟经济性状预测模型，为烤烟生产管理提供借鉴。

6.1 气象因子对烤烟亩产值的影响及其模拟模型

6.1.1 湘烟 7 号

将不同海拔高度湘烟 7 号烤烟亩产值分别与伸根期、旺长期和成熟期≥10 ℃有效积温、累积降水量、累积日照时数、30 cm 深土壤平均温度和 30 cm 深土壤平均相对湿度等气象因子作散点图，并计算二者之间的相关系数，可知湘烟 7 号亩产值与一些气象因子存在紧密的关系（图 6-1 和表 6-1）：亩产值与伸根期≥10 ℃有效积温、30 cm 深土壤平均温度，旺长期累积日照时数、30 cm 深土壤平均温度、30 cm 深土壤平均相对湿度，成熟期≥10 ℃有效积温、30 cm 深土壤平均温度、30 cm 深土壤平均相对湿度均呈显著或极显著相关关系（$P<0.05$ 或 $P<0.01$ 或 $P<0.001$），其中亩产值与旺长期累积日照时数、旺长期 30 cm 深土壤平均相对湿度、成熟期 30 cm 深土壤平均相对湿度呈正相关关系，因此旺长期充足的日照和较大的土壤湿度、成熟期较大的土壤湿度促进湘烟 7 号烤烟亩产值增大；亩产值与伸根期≥10 ℃有效积温、伸根期 30 cm 深土壤平均温度、旺长期 30 cm 深土壤平均温度、成熟期≥10 ℃有效积温、成熟期 30 cm 深土壤平均温度呈负相关，因此，伸根期较高气温、成熟期较高气温以及移栽后较高的土壤温度抑制湘烟 7 号烤烟亩产值的提高。

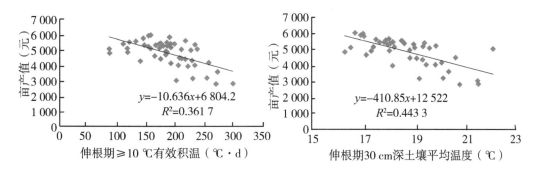

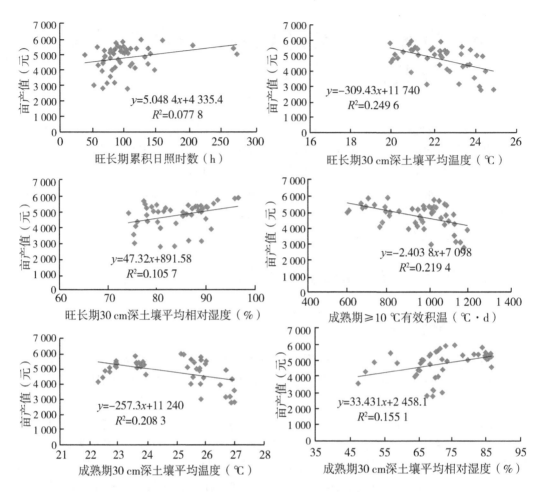

图6-1　湘烟7号烤烟亩产值与不同发育期气象因子的关系

表6-1　湘烟7号烤烟亩产值与不同发育期气象因子的相关系数（$n=50$）

发育期	气象因子	与亩产值相关系数
	≥10 ℃有效积温	−0.60***
	累积降水量	−0.14
伸根期	累积日照时数	0.11
	30 cm深土壤平均温度	−0.67***
	30 cm深土壤平均相对湿度	0.11
	≥10 ℃有效积温	0.02
	累积降水量	0.25
旺长期	累积日照时数	0.28*
	30 cm深土壤平均温度	−0.50***
	30 cm深土壤平均相对湿度	0.33*

（续表）

发育期	气象因子	与亩产值相关系数
成熟期	≥10 ℃有效积温	−0.47***
	累积降水量	−0.06
	累积日照时数	0.25
	30 cm深土壤平均温度	−0.46***
	30 cm深土壤平均相对湿度	0.39**

注：*、** 和 *** 分别表示通过 0.05、0.01 和 0.001 水平显著性检验（下同）。

将随机选择的 40 个湘烟 7 号亩产值样本，与亩产值关系紧密的气象因子进行逐步回归分析，得到亩产值与气象因子的关系模型：

$$y=-0.25\sum T_1-407.6T_2+0.92S+12\,688 \quad (R^2=0.46，P<0.001) \quad (6.1)$$

式中：y 为亩产值（元），$\sum T_1$ 为伸根期 ≥10 ℃有效积温，T_2 为伸根期 30 cm深土壤平均温度（℃），S 为旺长期累积日照时数。该方程决定系数为 0.46，F 值为 23.98，通过了 0.001 水平显著性检验。

将剩余的 10 个湘烟 7 号亩产值和相应气象统计资料作为独立样本，检验上述模型，计算得到模拟值，并与实测值进行对比分析。

结果表明，湘烟 7 号成熟期亩产值的模拟值与实测值之间基于 1∶1 线的决定系数（R^2）为 0.61，$RMSE$ 为 221 元，说明模型模拟效果较好（图 6-2）。

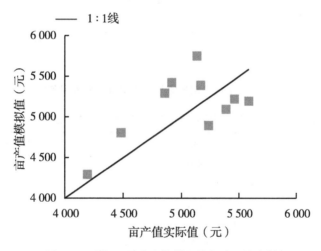

图 6-2 湘烟 7 号亩产值模拟值与实际值比较

6.1.2 云烟 87

将不同海拔高度云烟 87 烤烟亩产值分别与伸根期、旺长期和成熟期 ≥10 ℃有效积温、累积降水量、累积日照时数、30 cm深土壤平均温度和 30 cm深土壤平均相对湿度等气象因子作散点图，并计算二者之间的相关系数，可知云烟 87 亩产值与一些气象因子存在紧密的关系（图6-3和表6-2）：亩产值与伸根期≥10 ℃有效积温、30 cm深土壤平均温度，成熟期30 cm深土壤平均温度、30 cm深土壤平均相对湿度均呈显著或极显著相关关系（P<0.05 或 P<0.01 或 P<0.001），其中亩产值与成熟期30 cm深土壤平均相对湿度呈正相关关系，因此成熟期较大的土壤湿度促进云烟87烤烟亩产值增大；亩产值与伸根期≥10 ℃有效积温、伸根期30 cm深土壤平均温度、成熟期30 cm深土壤平均温度呈负相关，因此伸根期较高气温和土壤温度、成熟期较高的土壤温度抑制云烟87烤烟亩产值的提高。

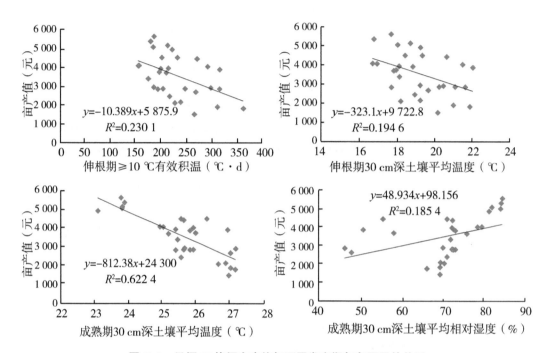

图6-3 云烟87烤烟亩产值与不同发育期气象因子的关系

表6-2 云烟87烤烟亩产值与不同发育期气象因子的相关系数（n=30）

发育期	气象因子	与亩产值相关系数
伸根期	≥10 ℃有效积温	−0.48**
	累积降水量	−0.36
	累积日照时数	0.33
	30 cm深土壤平均温度	−0.44*
	30 cm深土壤平均相对湿度	0.09
旺长期	≥10 ℃有效积温	−0.26
	累积降水量	−0.22
	累积日照时数	0.04
	30 cm深土壤平均温度	−0.31
	30 cm深土壤平均相对湿度	0.24

（续表）

发育期	气象因子	与亩产值相关系数
	≥10 ℃有效积温	−0.19
	累积降水量	0.00
成熟期	累积日照时数	0.13
	30 cm深土壤平均温度	−0.79 ***
	30 cm深土壤平均相对湿度	0.43 *

将随机选择的24个云烟87亩产值样本，与跟亩产值关系紧密的气象因子进行逐步回归分析，得到亩产值与气象因子的关系模型：

$$y = -806.5T + 23.24RH + 21\ 621 \quad (R^2 = 0.63，P < 0.001) \quad (6.2)$$

式中：y为亩产值（元），T为成熟期30 cm深土壤平均温度（℃），RH为成熟期30 cm深土壤平均相对湿度（%）。该方程决定系数为0.63，F值为25.45，通过了0.001水平显著性检验。

将剩余的6个云烟87亩产值和相应气象统计资料作为独立样本，检验上述模型，计算得到模拟值，并与实测值进行对比分析。

结果表明，云烟87亩产值的模拟值与实测值之间基于1:1线的决定系数（R^2）为0.75，$RMSE$为367元，说明模型模拟效果较好（图6-4）。

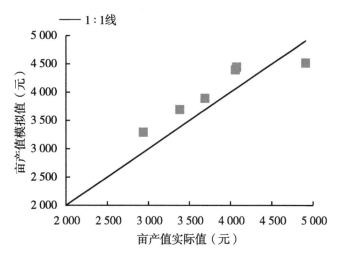

图6-4 云烟87亩产值模拟值与实际值比较

6.1.3 K326

将不同海拔高度K326烤烟亩产值分别与伸根期、旺长期和成熟期≥10 ℃有效积温、累积降水量、累积日照时数、30 cm深土壤平均温度和30 cm深土壤平均相对湿度等气象因子作散点图，并计算二者之间的相关系数，可知K326亩产值与一些气象因子存在紧密的关系（图6-5和表6-3）：亩产值与伸根期累积日照时数，旺长期累积降水量、累积日照时数，成熟期累积降水量、累积日照时数、30 cm深土壤平均相对湿度均呈显著或极显著相关关系（$P<0.05$ 或 $P<0.01$），其中，亩产值与旺长期累积降水量、成熟期累积降水量、成熟期30 cm深土壤平均相对湿度呈正相关关系，因此旺长期和成熟期较多的降水量、成熟期较大的土壤湿度促进K326烤烟亩产值增大；亩产值与伸根期累积日照时数、旺长期累积日照时数、成熟期累积日照时数呈负相关，因此烤烟移栽后过多的日照抑制K326烤烟亩产值的提高。

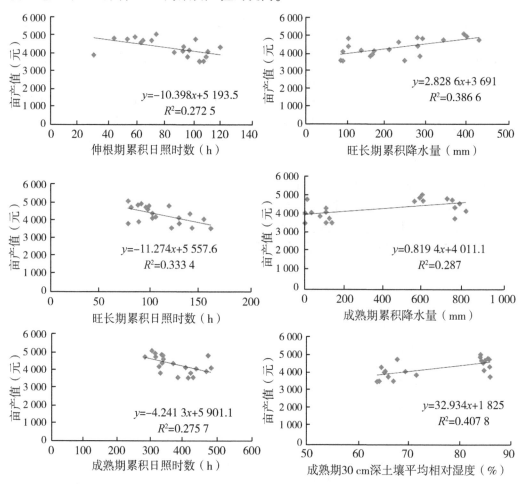

图6-5　K326烤烟亩产值与不同发育期气象因子的关系

表6-3　K326烤烟亩产值与不同发育期气象因子的相关系数（$n=20$）

发育期	气象因子	与亩产值相关系数
	≥10 ℃有效积温	0.04
	累积降水量	−0.14
伸根期	累积日照时数	−0.52*
	30 cm深土壤平均温度	0.20
	30 cm深土壤平均相对湿度	0.06

（续表）

发育期	气象因子	与亩产值相关系数
旺长期	≥10 ℃有效积温	0.00
	累积降水量	0.62**
	累积日照时数	-0.58**
	30 cm深土壤平均温度	0.02
	30 cm深土壤平均相对湿度	0.35
成熟期	≥10 ℃有效积温	-0.13
	累积降水量	0.54*
	累积日照时数	-0.53*
	30 cm深土壤平均温度	-0.13
	30 cm深土壤平均相对湿度	0.64**

将随机选择的 16 个 K326 亩产值样本，与亩产值关系紧密的气象因子进行逐步回归分析，得到亩产值与气象因子的关系模型：

$$y = 2.84R_1 - 6.25S + 2.34R_2 + 3712 \quad (R^2 = 0.41，P < 0.01) \tag{6.3}$$

式中：y 为亩产值（元），R_1 为旺长期累积降水量（mm），S 为旺长期累积日照时数（h），R_2 为成熟期累积降水量（mm）。该方程决定系数为 0.41，F 值为 18.25，通过了 0.01 水平显著性检验。

将剩余的 4 个 K326 亩产值和相应气象统计资料作为独立样本，检验上述模型，计算得到模拟值，并与实测值进行对比分析。

结果表明，K326 亩产值的模拟值与实测值之间基于 1∶1 线的决定系数（R^2）为 0.42，$RMSE$ 为 627 元，说明模型模拟效果一般（图 6-6）。

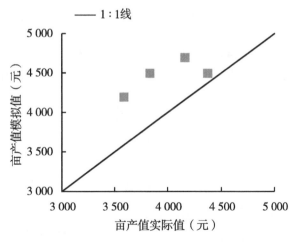

图 6-6　K326 亩产值模拟值与实际值比较

6.2 气象因子对烤烟上等烟比例的影响及其模拟模型

6.2.1 湘烟7号

将不同海拔高度湘烟7号烤烟上等烟比例分别与伸根期、旺长期和成熟期≥10 ℃有效积温、累积降水量、累积日照时数、30 cm 深土壤平均温度和 30 cm 深土壤平均相对湿度等气象因子作散点图，并计算二者之间的相关系数，可知湘烟7号上等烟比例与一些气象因子存在紧密的关系（图6-7和表6-4）：上等烟比例与伸根期≥10 ℃有效积温、30 cm 深土壤平均温度、30 cm 深土壤平均相对湿度，旺长期≥10 ℃有效积温、累积降水量、30 cm 深土壤平均温度，成熟期≥10 ℃有效积温、30 cm 深土壤平均温度均呈显著或极显著相关关系（P<0.05 或 P<0.01 或 P<0.001），其中，上等烟比例与旺

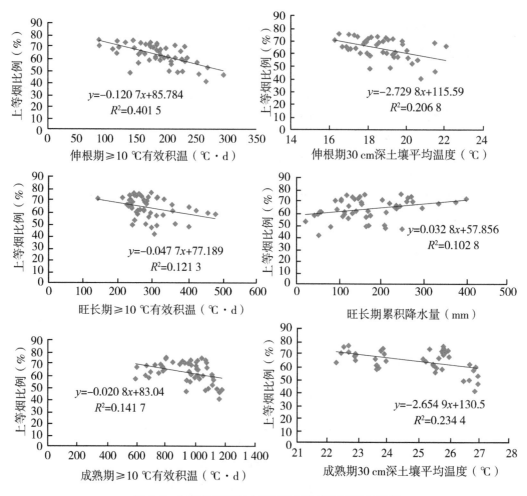

图6-7 湘烟7号烤烟上等烟比例与气象因子的关系

长期累积降水量呈正相关，因此旺长期充足降水促进湘烟7号烤烟上等烟比例增大；上等烟比例与伸根期≥10℃有效积温、30 cm深土壤平均温度、30 cm深土壤平均相对湿度，旺长期≥10℃有效积温、30 cm深土壤平均温度，成熟期≥10℃有效积温、30 cm深土壤平均温度呈负相关，因此烤烟移栽后较高的气温、较高的土壤温度以及伸根期较大的土壤湿度抑制湘烟7号烤烟上等烟比例的提高。

表6-4　湘烟7号烤烟上等烟比例与气象因子的相关系数 （$n = 50$）

发育期	气象因子	与上等烟比例相关系数
伸根期	≥10℃有效积温	−0.63***
	累积降水量	0.00
	累积日照时数	0.22
	30 cm深土壤平均温度	−0.45**
	30 cm深土壤平均相对湿度	−0.34*
旺长期	≥10℃有效积温	−0.35*
	累积降水量	0.32*
	累积日照时数	−0.00
	30 cm深土壤平均温度	−0.38*
	30 cm深土壤平均相对湿度	−0.21
成熟期	≥10℃有效积温	−0.38*
	累积降水量	0.04
	累积日照时数	0.21
	30 cm深土壤平均温度	−0.48***
	30 cm深土壤平均相对湿度	0.21

将随机选择的40个湘烟7号上等烟比例样本，与上等烟比例关系紧密的气象因子进行逐步回归分析，得到上等烟比例与气象因子的关系模型：

$$y = -0.19 \sum T_1 - 2.72 T_2 + 1.72.4 \quad (R^2 = 0.28, \ P < 0.001) \tag{6.4}$$

式中：y为上等烟比例（%），$\sum T_1$为伸根期≥10℃有效积温（℃·d），T_2为成熟期30 cm深土壤平均温度（℃）。该方程决定系数为0.28，F值为18.66，通过了0.001水平显著性检验。

将剩余的10个湘烟7号上等烟比例和相应气象统计资料作为独立样本，检验上述模型，计算得到模拟值，并与实测值进行对比分析。

结果表明，湘烟7号成熟期上等烟比例的模拟值与实测值之间基于1:1线的决定系数（R^2）为0.61，$RMSE$为6.3%，说明模型模拟效果一般（图6-8）。

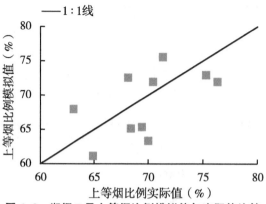

图6-8 湘烟7号上等烟比例模拟值与实际值比较

6.2.2 云烟87

将不同海拔高度云烟87烤烟上等烟比例分别与伸根期、旺长期和成熟期≥10 ℃有效积温、累积降水量、累积日照时数、30 cm深土壤平均温度和30 cm深土壤平均相对湿度等气象因子作散点图，并计算二者之间的相关系数，可知云烟87上等烟比例与一些气象因子存在紧密的关系（图6-9和表6-5）：上等烟比例与伸根期累积日照时数、

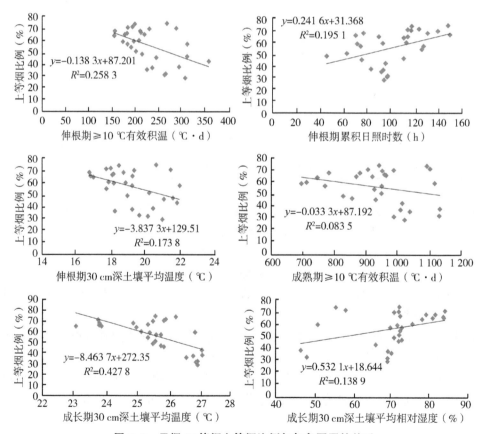

图6-9 云烟87烤烟上等烟比例与气象因子的关系

30 cm 深土壤平均相对湿度，旺长期累积日照时数、30 cm 深土壤平均相对湿度，成熟期≥10 ℃有效积温、累积降水量呈显著或极显著相关关系（*P*<0.05 或 *P*<0.01 或 *P*<0.001），其中上等烟比例与伸根期累积日照时数、成熟期≥10 ℃有效积温和累积降水量呈正相关，因此伸根期充足的日照、成熟期较高气温和较大的降水量促进云烟 87 烤烟上等烟比例增大；上等烟比例与伸根期 30 cm 深土壤平均相对温度、旺长期累积日照时数、30 cm 深土壤平均相对湿度呈负相关，因此伸根期较大的土壤湿度、旺长期较多的日照和较大的土壤湿度抑制云烟 87 烤烟上等烟比例的提高。

表 6-5　云烟 87 烤烟上等烟比例与气象因子的相关系数（*n*=30）

发育期	气象因子	与上等烟比例相关系数
伸根期	≥10 ℃有效积温	0.16
	累积降水量	0.19
	累积日照时数	0.52**
	30 cm 深土壤平均温度	0.24
	30 cm 深土壤平均相对湿度	−0.72***
旺长期	≥10 ℃有效积温	−0.10
	累积降水量	0.21
	累积日照时数	−0.48**
	30 cm 深土壤平均温度	−0.31
	30 cm 深土壤平均相对湿度	−0.48**
成熟期	≥10 ℃有效积温	0.37*
	累积降水量	0.37*
	累积日照时数	−0.30
	30 cm 深土壤平均温度	0.27
	30 cm 深土壤平均相对湿度	−0.35

将随机选择的 24 个云烟 87 上等烟比例样本，与亩产值关系紧密的气象因子进行逐步回归分析，得到上等烟比例与气象因子的关系模型：

$$y = 0.54S - 0.62RH + 0.03\sum T + 32.54 \quad (R^2 = 0.63，P<0.001) \tag{6.5}$$

式中：*y* 为上等烟比例（%），*S* 为伸根期累积日照时数（h），*RH* 为伸根期 30 cm 深土壤平均相对湿度（%），$\sum T$ 为成熟期≥10 ℃有效积温（℃·d）。该方程决定系数为 0.63，*F* 值为 25.45，通过了 0.001 水平显著性检验。

将剩余的 6 个云烟 87 上等烟比例和相应气象统计资料作为独立样本，检验上述模型，计算得到模拟值，并与实测值进行对比分析。

结果表明，云烟 87 上等烟比例的模拟值与实测值之间基于 1∶1 线的决定系数（R^2）为 0.75，*RMSE* 为 3.7%，说明模型模拟效果较好（图 6-10）。

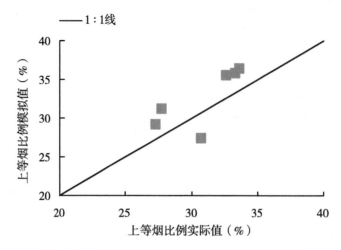

图 6-10　云烟 87 上等烟比例模拟值与实际值比较

6.2.3　K326

将不同海拔高度 K326 烤烟上等烟比例分别与伸根期、旺长期和成熟期≥10 ℃有效积温、累积降水量、累积日照时数、30 cm 深土壤平均温度和 30 cm 深土壤平均相对湿度等气象因子作散点图，并计算二者之间的相关系数，可知 K326 上等烟比例与一些气象因子关系不紧密（图 6-11 和表 6-6），因此，生态因子对 K326 上等烟比例无显著的影响。

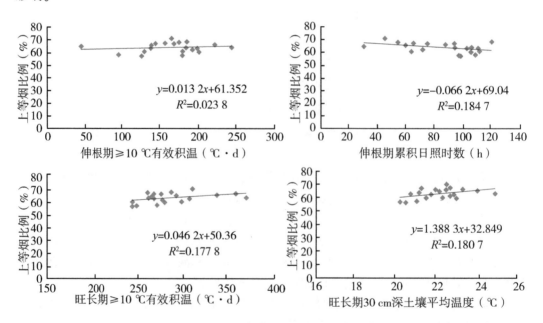

图 6-11　K326 烤烟上等烟比例与气象因子的关系

表 6-6　K326 烤烟上等烟比例与气象因子的相关系数（$n=20$）

发育期	气象因子	与上等烟比例相关系数
伸根期	≥10 ℃有效积温	0.15
	累积降水量	−0.26
	累积日照时数	−0.43
	30 cm 深土壤平均温度	0.41
	30 cm 深土壤平均相对湿度	0.20
旺长期	≥10 ℃有效积温	0.42
	累积降水量	0.14
	累积日照时数	−0.02
	30 cm 深土壤平均温度	0.42
	30 cm 深土壤平均相对湿度	0.17
成熟期	≥10 ℃有效积温	0.02
	累积降水量	−0.03
	累积日照时数	−0.12
	30 cm 深土壤平均温度	0.05
	30 cm 深土壤平均相对湿度	0.03

6.3　气象因子对烤烟均价的影响及其模拟模型

6.3.1　湘烟 7 号

将不同海拔高度湘烟 7 号烤烟均价分别与伸根期、旺长期和成熟期≥10 ℃有效积温、累积降水量、累积日照时数、30 cm 深土壤平均温度和 30 cm 深土壤平均相对湿度等气象因子作散点图，并计算二者之间的相关系数，可知湘烟 7 号均价与一些气象因子存在紧密的关系（图 6-12 和表 6-7）：均价与伸根期≥10 ℃有效积温、30 cm 深土壤平均温度、30 cm 深土壤平均相对湿度，旺长期累积日照时数、30 cm 深土壤平均温度、30 cm 深土壤平均相对湿度，成熟期≥10 ℃有效积温、累积降水量、累积日照时数、30 cm 深土壤平均温度均呈显著或极显著相关关系（$P<0.05$ 或 $P<0.01$ 或 $P<0.001$），其中，均价与伸根期 30 cm 深土壤平均相对湿度、旺长期累积日照时数、旺长期 30 cm 深土壤平均相对湿度、成熟期累积日照时数呈正相关，因此伸根期较大土壤湿度、旺长期充足的日照、旺长期较大的土壤湿度和成熟期充足的日照促进湘烟 7 号均价的增大；而均价与伸根期≥10 ℃有效积温、伸根期 30 cm 深土壤平均温度、旺长期 30 cm 深土壤平均温度、成熟期≥10 ℃有效积温、成熟期累积降水量、成熟期 30 cm 深土壤平

均温度呈负相关，因此伸根期和成熟期较高的气温、移栽后较高的土壤温度、成熟期较多的降水量抑制湘烟 7 号均价的提高。

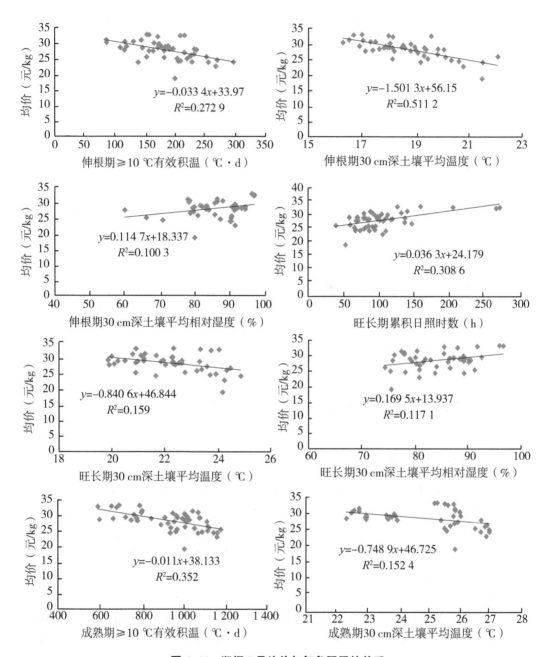

图 6-12 湘烟 7 号均价与气象因子的关系

表 6-7 湘烟 7 号均价与气象因子的相关系数 （$n=50$）

发育期	气象因子	与均价相关系数
伸根期	≥10 ℃有效积温	−0.52***
	累积降水量	0.07
	累积日照时数	0.25
	30 cm 深土壤平均温度	−0.71***
	30 cm 深土壤平均相对湿度	0.32*
旺长期	≥10 ℃有效积温	0.13
	累积降水量	0.17
	累积日照时数	0.56***
	30 cm 深土壤平均温度	−0.40**
	30 cm 深土壤平均相对湿度	0.34*
成熟期	≥10 ℃有效积温	−0.59***
	累积降水量	−0.30*
	累积日照时数	0.36**
	30 cm 深土壤平均温度	−0.39**
	30 cm 深土壤平均相对湿度	0.14

将随机选择的 40 个湘烟 7 号均价样本，与均价关系紧密的气象因子进行逐步回归分析，得到均价与气象因子的关系模型：

$$y=-0.39T_1+0.23S-0.013\sum T_2+38.94 \quad (R^2=0.39,\ P<0.001) \qquad (6.6)$$

式中：y 为均价（元），T_1 为伸根期 30 cm 深土壤平均温度（℃），S 为旺长期累积日照时数（h），$\sum T_2$ 为成熟期 ≥10 ℃有效积温（℃·d）。该方程决定系数为 0.39，F 值为 21.10，通过了 0.001 水平显著性检验。

将剩余的 10 个湘烟 7 号均价和相应气象统计资料作为独立样本，检验上述模型，计算得到模拟值，并与实测值进行对比分析。

结果表明，湘烟 7 号成熟期均价的模拟值与实测值之间基于 1∶1 线的决定系数（R^2）为 0.61，$RMSE$ 为 2.61 元，说明模型模拟效果较好（图 6-13）。

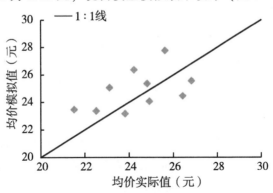

图 6-13 湘烟 7 号均价模拟值与实际值比较

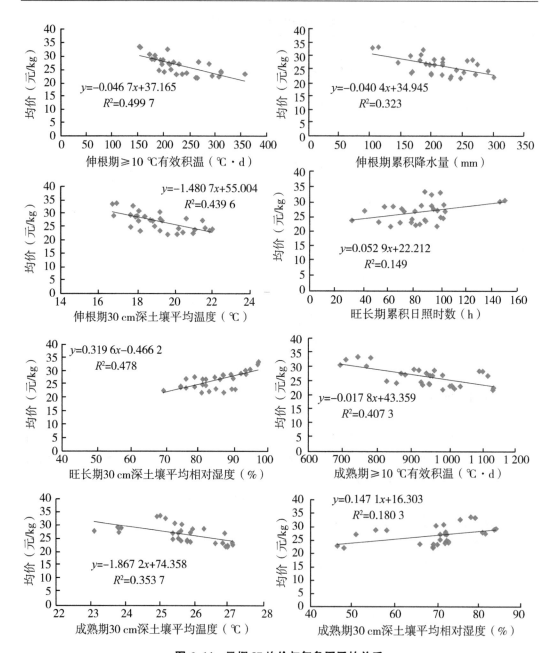

图 6-14 云烟 87 均价与气象因子的关系

6.3.2 云烟 87

　　将不同海拔高度云烟 87 烤烟均价分别与伸根期、旺长期和成熟期≥10 ℃有效积温、累积降水量、累积日照时数、30 cm 深土壤平均温度和 30 cm 深土壤平均相对湿度等气象因子作散点图，并计算二者之间的相关系数，可知云烟 87 均价与一些气象因子存在紧密的关系（图 6-14 和表 6-8）：均价与伸根期≥10 ℃有效积温、累积降水量、30 cm 深土壤平均温度、30 cm 深土壤平均相对湿度，旺长期累积日照时数、30 cm 深土壤平均相对湿度，成熟期≥10 ℃有效积温、30 cm深土壤平均温度、30 cm深土壤平均相对湿度均呈显著或极显著相关关系（$P<0.01$ 或 $P<0.001$），其中均价与伸根期30 cm深土壤平均相对湿度、旺长期累积日照时数、旺长期30 cm深土壤平均相对湿度、成熟期30 cm深土壤平均相对湿度呈正相关，因此烤烟移栽后较大土壤湿度、旺长期充足的日照促进云烟87均价的增大；而均价与伸根期≥10 ℃有效积温、伸根期累积降水量、伸根期30 cm深土壤平均温度、成熟期≥10 ℃有效积温、成熟期30 cm深土壤平均温度呈负相关，因此伸根期和成熟期较高的气温、伸根期和成熟期较高的土壤温度、伸根期较多的降水量抑制云烟87均价的提高。

表6-8 云烟87均价与气象因子的相关系数（$n=30$）

发育期	气象因子	与均价相关系数
伸根期	≥10 ℃有效积温	-0.63^{***}
	累积降水量	-0.50^{**}
	累积日照时数	-0.08
	30 cm深土壤平均温度	-0.62^{***}
	30 cm深土壤平均相对湿度	0.60^{***}
旺长期	≥10 ℃有效积温	-0.03
	累积降水量	-0.17
	累积日照时数	0.51^{**}
	30 cm深土壤平均温度	-0.30
	30 cm深土壤平均相对湿度	0.72^{***}
成熟期	≥10 ℃有效积温	-0.64^{***}
	累积降水量	-0.32
	累积日照时数	0.26
	30 cm深土壤平均温度	-0.82^{***}
	30 cm深土壤平均相对湿度	0.64^{***}

将随机选择的24个云烟87均价样本，与均价关系紧密的气象因子进行逐步回归分析，得到均价与气象因子的关系模型：

$$y=0.24RH+0.56S-14.5T+322.5 \quad (R^2=0.68, \ P<0.001) \tag{6.7}$$

式中：y 为均价（元），RH 为伸根期30 cm深土壤平均相对湿度（%），S 为旺长期累积日照时数（h），T 为成熟期30 cm深土壤平均温度（℃）。该方程决定系数为0.68，F 值为24.34，通过了0.001水平显著性检验。

将剩余的6个云烟87均价和相应气象统计资料作为独立样本，检验上述模型，计算得到模拟值，并与实测值进行对比分析。结果表明，云烟87均价的模拟值与实测值之间基于1∶1线的决定系数（R^2）为0.57，$RMSE$ 为2.68元，说明模型模拟效果较好（图6-15）。

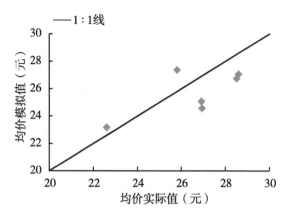

图 6-15　云烟 87 均价模拟值与实际值比较

6.3.3　K326

　　将不同海拔高度 K326 烤烟均价分别与伸根期、旺长期和成熟期≥10 ℃有效积温、累积降水量、累积日照时数、30 cm 深土壤平均温度和 30 cm 深土壤平均相对湿度等气象因子作散点图，并计算二者之间的相关系数，可知 K326 均价与一些气象因子存在紧密的关系（图 6-16 和表 6-9）：均价与成熟期累积降水量、成熟期累积日照时数、成熟期 30 cm 深土壤平均相对湿度均呈显著或极显著相关关系（$P<0.05$ 或 $P<0.01$），其中均价与成熟期累积日照时数呈正相关，因此，烤烟成熟期充足的日照促进 K326 均价的增大；均价与成熟期累积降水量、成熟期 30 cm 深土壤平均相对湿度呈负相关，因此，成熟期较多的降水、较大的土壤湿度抑制 K326 均价的增大。

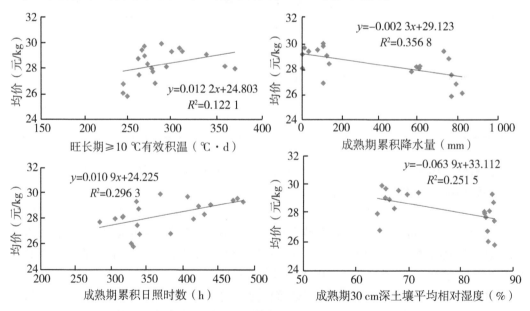

图 6-16　K326 均价与气象因子的关系

表 6-9 **K326 均价与气象因子的相关系数**（$n = 20$）

发育期	气象因子	与均价相关系数
伸根期	≥10 ℃有效积温	−0.04
	累积降水量	−0.17
	累积日照时数	−0.06
	30 cm 深土壤平均温度	0.04
	30 cm 深土壤平均相对湿度	−0.12
旺长期	≥10 ℃有效积温	0.35
	累积降水量	−0.29
	累积日照时数	0.26
	30 cm 深土壤平均温度	0.35
	30 cm 深土壤平均相对湿度	−0.28
成熟期	≥10 ℃有效积温	0.17
	累积降水量	−0.60**
	累积日照时数	0.54*
	30 cm 深土壤平均温度	0.35
	30 cm 深土壤平均相对湿度	−0.50*

将随机选择的 16 个 K326 均价样本，与均价关系紧密的气象因子进行逐步回归分析，得到均价与气象因子的关系模型：

$$y = -0.002R + 0.032S + 17.6 \quad (R^2 = 0.38, \ P < 0.01) \tag{6.8}$$

式中：y 为均价（元），R 为成熟期累积降水量（mm），S 为成熟期累积日照时数（h）。该方程决定系数为 0.38，F 值为 17.56，通过了 0.01 水平显著性检验。

将剩余的 4 个 K326 均价和相应气象统计资料作为独立样本，检验上述模型，计算得到 K326 均价的模拟值，并与实测值进行对比分析。结果表明，K326 均价的模拟值与实测值之间基于 1：1 线的决定系数（R^2）为 0.51，$RMSE$ 为 2.89 元，说明模型模拟效果较好（图 6-17）。

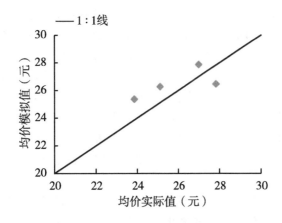

图 6-17 **K326 均价模拟值与实际值比较**

7 湘西州烤烟产量预报模型

7.1 产量预报概述

农作物产量的形成不仅与农作物的品种特性、农业生产科技水平、土肥条件、病虫害等因素有关，还与气象条件密切相关。在影响产量的各种因素中，气象因子往往起着关键性作用。作物产量预报主要是基于各种农作物在土壤中生长的过程及其与气象条件的关系，通过数学方法和模型对未来的产量丰歉情况做出预测。根据当前天气、环境和自然条件的变化，从客观和定量角度准确地预报农作物的产量，为地方政府制定相应的宏观决策提供科学依据。农产品的产量预测直接影响市场价格的预期和投资者决策，因此，对于农作物产量的预测始终是我国农业气象领域重要的研究课题。

根据预报对象的不同，作物产量预报技术可分为经济作物、粮食作物和名优特产产量预报三种类型。目前，粮食产量预报是我国应用最广泛、最成熟的预报方法，包括对各种粮食作物的总产量和单产的定量预报。它已成为我国各地农业气象业务的一项常规工作，是保障粮食安全、农业政策制定和社会经济稳定的一项重要工作。经济作物的产量预报主要包括棉花、油菜、大豆等作物的产量预测。名优特产产量预报方面也有一些研究成果，主要有绿豆、红豆、板栗、金枣的产量预报。农作物产量预报的主要方式，按预报时效划分的年景预报、趋势预报、定量预报等。

在烤烟生产过程中，气象因子对烤烟的生长和发育有着重要的影响。对烤烟产量有影响的生态因子包括气温、降水量、日照时数、土壤温度、土壤湿度等。其中，气温是影响烤烟生长发育的最主要因素之一，烤烟不同的生长阶段，对温度的要求也不同。气温在 $11 \sim 12$ ℃时，种子即可萌动，在 $25 \sim 28$ ℃最适宜种子萌发。在 $20 \sim 25$ ℃时幼芽生长最快，超过 28 ℃幼芽生长速度减慢，超过 35 ℃将失去活力。烤烟移栽须在日平均气温稳定通过 $12 \sim 13$ ℃方可进行。否则，移栽后遇到较长时间低温天气，烤烟出现"早花"现象，影响产量。在大田生长期，需 ≥ 10 ℃活动积温 $2\,200 \sim 2\,600$ ℃，气温在 $25 \sim 28$ ℃最适宜烤烟生长。在大田生长前期，对气温要求较低（$17 \sim 19$ ℃）。但气温低于 13 ℃，将抑制营养生长，导致早花而减产；在大田生长后期，对气温要求较高（$20 \sim 25$ ℃），若遇到气温低于 17 ℃天气，则导致烟叶的品质差。

降水是另一个重要的气象因素，对烤烟的生长和发育同样具有显著的影响。在烤烟生长期，适宜的降水量是保证烤烟正常生长发育的重要保障。但是，过多或过少的降水都会对烤烟产量不利。在整个大田生长期，需降水量 $350 \sim 450$ mm。在旺长期之前，月降水量 80~100 mm 即可。进入旺长期后耗水量大，土壤湿度宜为田间持水量的 80% 左右，此时月降水量以 160~200 mm 为好。成熟期需水量减少，月降水量 100 mm 即可。

光照也是影响烤烟生长发育的重要气象因素，在烤烟生长过程，光照不足会导致光合作用受阻，干物质积累减少，植株生长缓慢，成熟期推迟。光照过强则会导致烟草叶片的栅栏组织和海绵组织均加厚，外观上叶片厚而粗糙，叶脉突出，形成所谓的"粗筋暴叶"，过分强烈的日光还会形成日灼斑，影响烤烟品质。

7.2 分区域的产量预报模型

7.2.1 龙山县烤烟产量预报模型

（1）龙山县烤烟生产情况

龙山县位于湖南省西北部，地处武陵山区腹地，境内多山，地势较为崎岖。龙山县属于亚热带季风气候，四季分明，气候温和湿润，降水充沛，年均降水量在 1 400 mm 左右，适宜烤烟生长发育。但是，该县气候具有显著的地域差异性，以山区气候为主，而河谷地带的气候稍有不同，且日照时间较短，该县复杂的气候条件会对烤烟的生长发育会产生一定的影响。

龙山县地形地势复杂，山地面积占全县总面积的 90% 以上。烤烟在山地的种植具有一定的技术难度，需要对土地进行改造和改良，以适应烤烟的生长需要。同时，山地气温低、湿度大，容易形成露水和雾霾，会加大烤烟病虫害防治的难度。为了解决这些问题，需采取一些技术措施，如推广水肥一体化技术、改进土地利用模式、加强病虫害防治等，保障烤烟的产量和品质。

龙山县的土壤以红壤、山地黄壤和石灰岩土为主。这些土壤种类中，红壤和石灰岩土适宜烤烟生长发育，且龙山县土地肥力较高，能够保障优质烤烟的生长发育。

（2）龙山县生态因子与产量的关系

为了探究温度、水分、光照等气象因子对烤烟产量形成的影响机制，在龙山县山区两个不同海拔高度（810 m 和 1 080 m），连续两年开展了针对两个烤烟品种（湘烟 7 号、K326）的五个不同移栽期气象因子和产量的平行观测，统计烤烟各发育期光、温、水等气象因子以及土壤温度、相对湿度等土壤因子，分析这些生态因子与烤烟产量的关系，进而构建烤烟产量预报模型。

将龙山县烤烟产量与伸根期、旺长期和成熟期的 ≥10 ℃ 有效积温、日最高气温 ≥35 ℃ 天数、日平均气温 ≥25 ℃ 天数、降水量、日照时数、土壤温度、土壤湿度等气象因子作散点图，并作相关性分析，得到各气象因子与产量的相关系数（图 7-1、表 7-1），可知烤烟产量与一些气象因子存在密切的关系：伸根期日照时数、旺长期降水量、旺长期日照时数、旺长期土壤湿度、成熟期降水量、成熟期日照时数、成熟期土壤湿度与龙山县烤烟亩产量间存在显著的相关关系（$P<0.05$ 或 $P<0.001$），其中旺长期降水量、旺长期日照时数、成熟期降水量、成熟期土壤湿度与亩产量存在极显著的相关关系。

伸根期、旺长期、成熟期的日照时数与龙山县烤烟亩产量均呈负相关关系，因此大田生长期较多的日照时数抑制龙山县烤烟产量的提高；而旺长期、成熟期的降水量以及旺长期、成熟期的土壤湿度与龙山县烤烟亩产量呈正相关关系，因此烤烟进入旺长阶段后，较多的降水量和较大的土壤湿度促进龙山县烤烟产量的提高。

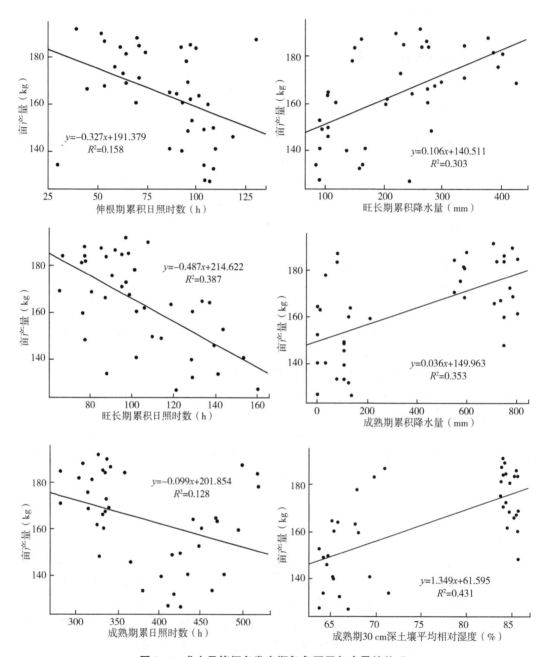

图7-1 龙山县烤烟各发育期气象因子与产量的关系

表 7-1　龙山县烤烟各发育期气象因子与产量的相关系数（$n=40$）

发育期	气象因子	与产量的相关系数
伸根期	≥10 ℃有效积温	−0.10
	累积降水量	−0.12
	累积日照时数	−0.40*
	30 cm 深土壤平均温度	−0.02
	30 cm 深土壤平均相对湿度	0.02
旺长期	≥10 ℃有效积温	−0.23
	累积降水量	0.55***
	累积日照时数	−0.62***
	30 cm 深土壤平均温度	−0.23
	30 cm 深土壤平均相对湿度	0.32*
成熟期	≥10 ℃有效积温	0.06
	日最高气温≥35 ℃天数	−0.11
	日平均气温≥25 ℃天数	−0.12
	累积降水量	0.59***
	累积日照时数	−0.36*
	30 cm 深土壤平均温度	−0.09
	30 cm 深土壤平均相对湿度	0.66***

注：*、** 和 *** 分别表示通过 0.05、0.01 和 0.001 水平显著性检验（下同）。

（3）产量预报模型构建

基于以上分析结果，将随机选择的 32 个烤烟产量测定资料，与跟产量关系紧密的气象因子进行逐步回归分析，最终得到龙山县烤烟气象产量预报模型：

$$y = 5.452 - 1.115a + 0.150b + 2.526c \qquad (7.1)$$

式中，y 为龙山县烤烟亩产量（kg），a 为旺长期 30 cm 深土壤平均相对湿度（%），b 为成熟期累积日照时数（h），c 为成熟期 30 cm 深土壤平均相对湿度（%）。

经过逐步回归因子筛选后，最终形成的烤烟气象产量预报模型包括旺长期、成熟期的土壤湿度和成熟期累积日照时数三个因子。该模型能较好地反映关键发育期气象因子对龙山县烤烟产量的影响。

（4）预报效果检验

将剩余的龙山县 8 个产量观测资料和相关气象因子作为独立样本，验证上述烤烟气象产量预报模型（图 7-2）。结果表明：龙山县烤烟亩产值的预测值与实际值之间基于 1:1 线的决定系数（R^2）为 0.64，$RMSE$ 为 7.6 kg，说明模型预测效果较好。

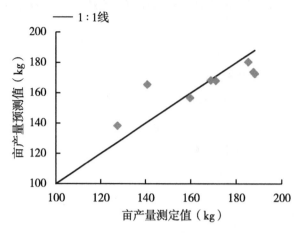

图7-2 龙山县烤烟产量预测值与测定值比较

7.2.2 永顺县烤烟产量预报模型

（1）永顺县烤烟生产情况

永顺县位于湘西州东北部，属于亚热带季风气候区，气候温和湿润，四季分明。全年平均气温16.2℃，其中7—9月为夏季，平均气温为24.5℃；11月至翌年2月为冬季，平均气温为6.5℃。永顺县年平均降水量为1 302 mm，降水集中在4—9月，占全年降水量的70%以上。

永顺县地势西高东低，南北长约86 km，东西宽约58 km，南部和东部为丘陵山区，北部和西部为平原，总面积为3 156.55 km²。境内地形复杂多变，山峦起伏，河流纵横，交通发达。主要河流有：沅江、清水江、双溪河、龙头江等。

永顺县土地肥沃，具有较好的农业生产潜力。该县土壤类型主要有黄红壤、黄棕壤、红色石灰土、黑色石灰土、紫色土等，其中黄壤面积占全县总面积的44.4%，土壤呈微酸性至弱碱性反应，土壤肥沃、疏松、保水性能较好，肥力较高，适应多种植物生长。

永顺县主要种植水稻、玉米、烤烟、甘薯等作物，其中以烤烟种植面积最大。烤烟是当地的传统经济作物，也是永顺县的重要经济支柱之一。永顺县烤烟种植历史悠久，是湖南省重要的烤烟生产基地。该县烤烟栽培主要集中在东部、南部和中部地区，种植面积6万亩左右。因气候、土壤条件适宜，该县生产的烤烟品质优良、产量高、口感独特，畅销全国各地。

（2）永顺县各发育期生态因子与产量的关系

相较于龙山县的烤烟移栽期试验，永顺县的观测数据较少，仅在石堤镇一个试验点连续2年开展了5个不同移栽期的试验，试验品种为湘烟7号和云烟87。

将永顺县烤烟产量观测资料，分别与伸根期、旺长期、成熟期的≥10℃有效积温、日最高气温≥35℃天数、日平均气温≥25℃天数、累积降水量、累积日照时数、土壤温度、土壤湿度等生态因子作散点图，并作相关性分析，计算得到气象因子与亩产量的相关系数（图 7-3、表 7-2），可知烤烟产量与一些生态因子存在密切的关系：伸根期、旺长期的土壤相对湿度、成熟期土壤温度与永顺县烤烟亩产量呈显著的负相关关系（$P<0.01$），说明伸根期和旺长期较大的土壤相对湿度，成熟期较大的土壤温度抑制永顺烤烟产量的提高；而成熟期的日最高气温 ≥35 ℃天数、日平均气温 ≥25 ℃天数、累积降水量、土壤相对湿度与永顺县烤烟亩产量呈显著的正相关关系，（$P<0.05$，或 $P<0.01$，或 $P<0.001$）因此，成熟期日最高气温 ≥35 ℃和日平均气温 ≥25 ℃较多的天数，较大的累积降水量和较大的土壤相对湿度促进永顺烤烟产量的增加。

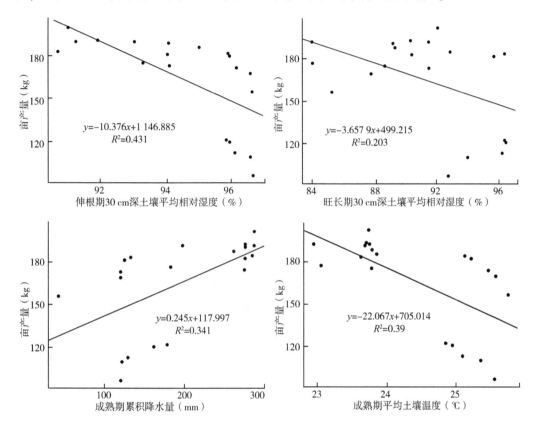

图 7-3　永顺县烤烟各发育期气象因子与产量的关系

表 7-2　永顺县烤烟各发育期气象因子与产量的相关系数（$n=20$）

发育期	气象因子	与产量相关系数
	≥10 ℃有效积温	0.31
	累积降水量	0.37
伸根期	累积日照时数	0.12
	30 cm 深土壤平均温度	-0.05
	30 cm 深土壤平均相对湿度	-0.66**

（续表）

发育期	气象因子	与产量相关系数
旺长期	≥10 ℃有效积温	0.08
	累积降水量	-0.28
	累积日照时数	0.12
	30 cm深土壤平均温度	-0.16
	30 cm深土壤平均相对湿度	-0.45*
成熟期	≥10 ℃有效积温	0.35
	日最高气温≥35 ℃天数	0.70***
	日平均气温≥25 ℃天数	0.29*
	累积降水量	0.58**
	累积日照时数	-0.16
	30 cm深土壤平均温度	-0.63**
	30 cm深土壤平均相对湿度	0.50*

（3）产量预报模型构建

基于以上分析结果，随机选择 16 个产量观测资料及相关气象因子资料进行逐步回归，建立了永顺县烤烟气象产量预报模型：

$$y = 1\ 135 - 7.882a - 2.434b \tag{7.2}$$

式中，y 为永顺县烤烟亩产量（kg），a 为伸根期 30 cm 深土壤平均相对湿度（%），b 为旺长期 30 cm 深土壤平均相对湿度（%）。

经过逐步回归因子筛选后，最终形成的烤烟气象产量预报模型包括伸根期土壤相对湿度和旺长期土壤相对湿度两个因子。该模型能较好地反映关键发育期气象因子对永顺县烤烟产量的影响。

（4）预报效果检验

将剩余的永顺县 4 个产量观测资料和相关气象因子作为独立样本，验证上述烤烟气象产量预报模型（图7-2）。结果表明：永顺县烤烟亩产值的预测值与实际值之间基于1:1线的决定系数（R^2）为 0.68，$RMSE$ 为 8.3 kg，说明模型预测效果较好。

7.2.3 花垣县烤烟产量预报

（1）花垣县烤烟生产情况

花垣县位于湘西州中部，总面积为 3 277.6 km²，辖 8 个乡镇和 2 个街道办事处，总人口约为 47 万人。花垣县的气象、环境、土壤条件适宜烤烟的生长发育，烤烟产业也成为当地的支柱产业。

花垣县属亚热带季风气候，温和湿润，雨量充沛。年平均气温在 16 ℃ 左右，年降水量为 1 500~1 900 mm，雨季集中在 4—9 月，其中 6 月、7 月、8 月降水最多。夏季

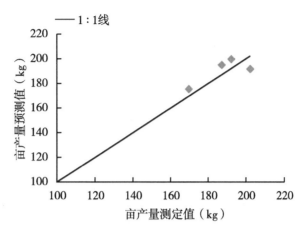

图 7-4 永顺县烤烟产量预测值与测定值比较

最高气温一般不超过 35 ℃，冬季最低气温在 0 ℃左右。

花垣县地势是由东南向西北倾斜，东、南、西部高，中部较缓，北部敞开，近似一围椅形。由于地质构造及岩性的影响，形成复杂的地形，整个地势由南西至北东按中山原（中山）、中低山原（中低山）低山及丘岗平递降。境内地貌类型多样，有山原、山地、丘陵、岗地、平原等，以山原为主。

土壤条件方面，花垣县的土地类型较为复杂，主要分布有水稻土、黑色灰土、红色灰土、红壤土、黄壤土等多种类型，其中以水稻土最为常见。花垣位于世界著名的富硒带、微生物发酵带、亚麻酸带，非常适合发展种植、养殖业，主要生产水稻、茶叶、烤烟、油茶、中药材、特色果蔬以及养殖黄牛、乳鸽等。

烤烟是花垣县农业支柱产业之一，花垣烤烟素有"金叶子"之称。烤烟生长的适宜温度为 18~26 ℃，这与花垣县大部分地区的温度条件相吻合，同时花垣县土壤肥沃、排水良好，能较好地满足烤烟生长的需求。

（2）各发育期气象因子与产量的关系

花垣县烤烟移栽期试验开展较早，从 2019 年开始，到 2022 年结束，连续开展了 4 年，试验品种为湘烟 7 号和云烟 87，每个品种均设置了 5 个不同移栽期，收集烤烟发育期气象观测资料及产量测定资料。

将花垣县烤烟产量观测资料，分别与伸根期、旺长期、成熟期的 ≥10 ℃有效积温、日最高气温 ≥35 ℃天数、日平均气温 ≥25 ℃天数、累积降水量、累积日照时数、土壤温度、土壤湿度等气象因子作散点图，并作相关性分析，可知烤烟产量与一些气象因子存在密切的关系（$P<0.01$ 或 $P<0.001$）（图 7-5、表 7-3）：伸根期 ≥10 ℃有效积温、伸根期累积降水量、伸根期土壤湿度、成熟期日最高气温 ≥35 ℃天数、土壤温度与花垣县烤烟产量间存在显著的负相关关系，因此伸根期较高的气温、较多的累积降水量、较大的土壤相对湿度，以及成熟期较多高温日数、较大的土壤温度均抑制花垣县烤烟产量的提高。

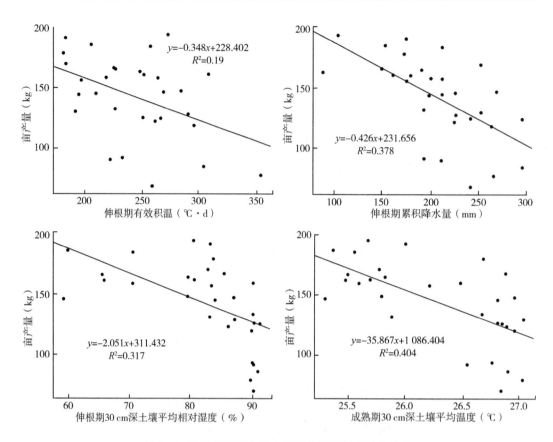

图7-5 花垣县烤烟各发育期气象因子与产量的关系

表7-3 花垣县烤烟各发育期气象因子与产量的相关系数 (n=40)

发育期	气象因子	与产量相关系数
	≥10 ℃有效积温	−0.44 **
	累积降水量	−0.61 ***
伸根期	累积日照时数	0.27
	30 cm深土壤平均温度	−0.15
	30 cm深土壤平均相对湿度	−0.56 ***
	≥10 ℃有效积温	0.25
	累积降水量	0.07
旺长期	累积日照时数	−0.25
	30 cm深土壤平均温度	−0.20
	30 cm深土壤平均相对湿度	−0.30

（续表）

发育期	气象因子	与产量相关系数
	≥10 ℃有效积温	0.20
	日最高气温≥35 ℃天数	−0.63***
	日平均气温≥25 ℃天数	0.14
成熟期	累积降水量	0.07
	累积日照时数	−0.01
	30 cm深土壤平均温度	−0.64***
	30 cm深土壤平均相对湿度	−0.05

（3）产量预报模型构建

基于以上分析结果，随机选择32条产量观测资料及相关气象因子资料进行逐步回归，建立了花垣县烤烟气象产量预报模型：

$$y = 1092.84 - 0.24a - 0.19b - 32.33c \tag{7.3}$$

式中，y为花垣县烤烟亩产量（kg），a为伸根期≥10 ℃有效积温（℃·d），b为伸根期累积降水量（mm），c为成熟期30 cm深土壤平均温度（℃）。

经过逐步回归因子筛选后，最终形成的烤烟气象产量预报模型包括伸根期积温和累积降水量，以及成熟土温平均温度三个气象因子。该模型能较好地反映关键发育期生态因子对花垣县烤烟产量的影响。

（4）预报效果检验

将剩余的花垣县8条产量观测资料和相关气象因子作为独立样本，验证上述烤烟气象产量预报模型（图7-6）。结果表明：花垣县烤烟亩产值的预测值与实际值之间基于1∶1线的决定系数（R^2）为0.69，RMSE为7.2 kg，说明模型预测效果较好。

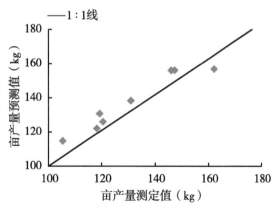

图7-6　花垣县烤烟产量预测值与测定值比较

7.3　分品种的产量预报模型

7.3.1　K326

（1）品种介绍

K326品种烤烟由美国Northup King种子公司用McNair30×NC95杂交选育而成，于1985年从美国引入中国云南省种植，1989年全国烟草品种审定委员会审定其为全国推广良种。

K326是一种高产、优质、早熟的烤烟品种，也是目前中国主要的烤烟栽培品种之一。其特点是叶片肥厚、质地细嫩，且富含尼古丁，适合用于制作卷烟和雪茄等烟草制品。该烤烟品种的大田生长期一般为100~110 d，属于早熟品种，田间生长整齐，腋芽生长势强。其生长条件要求较高，需要在土壤肥沃、排水良好、光照充足、温度适宜的环境中生长。此外，在生长过程中还需要定期开展病虫害防治、除草、追肥等工作，才能保障高产和优质。

（2）各发育期生态因子与产量的关系

将不同移栽期K326烤烟在伸根期、旺长期、成熟期的≥10 ℃有效积温、日最高气温≥35 ℃天数、日平均气温≥25 ℃天数、累积降水量、累积日照时数、土壤温度、土壤湿度等气象因子与产量作散点图，并分别计算它们的相关系数（图7-7、表7-4）。由图7-7、表7-4可知，伸根期累积日照时数，旺长期的累积降水量和累积日照时数，成熟期累积降水量、累积日照时数和土壤平均相对湿度与产量间存在显著的相关关系（$P<0.05$ 或 $P<0.01$ 或 $P<0.001$），其中旺长期累积降水量、成熟期累积降水量和土壤平均相对湿度与产量呈正相关关系，因此，K326进入旺长阶段后，较大的累积降水量以及成熟期较大的土壤相对湿度促进产量的提高；伸根期累积日照时数、旺长期累积日照时数和成熟期累积日照时数与产量呈负相关关系，因此，大田生长期过多的光照抑制K326产量的提高。

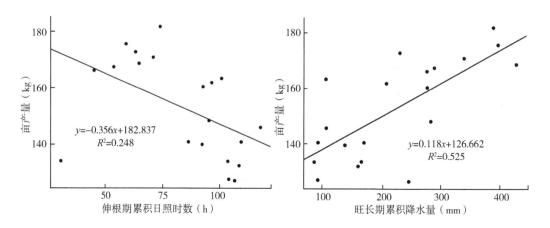

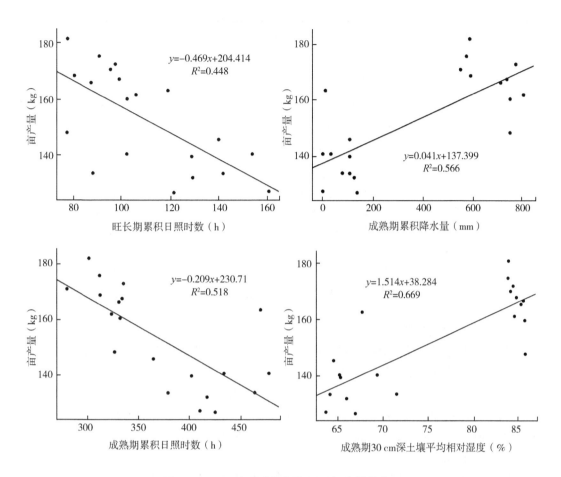

图7-7　K326各发育期气象因子与产量的关系

K326品种烤烟产量与光照条件（大田生长期的累积日照时数）、水分条件（旺长期、成熟期累积降水量和成熟期土壤相对湿度）均关系密切，大田生长期不太充足的光照和进入旺长阶段后充足的降水，有利于K326品种烤烟产量的形成。

表7-4　K326烤烟各发育期气象因子与产量的相关系数（$n=20$）

发育期	气象因子	与产量间相关系数
	≥10℃有效积温	0.04
	累积降水量	−0.09
伸根期	累积日照时数	−0.50*
	30 cm深土壤平均温度	0.17
	30 cm深土壤平均相对湿度	0.10

（续表）

发育期	气象因子	与产量间相关系数
旺长期	≥10 ℃有效积温	−0.13
	累积降水量	0.72***
	累积日照时数	−0.67**
	30 cm深土壤平均温度	−0.12
	30 cm深土壤平均相对湿度	0.44
成熟期	≥10 ℃有效积温	−0.20
	日最高气温≥35 ℃天数	−0.30
	日平均气温≥25 ℃天数	−0.30
	累积降水量	0.75***
	累积日照时数	−0.72***
	30 cm深土壤平均温度	−0.26
	30 cm深土壤平均相对湿度	0.82***

（3）产量预报模型构建

基于以上分析结果，随机选择16条产量观测资料及相关气象因子资料进行逐步回归，构建烤烟品种 K326 的产量预报模型：

$$y = -209.33 + 0.38a - 0.07b + 4.57c \tag{7.4}$$

式中，y 为 K326 品种烤烟亩产量（kg），a 为旺长期累积日照时数（h），b 为成熟期累积降水量（mm），c 为成熟期 30 cm 深土壤平均相对湿度（%）。

（4）预报效果检验

将剩余的 K326 烤烟品种 4 条产量观测资料和相关气象因子作为独立样本，验证上述烤烟气象产量预报模型（图7-8）。结果表明：K326 烤烟亩产值的预测值与实际值之间基于 1：1 线的决定系数（R^2）为 0.62，$RMSE$ 为 7.4 kg，说明模型预测效果较好。

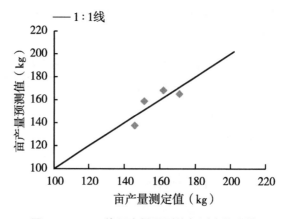

图 7-8　K326 烤烟产量预测值与测定值比较

7.3.2　湘烟 7 号

（1）品种介绍

湘烟 7 号是湖南省烟草科学研究所自主选育的烤烟品种，具有耐肥、耐低温、抗病、适应性强的特点，是湖南省广泛栽培的烤烟品种之一。

（2）各发育期生态因子与产量的关系

将湘烟 7 号不同移栽期烤烟在伸根期、旺长期、成熟期的≥10 ℃有效积温、日最高气温≥35 ℃天数、日平均气温≥25 ℃天数、累积降水量、累积日照时数、土壤平均温度、土壤平均相对湿度等气象因子与产量作散点图，并分别计算二者的相关系数（图 7-9、表 7-5）。由图 7-9、表 7-5 可知，与产量关系显著的气象因子较多（$P<0.05$ 或 $P<0.01$ 或者 $P<0.001$），其中旺长期累积降水量和成熟期的土壤湿度与产量呈正相关关系，因此旺长期较多的累积降水量和成熟期较大的土壤相对湿度促进湘烟 7 号产量的增长；而伸根期≥10 ℃有效积温、累积降水量、土壤平均温度、土壤平均相对湿度，旺长期土壤平均温度和成熟期日最高气温≥35 ℃天数、土壤平均温度，均与湘烟 7 号产量呈负相关，因此大田生长期较高的土壤温度、伸根期较高的气温、较多的累积降水量和较大的土壤湿度，成熟期日最高气温≥35 ℃较多的天数均抑制湘烟 7 号产量的增加。

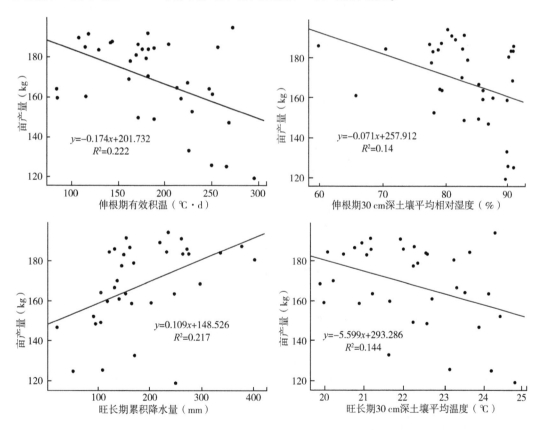

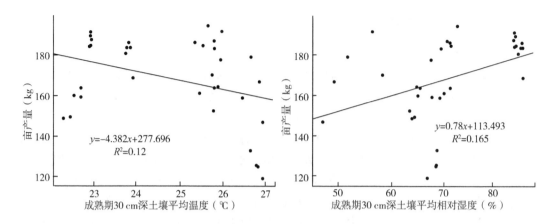

图 7-9 湘烟 7 号烤烟各发育期气象因子与产量的关系

表 7-5 湘烟 7 号烤烟发育期气象因子与产量的相关系数（$n=50$）

发育期	气象因子	与产量相关系数
伸根期	≥10 ℃有效积温	-0.47***
	累积降水量	-0.35*
	累积日照时数	-0.08
	30 cm 深土壤平均温度	-0.36*
	30 cm 深土壤平均相对湿度	-0.37**
旺长期	≥10 ℃有效积温	-0.14
	累积降水量	0.47***
	累积日照时数	-0.14
	30 cm 深土壤平均温度	-0.38**
	30 cm 深土壤平均相对湿度	-0.05
成熟期	≥10 ℃有效积温	-0.21
	日最高气温≥35 ℃天数	-0.41**
	日平均气温≥25 ℃天数	-0.17
	累积降水量	0.17
	累积日照时数	-0.02
	30 cm 深土壤平均温度	-0.35*
	30 cm 深土壤平均相对湿度	0.41**

（3）产量预报模型构建

基于以上分析结果，随机选择 40 条产量观测资料及相关气象因子资料进行逐步回归，构建烤烟品种湘烟 7 号的产量预报模型：

$$y = 239.04 - 0.15a - 0.17b - 0.74c + 0.77d \tag{7.5}$$

式中，y 为湘烟 7 号烤烟亩产量（kg），a 为伸根期 ≥10 ℃ 有效积温（℃·d），b 为伸根期累积降水量（mm），c 为伸根期 30 cm 深土壤平均相对湿度（%），d 为成熟期 30 cm 深土壤平均相对湿度（%）。

（4）预报效果检验

将剩余的湘烟 7 号烤烟品种 10 条产量观测资料和相关气象因子作为独立样本，验证上述烤烟气象产量预报模型（图 7-10）。结果表明：湘烟 7 号烤烟亩产值的预测值与实际值之间基于 1∶1 线的决定系数（R^2）为 0.57，$RMSE$ 为 7.8 kg，说明模型预测效果较好。

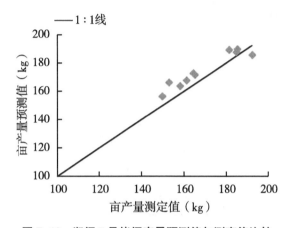

图 7-10   湘烟 7 号烤烟产量预测值与测定值比较

7.3.3   云烟 87

（1）品种介绍

云烟 87 是云南省烟草科学研究所、中国烟草育种研究（南方）中心以云烟二号为母本，K326 为父本杂交选育而成的烤烟品种。该烤烟品种适应性强，能够在多种环境下生长，包括高海拔山区等。

（2）各发育期气象因子与产量的关系

将云烟 87 不同移栽期烤烟在伸根期、旺长期、成熟期的 ≥10 ℃ 有效积温、日最高气温 ≥35 ℃ 天数、日平均气温 ≥25 ℃ 天数、累积降水量、累积日照时数、土壤平均温度、土壤平均相对湿度等气象因子与产量作散点图，并分别计算二者的相关系数（图 7-11、表 7-6）。由图 7-11、表 7-6 可知，伸根期 ≥10 ℃ 有效积温、土壤平均温度，成熟期土壤温度、土壤平均相对湿度与云烟 87 产量存在显著的相关关系（$P<0.05$ 或 $P<0.01$ 或 $P<0.001$），其中成熟期土壤平均相对湿度与云烟 87 产量呈正相关，因此，成熟期较大的土壤相对湿度促进云烟 87 产量的提高；而伸根期 ≥10 ℃ 有效积温、土壤平均温度和成熟期日最高气温 ≥35 ℃ 天数、土壤平均温度与云烟 87 产量呈负相关，因此伸根期较高的气温和土壤温度、成熟期最高气温 ≥35 ℃ 较多的天数、较高的土壤温度抑制云烟 87 产量的增长。

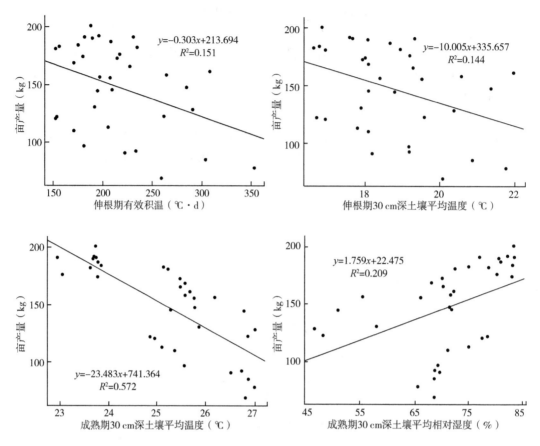

图 7-11 云烟 87 烤烟各发育期气象因子与产量的关系

表 7-6 云烟 87 各发育期气象因子与产量的相关系数（n=30）

发育期	气象因子	与产量的相关系数
	≥10 ℃有效积温	−0.39*
	累积降水量	−0.22
伸根期	累积日照时数	0.15
	30 cm深土壤平均温度	−0.38*
	30 cm深土壤平均相对湿度	0.01
	≥10 ℃有效积温	0.28
	累积降水量	−0.21
旺长期	累积日照时数	0.33
	30 cm深土壤平均温度	−0.27
	30 cm深土壤平均相对湿度	0.08

（续表）

发育期	气象因子	与产量的相关系数
	≥10 ℃有效积温	-0.21
	日最高气温≥35 ℃天数	-0.51**
	日平均气温≥25 ℃天数	-0.13
成熟期	累积降水量	-0.07
	累积日照时数	-0.05
	30 cm深土壤平均温度	-0.76***
	30 cm深土壤平均相对湿度	0.46**

（3）产量预报模型构建

基于以上分析结果，随机选择云烟87烤烟24条产量观测资料及相关气象因子资料进行逐步回归，最终得到烤烟品种云烟87的产量预报模型：

$$y = 1\ 220.83 - 36.93a - 1.95b \tag{7.6}$$

式中，y 为云烟87品种亩产量（kg），a 为成熟期土壤平均温度（℃），b 为成熟期30 cm深土壤平均相对湿度（%）。

（4）预报效果检验

将剩余的云烟87烤烟品种6条产量观测资料和相关气象因子作为独立样本，验证上述烤烟气象产量预报模型（图7-12）。结果表明：云烟87烤烟亩产量的预测值与实际值之间基于1∶1线的决定系数（R^2）为0.55，$RMSE$ 为7.6 kg，说明模型预测效果较好。

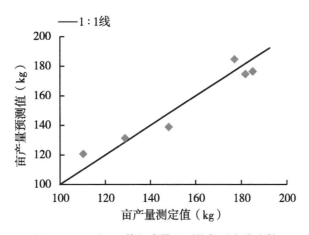

图7-12　云烟87烤烟产量预测值与测定值比较

7.4　统一的产量预报模型

（1）各发育期气象因子与产量的关系

在湘西州花垣、永顺、龙山茨岩塘和龙山大安4个大田试验点，分别开展2~4年大田移栽期试验，共收集100条不同烤烟品种不同移栽期的产量资料。分析产量与烤烟在伸根期、旺长期、成熟期≥10 ℃有效积温、日最高气温≥35 ℃天数、日平均气温≥25 ℃天数、累积降水量、累积日照时数、土壤平均温度、土壤平均相对湿度、无降水日数、日最高气温≥35 ℃天数、大田生长期最长连续无降水日数等气象因子的关系，分别计算它们与产量的相关系数（图7-13、表7-7）。

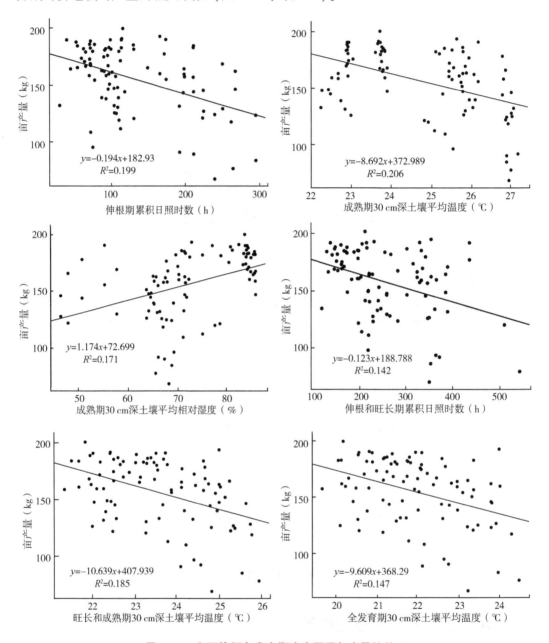

图7-13　湘西烤烟各发育期生态因子与产量的关系

由图7-13、表7-7可知，伸根期累积降水量、旺长期累积降水量、旺长期无降水日数、成熟期累积降水量、成熟期土壤平均相对湿度、大田生长期累积降水量、伸根至旺长期累积降水量、旺长至成熟期累积降水量、旺长至成熟期土壤平均相对湿度与湘西烤烟存在显著的正相关关系（$P<0.05$ 或 $P<0.01$ 或 $P<0.001$）；而伸根期 $\geq 10\ ℃$ 有效积温、伸根期累积日照时数、伸根期土壤平均温度、旺长期土壤平均温度、成熟期日最高气温 $\geq 35\ ℃$ 天数、成熟期日平均气温 $\geq 25\ ℃$ 天数、成熟期土壤平均温度、大田生长期土壤平均温度、伸根至旺长期累积日照时数、伸根至旺长期土壤平均温度、旺长至成熟期土壤平均温度与湘西烤烟产量呈显著的负相关关系（$P<0.05$ 或 $P<0.01$ 或 $P<0.001$）。

表 7-7　湘西烤烟各发育期生态因子与产量的相关系数（$n=100$）

发育期	气象因子	相关系数	发育期	气象因子	相关系数
伸根期	$\geq 10\ ℃$ 有效积温	-0.31^{**}	旺长期	$\geq 10\ ℃$ 有效积温	0.11
	累积降水量	0.33^{***}		累积降水量	0.29^{**}
	累积日照时数	-0.45^{***}		累积日照时数	-0.07
	30 cm 深土壤平均温度	-0.23^{*}		30 cm 深土壤平均温度	-0.21^{*}
	30 cm 深土壤平均相对湿度	-0.18		30 cm 深土壤平均相对湿度	-0.12
	无降水日数	0.08		无降水日数	0.25^{*}
成熟期	$\geq 10\ ℃$ 有效积温	-0.12	大田生长期	$\geq 10\ ℃$ 有效积温	-0.17
	日最高气温 $\geq 35\ ℃$ 天数	-0.35^{***}		累积降水量	0.32^{***}
	日平均气温 $\geq 25\ ℃$ 天数	-0.21^{*}		累积日照时数	-0.20
	累积降水量	0.22^{*}		30 cm 深土壤平均温度	-0.38^{***}
	累积日照时数	-0.001		30 cm 深土壤平均相对湿度	0.12
	30 cm 深土壤平均温度	-0.45^{***}		无降水日数	-0.08
	30 cm 深土壤平均相对湿度	0.41^{***}			
	无降水日数	0.13			
伸根至旺长期	$\geq 10\ ℃$ 有效积温	-0.08	旺长至成熟期	$\geq 10\ ℃$ 有效积温	-0.08
	累积降水量	0.37^{***}		累积降水量	0.25^{*}
	累积日照时数	-0.38^{***}		累积日照时数	-0.03
	30 cm 深土壤平均温度	-0.24^{*}		30 cm 深土壤平均温度	-0.43^{***}
	30 cm 深土壤平均相对湿度	-0.16		30 cm 深土壤平均相对湿度	0.25^{*}

（2）产量预报模型构建

基于以上分析结果，随机选择湘西烤烟 80 条产量观测资料及相关气象因子资料进行逐步回归，最终得到湘西烤烟的产量预报模型：

$$y=381.6-0.34a+0.28b-8.7c \tag{7.7}$$

式中，y 为烤烟亩产量（kg），a 为伸根期累积日照时数，b 为旺长期累积降水量，c 为成熟期 30 cm 深土壤平均温度。

（3）预报效果检验

将剩余的湘西烤烟 20 条产量观测资料和相关气象因子作为独立样本，验证上述烤烟气象产量预报模型（图7-14）。结果表明：湘西烤烟亩产量的预测值与实际值之间基于1：1线的决定系数（R^2）为0.31，*RMSE*为20.28 kg，说明模型预测效果较差。

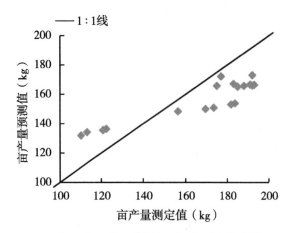

图7-14　湘西烤烟产量预测值与测定值比较

　　将湘西不同地区、不同品种的烤烟作为一个整体，基于全部数据集构建烤烟产量预报模型，但预测效果与前文分区域、分品种的产量预报模型相比，明显变差。原因可能是除气象因子外，品种的遗传属性、土壤质地等因子对烤烟的生长发育和产量有较大影响。因此，在产量预报模型的构建过程中，如果不考虑地区、品种等，构建统一的模型预测效果不佳。

8 湘西州烤烟主要病害发展动态预测模型

烤烟病害的发生发展与气象条件存在紧密的关系。本章根据多年烤烟病害测报资料和当地同期气象资料，通过统计方法分析湘西州烤烟赤星病、花叶病、黑胫病、青枯病4种主要病害与气象因子的关系，分别得到湘西州4种主要烤烟病害的始发气象阈值指标和发展动态预测模型，为湘西州烤烟病害防控提供科学依据。

8.1 研究方法

8.1.1 资料来源

2012—2021年湘西州龙山县烟草病害监测数据，来源于龙山县茨岩塘镇凉水村病情观测圃的烟草赤星病、烟草花叶病、黑胫病、青枯病调查记录，其中烟草赤星病83组记录，烟草花叶病打顶前61组记录，打顶后52组记录，黑胫病126组、青枯病113组。

气象观测资料来源于2012—2020年湘西州龙山县茨岩塘镇凉水村区域自动气象站观测资料。

病害观测数据、气象数据的平均值、极端值等，都以5 d为步长法进行计算。

8.1.2 烤烟病害发病前后样本分组

为了寻找发病阈值指标，因烤烟病害系统调查为逐5 d进行，因此以每年首次观测到病株或病叶至前一次观测时间的5 d数据作为发病后样本，发病前一次至前两次观测时间的5 d作为发病前样本。气象因子选用观测时间前5 d的平均值、从烤烟移栽开始到观测时间的累积值两类。有效积温、累积水汽压等描述均为移栽以来的累积值。

8.1.3 正态分布拟合与均值差异性分析

为判断某气象因子是否对烤烟病害发病有指示意义，将发病后样本与发病前样本的气象因子做正态性检验，若通过，认为气象因子符合正态分布，其概率密度函数为：

$$f(x) = \frac{1}{\sqrt{2\pi}\,\sigma} \exp\left[-\frac{(x-\mu)^2}{2\sigma^2}\right] \tag{8.1}$$

其中，μ表示总体均值，σ总体方差。

使用t检验检验两组气象因子的均值是否具有显著性差异，若通过检验，则证明发病后与发病前时该气象因子有显著差异，可以指示发病与否。

使用正态分布的拟合函数计算两组数据该气象因子的临界值，作为烤烟病害发病的阈值。

8.1.4 线性判别分析

判别分析是指利用已知样本分类，以类间方差与类内方差的比值最大为原则，利用多元函数极值思想建立判别函数的判别分析方法。为计算基于多个气象因子的烤烟病害发病前后的判别函数，以发病前后具有显著差异的气象因子为判别因子，利用 Fisher 判别准则，得到发病前后气象因子的临界线：

$$y = C_1 Q_1 + C_2 Q_2 + \cdots + C_n Q_n \tag{8.2}$$

8.1.5 气象因子的归一化

由于不同气象因子（温度、湿度、风速等）的单位和量级不同，故将气象因子进行无量纲化处理，计算公式为：

$$Q' = \frac{Q - Q_{min}}{Q_{max} - Q_{min}} \tag{8.3}$$

式中，Q 为气象因子，Q' 为该因子的归一化值，Q_{max}、Q_{min} 为因子在 2012—2020 年 5—9 月的最大值及最小值。

8.1.6 病情指数及其变化量和增长率的计算

烟草赤星病、烟草花叶病病情的发展不单指烟株的病情严重程度变化，还指病害侵染烟株、烟叶数量的变化，用病情指数 Y 表示当前病情程度，计算方法为：

$$Y = \frac{\sum (a_i \times n_i)}{\max(a) \times \sum n_i} \tag{8.4}$$

式中，a_i 表示病级值，n_i 表示对应病株（叶）数，烟草赤星病统计病叶，烟草花叶病、黑胫病、青枯病统计病株，$\max(a)$ 表示最大病级值。一段时间内病情指数变化量（Y_D）表示为：

$$Y_D = Y - Y' \tag{8.5}$$

病情指数增长率（V）表示为：

$$V = \frac{Y_D}{Y'} \tag{8.6}$$

式中，Y' 为 5 d 前病情指数，表示 5 d 前病害程度。

8.1.7 预测模型构建方法

有研究指出，病害当前病情指数与前期病情指数的关系可用多项式方程来表示，病情指数的变化动态可用多项式方程进行拟合。

当病情指数变化量和病情指数增长率与气象因子存在显著的正相关关系或负相关关系时，即：

$$\begin{cases} Y_D \propto \pm Q \\ V \propto \pm Q \end{cases} \tag{8.7}$$

通过统计学变换可得：

$$Y \propto \pm Q \pm QY' + Y' \qquad (8.8)$$

因此，当前病情指数与气象因子、前期病情指数存在线性相关关系，同时还与前期病情指数与气象因子的复合因子也存在线性相关关系。

故本研究烟草赤星病、烟草花叶病当前病情指数与前期病情指数的关系，用二次多项式方程拟合，具体表达式如下：

$$Y = A(Q)Y'^2 + B(Q)Y' + C(Q) + e \qquad (8.9)$$

式中，$A(Q)$、$B(Q)$、$C(Q)$ 为气象因子的一次函数，e 为常数。

8.2 主要病害始发阈值

8.2.1 烤烟发育期与病害发病时间的关系

经统计（表 8-1），2012—2021 年龙山茨岩点赤星病多在 7 月上中旬发病，处于烤烟移栽后开花后 55~69 d；烟草花叶病在 5 月中下旬至 6 月上旬发病，处于移栽后 12~20 d；黑胫病在 5 月底至 6 月中旬发病，处于移栽后 19~39 d；青枯病多在 5 月底至 6 月上旬发病，处于移栽后 19~28 d。

比较烤烟 2012—2021 年移栽期、伸根期前后与赤星病、烟草花叶病、黑胫病、青枯病发病日期前后的关系，计算相关系数，烟草花叶病发病时间与移栽期相关系数达 0.93，呈现明显移栽早则发病早的特征，其余病害均无显著相关性。

表 8-1　2012—2021 年龙山茨岩塘点烟草花叶病、赤星病发病时间与烤烟发育期

年份	烤烟病害发病时间				烤烟发育期		
	赤星病	烟草花叶病	黑胫病	青枯病	移栽	伸根	开花
2012	7 月 15 日	6 月 3 日	6 月 2 日	6 月 2 日	5 月 14 日	5 月 24 日	7 月 9 日
2013	7 月 7 日	5 月 31 日	6 月 5 日	6 月 5 日	5 月 13 日	5 月 26 日	7 月 5 日
2014	7 月 13 日	5 月 27 日	6 月 1 日	6 月 1 日	5 月 12 日	5 月 23 日	7 月 11 日
2016	7 月 12 日	5 月 23 日	5 月 26 日	6 月 30 日	5 月 6 日	5 月 17 日	7 月 7 日
2017	7 月 13 日	5 月 24 日	5 月 29 日	5 月 29 日	5 月 7 日	5 月 19 日	7 月 4 日
2019	7 月 9 日	5 月 23 日	5 月 27 日	5 月 27 日	5 月 7 日	5 月 17 日	7 月 5 日
2020	7 月 14 日	5 月 17 日	6 月 14 日	6 月 14 日	5 月 6 日	5 月 17 日	6 月 29 日
2021	7 月 7 日	5 月 24 日	6 月 2 日	6 月 5 日	5 月 7 日	—	—

8.2.2 赤星病始发阈值

取赤星病发病后样本与发病前样本各 8 组进行气象因子的差异性检验，做移栽以来

的有效积温（X_1）、累积降水量（X_2）、累积相对湿度（X_3）、累积水汽压（X_4）及观测前 5 d 平均温度（X_5）、平均降水（X_6）、平均相对湿度（X_7）、平均水汽压（X_8）等 8 个气象因子的方差分析及正态性检验（结果如表 8-2）可知，除累积降水外，其余因子均未通过 S-W 检验，表示除累积降水外其余因子均满足正态分布。

表 8-2　龙山茨岩塘点赤星病发病前后气象因子方差分析及正态性检验

变量	平均值	标准差	偏度	峰度	S-W 检验
有效积温（℃·d）	1 173.129	76.477	0.352	-0.391	0.976（0.929）
累积降水（mm）	505.35	213.347	1.674	2.27	0.774（0.002***）
累积相对湿度（%）	5437.737	553.912	-0.313	0.252	0.991（1.000）
累积水汽压（hPa）	1179.51	123.623	0.27	0.006	0.977（0.996）
平均温度（℃）	21.736	1.207	-0.2	0.119	0.965（0.749）
平均降水量（mm）	7.605	6.112	0.504	-0.622	0.936（0.307）
平均相对湿度（%）	77.227	6.677	-0.391	-0.546	0.937（0.324）
平均水汽压（hPa）	23.136	2.167	-0.577	-0.173	0.947（0.447）

使用独立样本 t 检验对满足正态分布的气象因子进行差异性分析，使用 MannWhitney 检验对累积降水进行差异性分析，探究发病前后气象因子差异，结果如表 8-3。由方差分析及差异性分析可知，赤星病发病前后平均温度、平均水汽压虽无显著差异，但均处于温度 19~25 ℃、水汽压 19~27 hPa，说明 19~25 ℃温度、19~27 hPa 水汽压为适宜赤星病发病的环境条件。而移栽以来的有效积温通过 0.01 水平显著性检验，差异极显著，累积水汽压通过 0.1 水平显著性检验，差异接近显著，且幅度大，可用于阈值分析。

表 8-3　龙山茨岩塘点赤星病发病前后气象因子独立样本 t 检验及 MannWhitney 检验

变量		样本量	平均值	标准差	t	P	Cohen's d 值
有效积温（℃·d）	发病后	8	1 227.964	67.177	3.242	0.006***	1.621
	发病前	8	1 117.293	67.139			
累积相对湿度（%）	发病后	8	5 659.741	527.305	1.701	0.111	0.751
	发病前	8	5 215.735	515.47			
累积水汽压（hPa）	发病后	8	1 247.333	113.027	2.111	0.053*	1.056
	发病前	8	1 130.677	109.737			
平均温度（℃）	发病后	8	21.934	1.372	0.644	0.530	0.322
	发病前	8	21.537	1.063			
平均降水量（mm）	发病后	8	9.96	6.66	1.623	0.127	0.712
	发病前	8	5.25	4.797			

（续表）

变量		样本量	平均值	标准差	t	P	Cohen's d 值
平均相对湿度（%）	发病后	8	77.701	5.57	0.333	0.744	0.167
	发病前	8	77.653	7.005			
平均水汽压（hPa）	发病后	8	23.529	2.195	0.714	0.477	0.357
	发病前	8	22.743	2.212			
降水量	发病后	8	474.65	213.579	0.431	69.75	0.227
	发病前	8	414.9	224.73			

注：***、**、* 分别代表1%、5%、10%的显著性水平，Cohen's d 值>0.8表示差异幅度大。

对发病前后两组资料的移栽后有效积温、累积水汽压进行正态分布拟合，并作概率密度分布图（图8-1），有效积温90%的置信区间分别为 [1 117 ℃·d, 1 339 ℃·d] 与 [1 006 ℃·d, 1 231 ℃·d]，累积水汽压 90% 的置信区间分别为 [1 062 hPa, 1 434 hPa] 与 [950 hPa, 1 312 hPa]。有效积温概率密度线的交点为 1 173 ℃·d，此时发病概率为79.1%；累积水汽压概率密度线的交点为 1 191 hPa，此时发病概率为 69.5%。

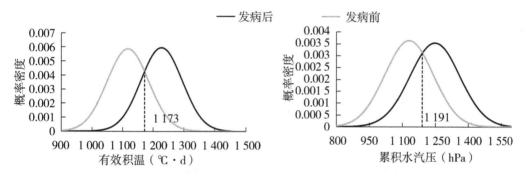

图8-1 赤星病发病前后有效积温、累积水汽压正态分布拟合概率密度图

使用线性判别的方法计算赤星病发病前后两组数据以有效积温、累计水汽压为判别因子的判别函数，计算得到烤烟赤星病发病前后的判别公式为：

$$y = 38.903 + 0.028 \times 累积水汽压 - 0.062 \times 有效积温 \tag{8.10}$$

其混淆矩阵如表8-4所示：

表8-4 赤星病发病判别公式混淆矩阵

		预测分组	
		发病前	发病后
实际分组	发病前	6	2
	发病后	0	8

作 2012—2021 年发病后与发病前数据的有效积温和累积水汽压散点图如图 8-2，分别叠加使用正态分布计算的气象因子临界值及利用线性判别得出的判别函数。从临界值来看，发病后数据多分布在有效积温 >1 173 ℃·d、累积水汽压 >1 191 hPa 一侧；从判别函数看，发病后数据位于判别线下侧，即 38.903 + 0.028×累积水汽压−0.062×有效积温<0 一侧。

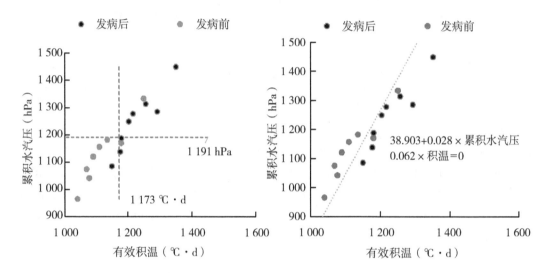

图 8-2 赤星病发病前后有效积温、累积水汽压临界值（左）及判别函数（右）

为比较不同阈值的预测效果，将发病前后气象因子概率密度线的交点即有效积温 1 173 ℃·d、累积水汽压 1 191 hPa 进行组合作为临界值、或使用 38.903 + 0.028×累积水汽压−0.062×有效积温＝0 作为临界线，作为是否发病的判别依据，对 2012—2021 年数据进行回代检验表 8-5。

使用气象因子阈值时（表 8-5①~④），是有效积温 1 173 ℃·d、累积水汽压 1 191 hPa 进行组合，比较而言，不同组合方式的阈值预测的发病时间相差在 1~3 d。除 2020 年预测偏早 7~10 d 以外，其余年份检验值与实测值误差均在 5 d 以内，但存在预测日期较实测发病日期偏晚的情况。相较而言，使用阈值①有效积温 >1 173 ℃·d，④有效积温 >1 173 ℃·d 或累积水汽压 >1 191 hPa 作为发病阈值准确度更高，考虑到计算简便和数据易于观测，阈值①有效积温 >1 173 ℃·d 实用性更强。

使用判别函数（表 8-5⑤）得出的发病时间较实测的发病时间均稍偏早或一致，且多数年份偏早在 0~3 d，仅 2017 年、2020 年偏早 6~7 d，准确度较气象因子阈值更高，且因预测日期较实际日期稍偏早，更便于提前进行病虫防治。

表 8-5 龙山茨岩塘点赤星病发病时间检验

阈值	2012 年	2013 年	2014 年	2016 年	2017 年	2019 年	2020 年	2021 年
实测	7月15日	7月7日	7月13日	7月12日	7月13日	7月9日	7月14日	7月7日

（续表）

阈值		2012 年	2013 年	2014 年	2016 年	2017 年	2019 年	2020 年	2021 年
预测	①	7 月 13 日	7 月 10 日	7 月 13 日	7 月 9 日	7 月 7 日	7 月 9 日	7 月 6 日	7 月 7 日
	②	7 月 12 日	7 月 13 日	7 月 14 日	7 月 7 日	7 月 9 日	7 月 12 日	7 月 4 日	7 月 6 日
	③	7 月 13 日	7 月 13 日	7 月 14 日	7 月 9 日	7 月 9 日	7 月 12 日	7 月 6 日	7 月 7 日
	④	7 月 11 日	7 月 10 日	7 月 13 日	7 月 7 日	7 月 7 日	7 月 9 日	7 月 4 日	7 月 6 日
	⑤	7 月 14 日	7 月 6 日	7 月 12 日	7 月 10 日	7 月 6 日	7 月 6 日	7 月 7 日	7 月 7 日

注：判别阈值为①有效积温>1 173 ℃·d；②累积水汽压>1 191 hPa；③有效积温>1 173 ℃·d
且累积水汽压>1 191 hPa；④有效积温>1 173 ℃·d 或累积水汽压>1 191 hPa；⑤38.903 + 0.028×累
积水汽压-0.062×有效积温<0。

　　比较赤星病发病的气象因子阈值与判别函数，使用判别函数的判别是否赤星病发病
的准确率较使用气象因子临界值判别更高，但计算更复杂且数据更难以获取。在实际生
产过程中，可先用气象因子阈值移栽以来有效积温>1 173 ℃·d 进行初步估计，再根据
实际数据情况计算判别函数，进一步估测发病时间。

8.2.3　花叶病始发阈值

　　取烟草花叶病发病后样本与发病前样本共 16 组进行气象因子的差异性检验，做移
栽以来的有效积温（X_1）、累积降水量（X_2）、累积相对湿度（X_3）、累积水汽压
（X_4）及观测前 5 d 平均温度（X_5）、平均降水（X_6）、平均相对湿度（X_7）、平均水汽
压（X_8）等 8 个气象因子的方差分析及正态性检验（结果如表 8-6），可知除平均相对
湿度（X_7）外，其余气象因子均未通过 S-W 检验，满足正态分布；使用独立样本 t 检
验对满足正态分布的气象因子进行花叶病发病前后气象因子的差异性分析，使用 Man-
nWhitney 检验对平均相对湿度进行差异性分析。

表 8-6　龙山茨岩塘点烟草花叶病发病前后气象因子方差分析及正态性检验

变量	平均值	标准差	偏度	峰度	S-W 检验
有效积温（℃·d）	251.994	74.256	0.432	0.265	0.971（0.972）
累积降水（mm）	126.106	61.447	0.319	-0.674	0.953（0.543）
累积相对湿度（%）	1 349.157	413.231	1.077	1.557	0.927（0.225）
累积水汽压（hPa）	244.172	77.519	0.923	1.173	0.937（0.319）
平均温度（℃）	16.572	1.674	1.125	1.723	0.921（0.177）
平均降水量（mm）	9.124	5.752	0.416	-0.403	0.96（0.662）
平均相对湿度（%）	77.965	7.129	-0.634	-1.064	0.775（0.047**）
平均水汽压（hPa）	16.561	2.047	-0.433	-0.037	0.971（0.747）

检验结果如表8-7所示。由方差分析及差异性分析可知,花叶病发病前后平均温度虽无显著差异,但均处于温度14~19 ℃,说明温度19~25 ℃为适宜花叶病发病的环境条件。而移栽以来的有效积温、累积相对湿度、累积水汽压通过0.05水平显著性检验,差异显著,且幅度大,可用于发病阈值分析。

表8-7 龙山茨岩塘点烟草花叶病发病前后气象因子独立样本 t 检验及 MannWhitney 检验

变量		样本量	平均值	标准差	t	P	Cohen's d 值
有效积温（℃·d）	发病后	8	293.77	62.397	2.672	0.017**	1.341
	发病前	8	210.107	62.546			
累积降水（mm）	发病后	8	149.437	64.531	1.595	0.133	0.797
	发病前	8	102.775	51.792			
累积相对湿度（%）	发病后	8	1 575.192	361.077	2.562	0.023**	1.271
	发病前	8	1 123.124	344.611			
累积水汽压（hPa）	发病后	8	277.737	67.226	2.676	0.017**	1.337
	发病前	8	200.506	63.24			
平均温度（℃）	发病后	8	16.754	1.253	0.4	0.695	0.2
	发病前	8	16.41	2.09			
平均降水量（mm）	发病后	8	9.332	5.577	0.137	0.792	0.069
	发病前	8	7.915	6.494			
平均水汽压（hPa）	发病后	8	17.466	1.999	1.919	0.076*	0.96
	发病前	8	15.656	1.766			

变量名	变量值	样本量	中位数	标准差	统计量	P	中位数值差值	Cohen's d 值
平均相对湿度	发病后	8	93.274	7.245	42	0.327	3.661	0.402
	发病前	8	79.613	7.174				

注:***、**、*分别代表0.01、0.05、0.1的显著性水平,Cohen's d 值>0.8表示差异幅度大。

对发病后与发病前两组移栽后有效积温、累积水汽压、累积相对湿度进行正态分布拟合,并作概率密度分布图(图8-3),有效积温概率密度线的交点为252 ℃·d,此时发病概率为75.1%;累积水汽压概率密度线的交点为245hPa,此时发病概率为74.0%,累积相对湿度的交点概率密度线的交点为1357%,此时发病概率为72.5%。

因累积水汽压与累积相对湿度同属湿度因子,所以取其一与温度因子组合,作2012—2021年发病后与发病前数据的气象因子散点图(图8-4)。从图8-4可以看到,发病后数据与发病前数据以有效积温252 ℃·d、累积水汽压245 hPa、累积相对湿度1 357%为界,发病后数据多分布在有效积温>252 ℃·d、累积水汽压>245 hPa,累积相对湿度>1 357%一侧。

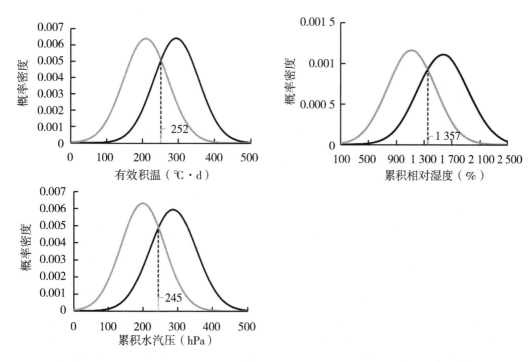

图8-3　烟草花叶病发病前后有效积温、累积水汽压、累积相对湿度正态分布拟合概率密度

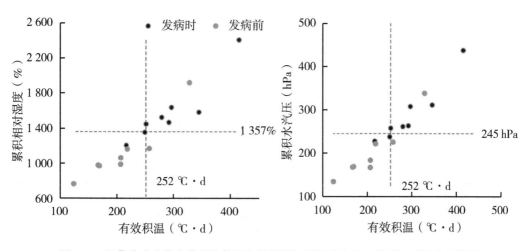

图8-4　烟草花叶病发病前后移栽后有效积温与累积水汽压、累积相对湿度临界值

使用线性判别的方法计算花叶病发病前后两组数据以有效积温、累计水汽压为判别因子的判别函数，计算得到花叶发病前后的判别公式为：

$$y = 13.127 - 0.031 \times 有效积温 - 0.017 \times 累积相对湿度 + 0.076 \times 累积水汽压 \quad (8.11)$$

当$y < 0$时，指示为花叶病已发病，判别公式的混淆矩阵见表8-8。

表 8-8　烟草花叶病发病判别公式混淆矩阵

		预测分组	
		发病前	发病后
实际分组	发病前	7	1
	发病后	1	7

使用有效积温 252 ℃·d、累积水汽压 245 hPa、累积相对湿度 1 357% 单一气象因子或气象因子阈值组合为发病临界值、或使用判别公式判断发病情况，对 2012—2021 年数据进行回代检验（表 8-9）。

使用气象因子阈值时（表 8-9①~④），预测值与实测值误差均在 5 d 以内，不同组合的阈值预测结果相差仅 0~3 d，且多数情况预测日期较实际日期稍偏早；其中以有效积温 >252 ℃·d 且累积水汽压 >245 hPa 且累积相对湿度 >1 357% 为阈值时与实测情况更接近。

使用判别函数时（表 8-9⑤），预测时间与使用气象因子时相近，误差亦在 5 d 以内。

比较而言，使用单一气象因子阈值如有效积温、累积水汽压、累积相对湿度进行花叶病发病时间预测与使用多个因子组合的阈值及判别公式计算的阈值结果基本接近，故在实际生产过程中，可以根据已有数据，任选有效积温 >252 ℃·d、累积水汽压 >245 hPa、累积相对湿度 >1 357% 之一作为阈值指标，预测烟草花叶病发病时间。

表 8-9　龙山茨岩点烟草花叶病发病时间检验

	阈值	2012 年	2013 年	2014 年	2016 年	2017 年	2019 年	2020 年	2021 年
实测		6 月 3 日	5 月 31 日	5 月 27 日	5 月 23 日	5 月 24 日	5 月 23 日	5 月 17 日	5 月 24 日
预测	①	5 月 30 日	5 月 26 日	5 月 27 日	5 月 22 日	5 月 22 日	5 月 24 日	5 月 20 日	5 月 22 日
	②	5 月 29 日	5 月 27 日	5 月 27 日	5 月 22 日	5 月 24 日	5 月 24 日	5 月 20 日	5 月 21 日
	③	5 月 27 日	5 月 29 日	5 月 26 日	5 月 22 日	5 月 23 日	5 月 24 日	5 月 21 日	5 月 22 日
	④	5 月 30 日	5 月 29 日	5 月 27 日	5 月 22 日	5 月 24 日	5 月 24 日	5 月 21 日	5 月 22 日
	⑤	5 月 27 日	5 月 26 日	5 月 26 日	5 月 22 日	5 月 22 日	5 月 24 日	5 月 20 日	5 月 20 日
	⑥	5 月 27 日	5 月 29 日	5 月 26 日	5 月 20 日	5 月 22 日	5 月 22 日	5 月 21 日	5 月 22 日

注：判别阈值为①有效积温 >252 ℃·d；②累积水汽压 >245 hPa；③累积相对湿度 >1 357%④有效积温 >252 ℃·d 且累积水汽压 >245 Pa 且累积相对湿度 >1 357%；⑤有效积温 >252 ℃·d 或累积水汽压 >245 hPa 或累积相对湿度 >1 357%；⑥13.127−0.031× 有效积温 −0.017× 累积相对湿度 + 0.076× 累积水汽压 <0。

8.2.4　黑胫病始发阈值

取黑胫病发病样本与未发病样本共 16 组进行气象因子的差异性检验，做移栽以来的有效积温（X_1）、累积降水量（X_2）、累积相对湿度（X_3）、累积水汽压（X_4）及观测前 5 d 平均温度 (X_5)、平均降水 (X_6)、平均相对湿度 (X_7)、平均水汽压 (X_8) 等 8 个气象因子的方差分析及正态性检验（结果如表 8-10），可知有效积温 (X_1)、累积相对湿度 (X_3)、累积水汽压 (X_4)、平均水汽压 (X_7) S-W 检验均通过，不满足正态分布，进行独立样本 MannWhitney 检验（表 8-11）；其他因子使用独立样本 t 检验进行差异性分析（表 8-12）。

表 8-10　龙山茨岩点黑胫病气象因子方差分析及正态性检验

变量名	样本量	平均值	标准差	偏度	峰度	S-W 检验
有效积温 X_1	16	363.067	141.239	1.64	2.452	0.705 (0.003***)
累积降水 X_2	16	164.619	57.431	0.629	0.521	0.957 (0.625)
累积相对湿度 X_3	16	1774.777	647.793	1.575	2.271	0.737 (0.009***)
累积水汽压 X_4	16	352.072	147.462	1.737	2.732	0.707 (0.003***)
平均温度 X_5	16	17.397	2.099	0.375	−0.722	0.951 (0.509)
平均降水量 X_6	16	6.99	4.579	0.391	0.205	0.917 (0.157)
平均相对湿度 X_7	16	77.717	5.627	−0.074	−0.277	0.974 (0.796)
平均水汽压 X_8	16	17.237	2.551	1.921	4.034	0.797 (0.002***)

表 8-11　龙山茨岩点黑胫病气象因子 MannWhitney 检验

变量名	变量值	样本量	中位数	标准差	P	中位数值差值	Cohen's d 值
有效积温 X_1	发病后	8	336.9	141.537	0.105	75.4	0.652
	发病前	8	251.5	134.475			
累积相对湿度 X_3	发病后	8	1 751.519	637.976	0.037**	445.91	0.697
	发病前	8	1 405.609	619.517			
累积水汽压 X_4	发病后	8	332.645	151.623	0.073*	73.72	0.611
	发病前	8	247.925	137.25			
平均水汽压 X_8	发病后	8	17.102	2.777	0.279	0.913	0.376
	发病前	8	16.19	2.257			

注：***、**、*分别代表 0.01、0.05、0.1 水平的显著性差异，Cohen's d 值>0.6 表示差异幅度中等，下同。

表 8-12　龙山茨岩点黑胫病气象因子独立样本 t 检验

变量名	变量值	样本量	平均值	标准差	t	P	平均值差值	Cohen's d 值
累积降水 X_2	发病后	8	172.537	60.29	1.274	0.224	35.737	0.637
	发病前	8	146.7	51.952				

（续表）

变量名	变量值	样本量	平均值	标准差	t	P	平均值差值	Cohen's d 值
平均温度 X_5	发病后	8	17.997	1.997	1.156	0.267	1.2	0.577
	发病前	8	16.797	2.15				
平均降水量 X_6	发病后	8	7.167	5.777	0.15	0.773	0.356	0.075
	发病前	8	6.712	3.391				
平均相对湿度 X_7	发病后	8	77.717	6.534	0.067	0.947	0.197	0.034
	发病前	8	77.619	5.015				

对发病前及发病后的两组气象因子差异性检验，结果如表8-9、表8-10所示。其中移栽以来的累积相对湿度通过0.05水平显著性检验，累积水汽压通过0.1水平显著性检验，差异显著，幅度中等，两者均为湿度因子。

因发病前后累积相对湿度与累积水汽压都不满足正态分布，故不能使用正态分布拟合计算发病前后的气象因子阈值，因此仅使用线性判别法计算复合阈值。计算得出黑胫病发病前与发病后的判别公式为：

$$y = 16.548 - 0.053 \times 累积相对湿度 + 0.236 \times 累积水汽压 \qquad (8.12)$$

相应混淆矩阵如表8-13所示：

表8-13 黑胫病发病判别公式混淆矩阵

		预测分组	
		发病前	发病后
实际分组	发病前	5	3
	发病后	1	7

作黑胫病发病前后累计相对湿度与累积水汽压的散点图，叠加判别公式（图8-5），可以看到，发病前后的 $y < 0$ 时，烤烟黑胫病不发病的可能性大；$y > 0$ 时，烤烟黑胫病发病的可能性大。

使用判别函数，对2012—2021年数据进行回代检验，在有记录的8年中，7年预测发病时间与实测的发病时间差距在5 d以内，预测效果好，2013年根据判别公式无法预测出发病时间，2020年预测结果偏差在10 d以上（表8-14）。可能是因为用于构建判别公式的发病前后气象因子的差异幅度仅中等，湿度虽对烤烟黑胫病发病时间有较大影响，是烤烟黑胫病发病与否的重要指示因子，但黑胫病发病与否仍受其他方面的因素如田间管理、种植方式等的显著影响。

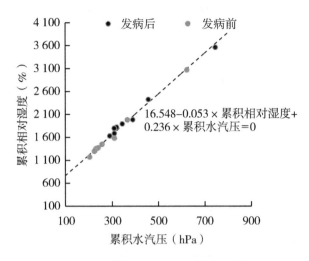

图 8-5 黑胫病发病前后累积水汽压、累积相对湿度及判别函数

表 8-14 龙山茨岩点黑胫病发病时间检验

年份	2012 年	2013 年	2014 年	2016 年	2017 年	2019 年	2020 年	2021 年
实测	6 月 2 日	6 月 5 日	6 月 1 日	5 月 26 日	5 月 29 日	5 月 27 日	6 月 14 日	6 月 2 日
预测	5 月 30 日	—	5 月 29 日	5 月 21 日	5 月 25 日	5 月 29 日	5 月 31 日	5 月 27 日

注：判别公式为 $16.548 - 0.053 \times$ 累积相对湿度 $+ 0.236 \times$ 累积水汽压 < 0。

8.2.5 青枯病始发阈值

取青枯病发病前样本与发病后样本共 16 组进行气象因子的差异性检验，做移栽以来的有效积温（X_1）、累积降水量（X_2）、累积相对湿度（X_3）、累积水汽压（X_4）及观测前 5 d 平均温度（X_5）、平均降水（X_6）、平均相对湿度（X_7）、平均水汽压（X_8）等 8 个气象因子差异性分析结果均未通过，证明移栽以来的累积气象因子和 5 d 平均气象因子在发病前后并无显著差异，无法用这些因子指示青枯病发病与否。

为进一步研究青枯病发病阈值，重新选取观测到青枯病发病当天及 5 d 前单日气象因子平均温度（X_9）、最高温度（X_{10}）、最低温度（X_{11}）、相对湿度（X_{12}）、降水量（X_{13}）、水汽压（X_{14}）进行方差分析及正态性检验（表 8-15）和差异性分析，满足正态分布的使用独立样本 t 检验，不满足的使用独立样本 MannWhitney 检验。结果表明平均温度（X_9）、最高温度（X_{10}）、相对湿度（X_{12}）表现出显著差异，其中单日平均温度通过 0.01 水平显著性检验，最高温度通过 5% 水平显著性检验，相对湿度通过 0.1 水平显著性检验，均差异显著，且差异幅度大（表 8-16、表 8-17）。

表 8-15　龙山茨岩点青枯病单日气象因子方差分析及正态性检验

变量名	中位数	平均值	标准差	偏度	峰度	S-W 检验
平均温度	17.7	17.462	2.436	0.179	−1.324	0.929 (0.235)
最高温度	23.45	23.144	4.04	−0.077	−1.125	0.946 (0.425)
最低温度	13.95	14.773	2.457	0.559	−0.717	0.931 (0.250)
降水量	0	10.644	22.119	2.36	5.72	0.569 (0.000***)
相对湿度	74.917	74.042	12.534	−0.717	0.969	0.937 (0.327)
水汽压	17.436	17.366	3.436	0.367	−0.3	0.96 (0.666)

注：***、**、*分别代表 0.01、0.05、0.1 水平的显著性差异，下同。

表 8-16　龙山茨岩点青枯单日气象因子独立样本 t 检验

变量名		样本量	平均值	标准差	t	P	平均值差值	Cohen's d 值
平均温度	发病后	8	20.32	1.791	4.777	0.000***	3.716	2.394
	发病前	8	16.604	1.116				
最高温度	发病后	8	25.375	3.206	2.597	0.021**	4.461	1.299
	发病前	8	20.914	3.65				
相对湿度	发病后	8	77.575	13.177	−1.777	0.070*	10.934	0.944
	发病前	8	79.509	9.729				
最低温度	发病后	8	15.477	2.947	1.159	0.266	1.409	0.57
	发病前	8	14.079	1.767				
水汽压	发病后	8	17.725	4.296	0.406	0.691	0.719	0.203
	发病前	8	17.006	2.557				

注：***、**、*分别代表 0.01、0.05、0.1 的显著性水平，Cohen's d 值>0.8 表示差异幅度大。

表 8-17　龙山茨岩点青枯单日降水量独立样本 MannWhitney 检验

变量名	变量值	样本量	中位数	标准差	P	中位数值差值	Cohen's d 值
降水量	发病后	8	0	7.49	0.371	0	0.751
	发病前	8	0	29.097			

使用线性判别法计算单日平均温度、最高温度、相对湿度复合阈值。计算得出青枯病发前后的判别公式为：

$$y=1.635-2.43×平均温度 + 1.054×最高温度 + 0.221×相对湿度 \qquad (8.13)$$

判别公式的混淆矩阵如表 8-18 所示：

表8-18　以单日平均温度、最高温度、相对湿度为因子的青枯病发病判别公式混淆矩阵

		预测分组	
		发病前	发病后
实际分组	发病前	7	1
	发病后	0	8

当 $y<0$ 时，青枯病发病可能性大；$y>0$ 时，不发病的可能性大。因最高温度与平均温度相关性强，若只选平均温度与相对湿度组合，可得判别公式：

$$y=19.618-1.271×平均温度+0.046×相对湿度 \tag{8.14}$$

判别公式的混淆矩阵如表8-19所示：

表8-19　以单日平均温度、相对湿度为因子的青枯病发病判别公式混淆矩阵

		预测分组	
		发病前	发病后
实际分组	发病前	7	1
	发病后	0	8

当 $y<0$ 时，青枯病发病可能性大，$y>0$ 时，不发病的可能性大（图8-6）。

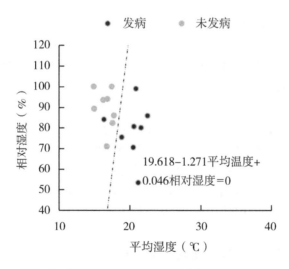

图8-6　青枯病发病时及发病5 d前单日平均温度、相对湿度及判别函数

对2012—2021年数据进行回代检验，由于判别公式所使用的因子平均温度、最高温度、相对湿度并不是单调递增或递减的，故使用判别公式进行预测时，可能会得出多个发病时间（一般为1~3个），其中有一个发病时间与实测时间的差距在0~3 d，故无法得出确定的发病时间，只能表明在判别公式指示的时间容易发病，具体是否发病还需要根据其他条件判断，两组公式的判别结果基本一致（表8-20），从计算简便角度可选用 $y = 19.618-1.271×$ 平均温度 $+ 0.046×$ 相对湿度作为判别依据。

表8-20　龙山茨岩点青枯病发病时间检验

	阈值	2012年	2013年	2014年	2016年	2017年	2019年	2020年	2021年
实测		6月2日	6月5日	6月1日	6月30日	5月29日	5月27日	6月5日	6月5日
预测	①	6月7日	5月20日/ 6月3日/ 6月12日	5月27日/ 5月31日	5月30日/ 6月29日	5月26日/ 6月7日	5月23日/ 5月26日/ 5月31日	5月17日/ 6月4日	6月5日/ 6月21日
	②	6月7日	5月20日/ 6月2日/ 6月2日	5月27日/ 6月1日	5月31日/ 6月29日	5月26日/ 6月6日	5月23日/ 5月26日/ 6月1日	5月17日/ 6月3日	6月5日/ 6月21日

注：判别公式为① $y=1.635-2.43×$ 平均温度 $+1.054×$ 最高气温 $+0.221×$ 相对湿度，当日 $y<0$，前一日 $y>0$；② $y=19.618-1.271×$ 平均温度 $+ 0.046×$ 相对湿度，当日 $y<0$，前一日 $y>0$。

8.3　主要病害发展动态预测模型

8.3.1　赤星病发展动态预测模型

8.3.1.1　赤星病发展动态拟合

2012—2018年每年赤星病病情指数随时间变化动态呈现相似的特征，在移栽100 d前随时间推移病情指数缓慢升高，并在移栽115 d后爆发性增长（图8-7），病情指数动态曲线可用指数函数拟合：

$$Y_1 = 0.001\ 3e^{0.077\ 9d} \qquad (8.15)$$

式中，Y_1 表示赤星病病情指数，d 表示距烤烟移栽的日数。该函数在移栽100 d内对赤星病病情指数的拟合效果好，100 d后误差逐渐加大。

使用式（8.15）对2019—2020年赤星病发展动态进行预测及检验（图8-8）：结果表明，指数函数对2019年赤星病发展动态有较好的拟合效果，但对2020年预测效果差，这是由于2020年烤烟发育期中气象因子较历年有较大差异，而式（8.15）未考虑气象因子的影响。

8.3.1.2　赤星病发展动态与气象因子的关系

为研究气象因子与赤星病发展动态的关系，计算2012—2018年烟草赤星病（62组）、病情指数变化量 Y_D 与病情指数增长率 V，与前期（病情记录前5 d）温度、湿度、降水量、风速等气象因子间的相关系数（表8-21）。

结果表明，温度是对烟草赤星病影响最大的气象因子，一个时段内（5 d）平均温度、最高温度、最低温度与烟草赤星病病情指数的变化量呈显著负相关关系，因此温度

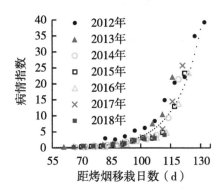

图 8-7 2012—2018 年烟草移栽的日期与赤星病病情
指数发展动态图及指数函数拟合

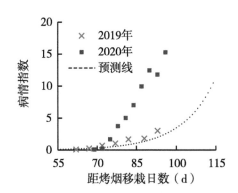

图 8-8 2019—2020 年烟草移栽的日期与赤星病病情指数
发展动态图及指数函数拟合对比

偏高对烟草赤星病发展不利。

　　湿度也是影响赤星病病情发展的重要因子。相对湿度与烟草赤星病病情指数的变化量、病情指数的增长率呈显著正相关关系，因此气温适宜时，空气相对湿度高有利于烟草赤星病病情发展。

　　风速对烟草赤星病的发展也有一定影响。极大风速与烟草赤星病病情指数变化量、病情指数增长率都呈显著负相关关系。

表 8-21 病情指数变化量、病情指数增长率与气象因子的相关系数及显著性检验

	气象因子	平均温度（℃）	最高温度（℃）	最低温度（℃）	相对湿度（%）	水汽压（hPa）	降水量（mm）	极大风速（m/s）
烟草赤星病	Y_D	-0.69**	-0.54**	-0.64**	0.20*	-0.60**	0.06	-0.19*
	V	-0.13	-0.11	-0.07	0.21*	-0.01	-0.11	-0.19*

　　注：*、** 表示相关系数通过 0.10、0.05 水平的显著性检验。

8.3.1.3 基于气象因子的赤星病发展动态预测模型

通过逐步回归法，选取表 8-21 中与烟草赤星病病情发展相关的气象因子 Q，以病情指数 Y 为因变量，Q、QY'、QY'^2 为自变量，筛选并剔除引起多重共线性及贡献度低的变量，得到基于最优解释变量的赤星病病情发展动态模型：

$$Y_1 = 2.356Y'_1 + 0.068Y'^2_1 - 5.490Tm' + 0.053Rh'Y'^2_1 -$$
$$0.506Wi'(Y'^2_1 - 5.581Y'_1) + 3.648 \qquad (8.16)$$

式中，Y_1 表示烟草赤星病病情指数，Y'_1 表示它们前期病情指数；T'、Tm'、Rh'、Wi' 分别为前 5 d 平均温度、最低温度、平均相对湿度及极大风速的归一化值。对模型的拟合效果进行检验（图 8-9），决定系数 R^2 分别为 0.97，因此模型拟合效果好；对模型进行显著性检验，F 检验统计量为 230.12 达极显著水平。

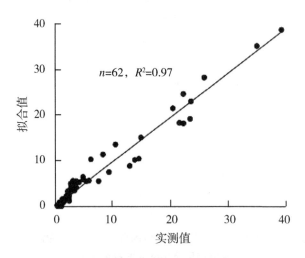

图 8-9 烟草赤星病发展动态预测模型拟合效果

结果表明前期病情越严重，赤星病病害发展越快。对于烟草赤星病，当前期病情指数 Y'_1 确定时，Tm' 越低，Rh' 越大，Y_1 越大；而 Y_1 越大，当前期病情指数 Y'_1 确定的情况下，Y_1 与 Y'_1 的差值也越大，即病情指数的变化量越大。因此，对于烟草赤星病，当低温高湿时，烟草赤星病病情指数增长快。式（8.16）中极大风速（W_i），通过与前期病情指数 Y'_1 构成的复合因子 $-0.506W_i$（$Y'^2_1 - 5.581Y'_1$）对病情指数有影响：当前期病情指数小于 5.581 时，极大风速的系数为正值，即风速越大越利于烟草赤星病发展；当前期病情指数大于 5.581 时，极大风速的系数为负值，即风速大对烟草赤星病发展无促进作用。

由式（8.16）知，湿度因子（Rh'）系数较温度因子系数偏小 1~2 个数量级，而湿度因子与 Y'^2_1 组成复合因子对病情指数有影响。因此，前期病情指数达到 10 以上时，空气湿度相较于温度才对赤星病发展有明显的影响。

将式（8.16）中归一化的气象因子 Q' 重新转换为实际值，可得：

$$Y_1 = 2.267Y'_1 + 0.010Y'^2_1 - 0.319Tm + 0.001RhY'^2_1 -$$
$$0.032Wi(Y'^2_1 - 5.581Y'_1) + 5.276 \qquad (8.17)$$

式中，Tm、Rh、Wi 分别为前 5 d 最低温度、平均相对湿度及极大风速。

对 2019—2020 年烟草赤星病病情指数发展动态，用病情发展动态预测模型对病情发展进行预测，得到实测值与预测值时间序列（图 8-10）。烟草赤星病病情发展动态预测模型对 2019 年、2020 年赤星病发展动态都有较好的预测效果，模型拟合优度（R^2）为 0.92，模型拟合效果较好。

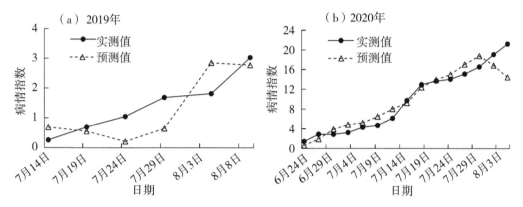

图 8-10　2019—2020 年赤星病病情指数实测值与预测值对比

比较指数函数拟合的预测模型式（8.15）及基于前期病情指数和气象因子的预测模型式（8.16），式（8.15）只与移栽时间有关，计算简单，完全忽略了气象因子的影响，也无法根据病害调查情况对预测结果进行订正，在气候条件与历年同期相差不大时，有较好的预测效果，但出现较极端的气象条件时，预测效果较差。式（8.16）更能体现气象因子对赤星病发展的影响，在出现极端气候时也能有较好的预测效果，且能根据调查结果实时订正，但计算复杂，且需要较多数据支持。因此在使用时，建议在使用式（8.15）对全发育期赤星病发展动态进行预测的基础上，若遇极端天气，在进行病情系统调查的基础上，使用式（8.16）对预测结果进行订正。

8.3.2　花叶病发展动态预测模型

8.3.2.1　花叶病发展动态拟合

2012—2018 年烟草花叶病病情指数随时间变化动态均呈现先上升后下降的特征（图 8-11），一般在移栽后 50~60 d 由递增转变为递减。在移栽 60 d 前，烟草花叶病病情指数发展动态与移栽时间的关系接近指数函数式（8.18），移栽 60 d 后接近线性函数式（8.19）：

$$Y_2 = 0.039\ 9 * e^{0.107\ 5d} \tag{8.18}$$

$$Y_3 = -0.291\ 4d + 31.233 \tag{8.19}$$

式中，Y_2、Y_3 表示花叶病病情指数，d 表示距烤烟移栽的日数。将拟合函数与实际病情发展动态进行对比，拟合式（8.18）与式（8.19）可以反应花叶病病情指数的变化动态特点，函数式计算得到的病情指数在一定时段内的变化量与实际病情指数的变化量接近，但对病情指数值的预测误差较大。

使用式（8.18）、式（8.19）对 2019—2020 年赤星病发展动态进行预测及检验

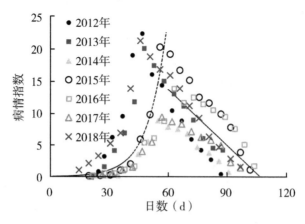

图8-11　2012—2018年烟草花叶病发展动态及函数拟合图

（图8-12）：结果表明，公式对2020年花叶病发展动态尤其是发展前期有较好拟合效果，但对2019年预测效果差。结合2012—2018年拟合情况，需要进一步研究气象因子对花叶病病情指数的影响。

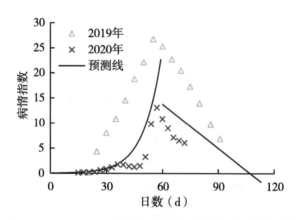

图8-12　2019—2020年烟草移栽的日期与花叶病病情指数
发展动态图及函数拟合对比

8.3.2.2　花叶病发展动态与气象因子的关系

计算2012—2018年烟草花叶病（打顶前37组，打顶后40组）病情指数变化量与病情指数增长率，与前期气象因子进行相关分析（表8-22）。为了分析烟草不同生长阶段气象因子对花叶病发展影响的差异，将烟草花叶病与气象因子的关系，分打顶前、打顶后进行探讨。

结果表明，温度是对烟草花叶病影响最大的气象因子，一个时段内平均温度、最高温度、最低温度与烟草打顶前的烟草花叶病病情指数的变化量呈显著正相关关系，因此温度偏高对烟草打顶前的烟草花叶病发展有利。烟草打顶后的烟草花叶病的病情指数变化量与最高温度呈正相关关系，与最低温度呈负相关关系，因此较大昼夜温差有利于烟草打顶后烟草花叶病发展。湿度同样影响花叶病发展。水汽压（即绝对湿度）与打顶前烟草花叶病病情指数的变化量呈显著正相关关系。

表 8-22 病情指数变化量、病情指数增长率与气象因子的相关系数及显著性检验

	气象因子	平均温度 （℃）	最高温度 （℃）	最低温度 （℃）	相对湿度 （%）	水汽压 （hPa）	降水量 （mm）	极大风速 （m/s）
烟草花叶病 （打顶前）	Y_D	0.61**	0.29**	0.57**	-0.09	0.46**	-0.03	-0.01
	V	-0.09	-0.05	-0.19	0.09	0.02	0.07	-0.02
烟草花叶病 （打顶后）	Y_D	0.05	0.27**	-0.35**	-0.07	-0.12	-0.06	0.14
	V	0.06	0.07	-0.03	0.02	0.12	-0.09	-0.04

注：*、** 表示相关系数通过 0.10、0.05 水平的显著检验。

8.3.2.3 基于气象因子的花叶病发展动态预测模型

通过逐步回归法，选取表 8-22 中与烟草花叶病病情发展相关的气象因子，筛选并剔除引起多重共线性及贡献度低的变量，得到基于最优解释变量的打顶前烟草花叶病、打顶后烟草花叶病病情发展动态模型：

$$Y_2 = 2.040T'Y_2' + 0.212TM'(Y_2'^2 - 11.000) -$$
$$0.202Vap'(Y_2'^2 - 19.243) - 0.130 \tag{8.20}$$
$$Y_3 = 1.297Y_3' - 0.296Tm'Y_3'^2 - 0.023 \tag{8.21}$$

式中，Y_2、Y_3 分别表示打顶前烟草花叶病病情指数及打顶后烟草花叶病病情指数，Y_2'、Y_3' 分别表示它们前期病情指数；T'、TM'、Tm'、Vap' 分别为前 5 d 平均温度、最高温度、最低温度、平均水汽压的归一化值。模型建模使用样本数分别为 38、40。对模型的拟合效果进行检验（图 8-13），3 个模型的决定系数 R^2 分别为 0.96、0.97，因此，模型拟合效果好；对模型进行显著性检验，F 检验统计量分别为 307.33、409.33，均达极显著水平。

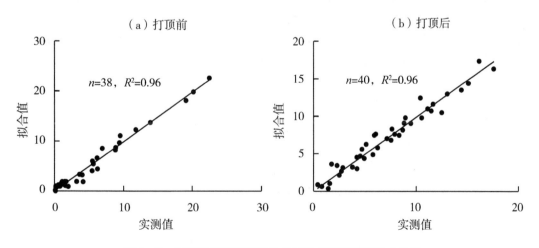

图 8-13 打顶前后烟草花叶病发展动态预测模型拟合效果

结果表明，对于烟草花叶病，打顶前、打顶后影响病害发展的气象因子不同，但均以温度影响最大。式（8.20）中温度因子（T'、TM'），通过与前期病情指数 Y_2' 构建复合因子 $2.040T'Y_2'+0.212TM'$（$Y_2'^2-11.000$）对病情指数有影响：当前期病情指数小于3.317 时，最高温度的系数为负值，因此最高温度偏低而平均温度偏高更利于烟草花叶病发展；当前期病情指数大于 3.317 时，平均温度与最高温度系数都为正值，因此温度偏高促进烟草花叶病发展。

式（8.20）中水汽压（Vap'）与前期病情指数 Y_2' 构建复合因子 $-0.202Vap'$（$Y_2'^2-19.243$）对病情指数有影响：当前期病情指数小于 4.377 时，水汽压系数为正值，因此高湿有利于打顶前烟草花叶病发展；当前期病情指数大于 4.377 时，水汽压系数为负值，高湿不利于烟草花叶病发展。由式（8.21）知，烟草打顶后，最低温度偏高将使烟草花叶病症状减弱。

由式（8.20）知，湿度因子（Vap'）系数较温度因子（T'、Tm'）系数偏小 1~2 个数量级，而湿度因子与 $Y_2'^2$ 组成复合因子对病情指数有影响。因此，前期病情指数达到 10 以上时，空气湿度相较于温度才对打顶前花叶病发展有明显的影响。

将式（8.20）、式（8.21）中气象因子的归一化值重新转换为实际值，可得：

$$Y_2 = -0.031Y_2'^2 - 0.808Y_2' + 0.106TY_2' + 0.009TM(Y_2'^2 - 11.000) -$$

$$0.009Vap(Y_2'^2 - 19.243) - 0.257 \tag{8.22}$$

$$Y_3 = 0.088Y_3'^2 + 1.297Y_3' - 0.017TmY_3'^2 - 0.023 \tag{8.23}$$

基于 2019—2020 年龙山烟草烟草花叶病共 4 组独立观测资料，用病情发展动态预测模型对病情发展进行预测，得到实测值与预测值时间序列（图8-14），烤烟打顶前烟草花叶病发展动态预测模型拟合优度（R^2）为 0.73，打顶后拟合优度（R^2）为 0.97，因此模型拟合效果较好。

比较基于移栽日数的预测模型式（8.18）、式（8.19）及基于前期病情指数和气象因子的预测模型式（8.20、式8.21），可以发现：式（8.18）、式（8.19）只与移栽时间有关，计算简单，但只能反应病情指数的变化。式（8.20）、式（8.21）更能体现气象因子对赤星病发展的影响，且能根据调查结果实时订正，但计算复杂，且需要较多数据支持。因此在使用时，建议在使用式（8.18）、式（8.19）对全生育期赤星病发展动态进行初步估计的基础上，使用式（8.18）至式（8.19）对预测结果进行订正。

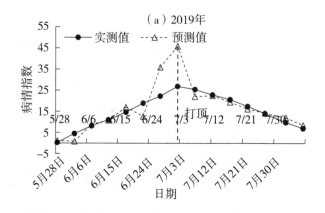

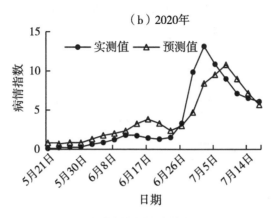

图 8-14 2019—2020 年烟草花叶病病情指数
实测值与预测值对比

8.3.3 黑胫病发展动态预测模型

8.3.3.1 黑胫病发展动态拟合

2012—2018 年烤烟黑胫病病情指数随时间变化呈现相似特征（图 8-15），一般在移栽 60 d 前发展较缓，移栽 60 d 后发展迅速，移栽后 110 d 左右，病情指数可达 90 以上。根据烟草黑胫病病情指数发展动态与移栽时间的关系，可得到多项式拟合函数式（8.24）：

$$Y_4 = 0.013\ 7d^2 - 0.927\ 4d + 14.996 \tag{8.24}$$

式中，Y_4 表示黑胫病病情指数，d 表示距烤烟移栽的日数。

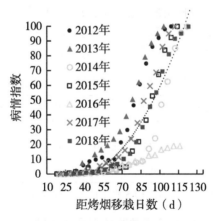

图 8-15 2012—2018 年烟草黑胫病发展
动态及函数拟合图

使用式（8.24）对 2019—2020 年黑胫病发展动态进行预测及检验（图 8-16），图 8-15、图 8-16 结果表明，基于移栽后日数的病情指数拟合对黑胫病病发展前期病情指数动态均有较好的预测效果，但移栽 70 d 后，预测误差明显加大，故需进一步分析气象因子对黑胫病病情发展的影响。

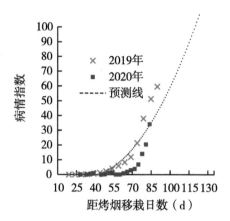

图 8-16　2019—2020 年烟草移栽的日期与黑胫病病情指数发展动态图及函数拟合对比

8.3.3.2　黑胫病发展动态与气象因子的关系

为研究气象因子与黑胫病发展动态的关系，计算 2012—2018 年烟草黑胫病（96组）、病情指数变化量 Y_D 与病情指数增长率 V，与前期（病情记录前 5 d）温度、湿度、降水量、风速等气象因子间的相关系数（表 8-23）。

结果表明，温度是对烟草黑胫病影响最大的气象因子，一个时段内（5 d）平均温度、最高温度、最低温度与烟草黑胫病病情指数的变化量呈显著正相关关系与病情指数增长率呈显著负相关关系，因此温度偏高对有利于黑胫病病情指数增加，但随着温度的增高，病情指数增加的速率将减慢。

湿度和降水量也是影响青枯病病病情发展的重要因子。相对湿度、降水量与黑胫病病情指数的变化量呈显著负相关关系、水汽压也与病情指数的增长率呈显著负相关，因此，气温适宜时，空气湿度高不利于黑胫病病情发展。

表 8-23　病情指数变化量、病情指数增长率与气象因子的相关系数及显著性检验

	气象因子	平均温度 （℃）	最高温度 （℃）	最低温度 （℃）	相对湿度 （%）	水汽压 （hPa）	降水量 （mm）	极大风速 （m/s）
黑胫病	Y_D	0.353 **	0.307 **	0.361 **	−0.401 ***	0.105	−0.227 **	0.159
	V	−0.233 **	−0.061	−0.296 **	0.075	−0.239 **	0.031	−0.125

注：*、** 表示相关系数通过 0.10、0.05 水平的显著性检验。

8.3.3.3　基于气象因子的黑胫病发展动态预测模型

通过逐步回归法，选取表 8-23 中与烟草黑胫病病情发展相关的气象因子 Q，以病情指数 Y 为因变量，Q、QY'、QY'^2 为自变量，得到基于最优解释变量的黑胫病病情发展动态模型：

$$Y_4 = 1.005Y'_4 + 1.274Tm'Y'_4 - 3.057VAP' + 2.265 \tag{8.25}$$

式中，Y_4表示烟草黑胫病病情指数，Y_4'分别表示前期病情指数；Tm'、VAP'分别为前5 d最低温度、平均水汽压的归一化值。对模型的拟合效果进行检验（图8-17），决定系数R^2为0.99，因此模型拟合效果好；对模型进行显著性检验，F检验统计量>300，达极显著水平。

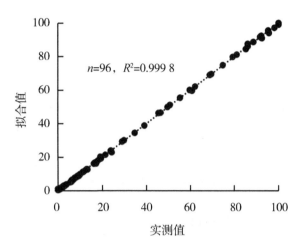

**图8-17　烤烟黑胫病病情指数发展动态
预测模型拟合效果**

结果表明，前期病情越严重，黑胫病病病害发展越快。通过最低温度（Tm'）与前期病情指数Y_4'构成的复合因子$1.274Tm'Y_4'$可知温度越高越利于黑胫病发展。通过VAP项$-3.057VAP'$可知：湿度偏高不利于黑胫病发展。综上所述，低温高湿不利于黑胫病发展，高温低湿情况下，黑胫病病情指数快速增长。

将式（8.25）中归一化的气象因子Q'重新转换为实际值，可得：

$$Y_4 = 1.005Y_4' + 0.074TmY_4' - 0.140VAP + 2.740 \tag{8.26}$$

式中，Tm、R分别为前5 d最低温度、平均降水量。

对2019—2020年黑胫病病情指数发展动态，用病情发展动态预测模型进行预测，得到实测值与预测值时间序列（图8-18）。黑胫病病情发展动态预测模型对2019年、2020年黑胫病发展动态均有较好的预测效果，模型拟合优度（R^2）为0.94，模型拟合效果较好。

比较多项式函数拟合的预测模型式（8.24）及基于前期病情指数和气象因子的预测模型式（8.25）、式（8.26），式（8.24）只与移栽时间有关，计算简单，但完全忽略了气象因子的影响，无法体现不同年份病情发展动态的差异，也无法根据病害调查情况对预测结果进行订正，在病害发展前期预测效果较好，病情指数较大时，预测效果较差。式（8.26）更能体现气象因子对赤星病发展的影响，且能根据调查结果实时订正，但计算较复杂，且需要较多数据支持。因此在使用时，建议在使用式（8.24）对全发育期黑胫病发展动态进行预测的基础上，根据病情系统调查以及气象数据，使用式（8.26）、式（8.26）对预测结果进行订正。

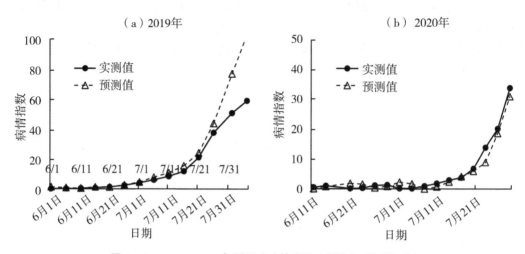

图 8-18　2019—2020 年黑胫病病情指数实测值与预测值对比

8.3.4　青枯病发展动态预测模型

8.3.4.1　青枯病发展动态拟合

2012—2018 年烤烟青枯病病情指数随时间变化与黑胫病的特征相似（图 8-19），一般在移栽 55 d 前发展较缓，移栽 55 d 后发展迅速，移栽后 100 d 左右，病情指数可达 90 以上。根据烟草青枯病病情指数发展动态与移栽时间的关系，可得到多项式拟合函数式（8.27）：

$$Y_5 = 0.010\ 7d^2 - 0.543\ 9d + 6.776\ 4 \tag{8.27}$$

式中，Y_5 表示青枯病病情指数，d 表示距烤烟移栽的日数。

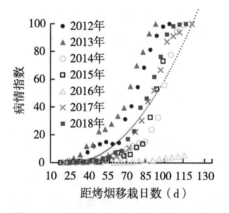

图 8-19　2012—2018 年烟草青枯病发展
动态及函数拟合图

图 8-19 结果表明，基于移栽后日数的病情指数拟合对青枯病发展前期病情指数动态大多有较好的预测效果，但移栽 70 d 后，预测误差明显加大。使用式（8.27）对 2019—2020 年青枯病发展动态进行预测及检验（图 8-20），式（8.27）对 2019 年烤烟

移栽 70 d 内的青枯病发展动态预测效果较好，对 2020 年、移栽 70 d 后的 2019 年青枯病发展动态预测效果差。综上所述，故需进一步分析气象因子对青枯病病情发展的影响，尤其是关注病情发展到一定程度后气象因子的影响。

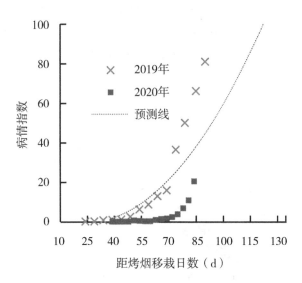

图 8-20　2019—2020 年烟草移栽的日期与青枯病
病情指数发展动态图及函数拟合对比

8.3.4.2　青枯病发展动态与气象因子的关系

为研究气象因子与青枯病发展动态的关系，计算 2012—2018 年烟草青枯病（83组）、病情指数变化量 Y_D 与病情指数增长率 V，与前期（病情记录前 5 d）温度、湿度、降水量、风速等气象因子间的相关系数（表 8-24）。

结果表明，温度是对烟草青枯病影响最大的气象因子，一个时段内（5 d）平均温度、最高温度、最低温度与烟草青枯病病情指数的变化量呈显著正相关关系，而最低温度与病情指数增长率呈显著负相关关系，因此温度偏高对有利于青枯病病情指数增加，但随着温度的增高，病情指数增加的速率将减慢。

湿度也是影响青枯病病病情发展的重要因子。相对湿度与青枯病病情指数的变化量呈显著负相关关系，因此气温适宜时，空气湿度高不利于青枯病病情发展。

表 8-24　青枯病病情指数变化量、病情指数增长率与气象因子的相关系数及显著性检验

气象因子		平均温度（℃）	最高温度（℃）	最低温度（℃）	相对湿度（%）	水汽压（hPa）	降水量（mm）	极大风速（m/s）
青枯病	Y_D	0.377**	0.366**	0.335**	-0.344**	0.141	-0.163	0.157
	V	-0.167	-0.079	-0.265**	0.117	-0.154	-0.046	-0.127

注：*、** 表示相关系数通过 0.10、0.05 水平的显著检验。

8.3.4.3　基于气象因子的青枯病发展动态预测模型

通过逐步回归法，选取表 8-24 中与烟草青枯病病情发展相关的气象因子 Q，以病

情指数 Y 为因变量，Q、QY'、QY'^2 为自变量，得到基于最优解释变量的青枯病病情发展动态模型：

$$Y_5 = 1.052Y'_4 + 0.006TM(91.8Y'_5 - Y'^2_5) - 0.167 \qquad (8.28)$$

式中，Y_5 表示烟草青枯病病情指数，Y_5' 分别表示前期病情指数；TM' 为前 5 d 最高温度、的归一化值。对模型的拟合效果进行检验（图 8-21），决定系数 R^2 为 0.99，因此模型拟合效果好；对模型进行显著性检验，F 检验统计量 >300，达极显著水平。

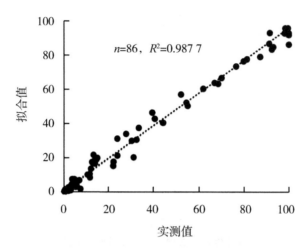

图 8-21　烤烟青枯病病情指数发展动态预测模型拟合效果

结果表明，前期病情越严重，青枯病病害发展越快。通过最高温度（TM'）与前期病情指数 Y_5' 构成的复合因子 $0.006TM'$（$91.8Y_5' - Y_5'^2$）可知，当前期病情指数 $Y_5' < 91.8$ 时，温度越高越利于青枯病发展，由于实际情况中病情指数达到 90 以上的可能性小，故可以认为相对高温有利于青枯病发展。将式（8.28）中归一化的气象因子 Q' 重新转换为实际值，可得：

$$Y_5 = 0.827Y'_4 + 0.002\,5Y'^2_5 + 0.000\,2TM(91.8Y'_5 - Y'^2_5) - 0.167 \quad (8.29)$$

式中，TM 为前 5 d 最高温度。

对 2019—2020 年青枯病病情指数发展动态，用病情发展动态预测模型进行预测，得到实测值与预测值时间序列（图 8-22）。青枯病病情发展动态预测模型对 2019 年、2020 年青枯病发展动态均有较好的预测效果，模型拟合优度（R^2）为 0.97，模型拟合效果较好。

比较多项式函数拟合的预测模型式（8.29）及基于前期病情指数和气象因子的预测模型式（8.28）、式（8.29），式（8.27）虽计算简单，但预测误差较大，且无法体现不同年份病情发展动态的差异，也无法根据病害调查情况对预测结果进行订正。式（8.28）、式（8.29）虽计算相对复杂，但所需的数据仅仅只有病情指数与最高气温，比较容易获取，又更能体现气象因子、前期病情指数对青枯病发展的影响，且能根据调查结果实时订正。因此在使用时，建议式（8.27）只用于初步估测，在病害发展过程中，根据病情系统调查以及气象数据，使用式（8.28）、式（8.29）对病情指数进行

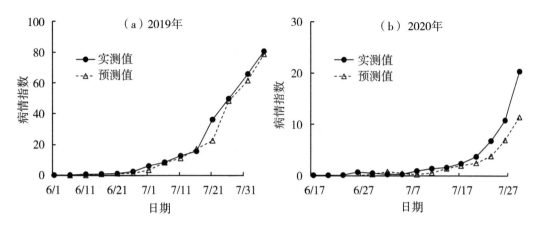

图 8-22　2019—2020 年青枯病病情指数实测值与预测值对比

预测。

参考文献

蔡云帆，2015. 湘西州烤烟风格特色及品质区划 [D]. 长沙：湖南农业大学.

程昌新，卢秀萍，许自成，等，2005. 基因型和生态因素对烟草香气物质含量的影响 [J]. 中国农学通报，21（11）：137-139.

戴冕，2000. 我国主产烟区若干气象因素与烟叶化学成分关系初探 [J]. 中国烟草学报，6（1）：27-34.

邓涛 .2010. 河谷特殊生境植物多样性特征与生态适应性：以湘西北主要河谷为例 [D]. 吉首：吉首大学.

宫长荣，等，1994. 烟叶烘烤原理 [M]. 北京：科学出版社.

郭月清，1992. 烟草栽培技术 [M]. 北京：金盾出版社.

胡能勇，2013. 湖南省地质遗迹资源特征及资产化管理研究 [D]. 长沙：中南大学.

湖南省地方志编纂委员会，2010. 湖南省志·烟草志 [M]. 北京：中国文史出版社.

黄国文，陈良碧，2002. 高温对烟叶品质的影响 [J]. 生命科学研究，6（4）：362-367.

雷永和，杨士福，冉邦定，1991. 烤烟栽培与烘烤技术 [M]. 昆明：云南科技出版社.

李伟，邓小华，周清明，等，2015. 基于模糊数学和 GIS 的湖南浓香型烤烟化学成分综合评价 [J]. 核农学报，29（5）：946-953.

李永平，王颖宽，2001. 燃晒新品种云烟 87 的选育及特征特性 [J]. 中国烟草科学（4）：38-42.

刘逊，2014. 湘西烟区气候与土壤环境特征及其对烟草品质的影响 [D]. 长沙：湖南农业大学.

米红波，谭桂容，卿湘涛，2016. 湘西州夏季干旱及其成因分析 [J]. 大气科学学报，39（1）：102-109.

秦大河，Stocker T，259 名作者和 TSU（驻伯尔尼和北京），2014. IPCC 第五次评估报告第一工作组报告的亮点结论 [J]. 气候变化研究进展，10（1）：1-6.

谭彩兰，李永平，1997. 烤烟新品种云烟 85 的选育及其特征特性机 [J]. 中国烟草科学（1）：7-10.

田明慧，向德明，闫晨兵，等，2019. 湘西州植烟土壤有效铜时空变异特征研究 [J]. 湖北农业科学，58（20）：68-71.

王树廷，1982. 关于日平均气温稳定通过各级界限温度初终日期的统计方法

［J］. 气象（6）：29-30.

王耀悉，唐慧强，柴贾然，等，2015. 雷电对地闪击选择性与土壤电阻率的相关性浅析——以湖南湘西自治州为例［C］//中国气象学会. 第 32 届中国气象学会年会 S23 第五届研究生年会论文集. 北京：中国气象学会：159-164

吴令云，吴诚鸥，2006. 实用 SAS 基础［M］. 南京：东南大学出版社.

湘西土家族苗族自治州气象局，2014. 湘西土家族苗族自治州气象志［M］. 北京：气象出版社.

徐兴阳，罗华元，欧阳进，等，2007. 红花大金元品种的烟叶质量特性及配套栽培技术探讨［J］. 中国烟草科学，28（5）：26-30.

许自成，刘国顺，刘金海，等，2005. 铜山烟区生态因素和烟叶质量特点［J］. 生态学报，25（7）：1 748-1 753.

闫克玉，赵献章，2003. 烟叶分级［M］. 北京：中国农业出版社.

于建军，宫长荣，2009. 烟草原料初加工［M］. 北京：中国农业出版社.

余建飞，郑福唯，卿湘涛，等，2018. 湘西烟区气候特征及其对烟叶外观质量和物理特性的影响［J］. 甘肃农业大学学报，53（5）：43-51.

张福春，丘宝剑，1984. 县级农业气候分析与区划［M］. 北京：气象出版社.

张官雄，杨爱琼，刑大鹏，2015. 湘西州烟叶生产的气象条件分析［J］. 南方农业，9（36）：209-210.

张树堂，崔国民，1997. 不同烤烟品种的烘烤特性研究［J］. 中国烟草科学（4）：37-41.

张树堂，杨雪彪，2000. 红花大金元的烘烤特性和烘烤方法机［J］. 烟草科学研究（1）：44-417.

中国农业科学院，1987. 中国烟草栽培学［M］. 上海：上海出版社.

中国农业科学院，1999. 中国农业气象学［M］. 北京：中国农业出版社.

周冀衡，刘建利，余砚碧，等，2006. 对我国部分替代进口烟叶工作的思考［J］. 烟草农业科学，2（3）：215-217.

周米良，吴志科，卿湘涛，等，2011. 湘西山区主要气候事件对烟叶产质量的影响［J］. 安徽农业科学，39（14）：8 293-8 298.

周翔，梁洪波，董建新，等，2009. 山东烟区烤烟化学成分含量变化及聚类分析［J］. 中国烟草科学，30（6）：13-17.

朱乾根，林锦瑞，寿绍文，等，2007. 天气学原理和方法［M］. 第 4 版. 北京：气象出版社.